STUDIEN UND TEXTE ZUR SOZIALGESCHICHTE DER LITERATUR

Band 82

Bewußtsein – Kommunikation – Zeichen

Wechselwirkungen zwischen Luhmannscher Systemtheorie und Peircescher Zeichentheorie

Herausgegeben von
Oliver Jahraus und Nina Ort

Max Niemeyer Verlag
Tübingen 2001

Redaktion des Bandes: Georg Jäger

Die Deutsche Bibliothek – CIP-Einheitsaufnahme

Bewußtsein – Kommunikation – Zeichen: Wechselwirkungen zwischen Luhmannscher Systemtheorie und Peircescher Zeichentheorie / hrsg. von Oliver Jahraus und Nina Ort. – Tübingen: Niemeyer, 2001
(Studien und Texte zur Sozialgeschichte der Literatur; Bd. 82)

ISBN 3-484-35082-2 ISSN 0174-4410

Gedruckt auf alterungsbeständigem Papier.
Druck: AZ Druck und Datentechnik GmbH, Kempten
Einband: Geiger, Ammerbuch

Inhalt

Fragen und Anmerkungen

Oliver Jahraus und Nina Ort

Wechselwirkungen zwischen Luhmannscher Systemtheorie und Peircescher Zeichentheorie. Zur Einleitung in diesen Band

Bewußtsein, Kommunikation und Zeichen markieren zentrale Konzepte aus dem systemtheoretischen und aus dem zeichentheoretischen Kernbereichen moderner, avancierter Theoriebildung. Dort, wo diese Bereiche sich überlappen, wo man beginnt, die grundlegenden Figuren des Denkens, wie sie diesen Konzepten zugrunde liegen, im wechselseitigen Zusammenhang zu sehen, erwächst aus diesem melting point von Theoriebausteinen ein neues Fundament für zukünftige Theoriebildungen.

Um es in ganz allgemeinen Worten zu sagen: Es geht um die zeichentheoretische Frage, wie nämlich ein Erstes zu einem Zweiten kommt, und unter welchen Bedingungen diese beiden in ein produktives Wechselverhältnis treten, dabei ein Drittes voraussetzen oder ihrerseits produzieren. Und es geht um die Frage, ob und wie dieses zeichentheoretische Modell die systemtheoretische Konzeption von Bewußtsein und Kommunikation beschreiben kann. Es geht um eine dynamische Dualität im Rahmen triadischer Modelle.

Damit ist nun fast schon so etwas wie eine Zeichenstruktur oder besser: die Prozeßstruktur der Semiose auf der Basis des Peirceschen Zeichenmodells skizziert. Dies mag als kleiner erster Hinweis dienen, daß an der Beschreibung eben dieser Phänomene, um die es in den Beiträgen geht, diese Phänomenen selbst konstitutiv mitwirken. So haben auch alle Beiträge, teils explizit, teils implizit, mit dem Problem der unabdingbaren Autoreflexivität zu kämpfen. Man kann über Bewußtsein, Kommunikation und Zeichen nicht mehr sprechen, als seine dies Objekte, von denen man prinzipiell unberührt bleibt. Denn wo immer von ihnen die Rede ist, sind Bewußtsein, Kommunikation und Zeichen – konstitutiv! – an dieser Rede beteiligt.

Alle Beiträge sind grundlagentheoretisch ausgerichtet. Indessen geht es im folgenden gerade nicht nur um ein Fachproblem systemtheoretischer oder zeichentheoretischer Theoriebauingenieure; vielmehr bezeichnen der Zusammenhang von Bewußtsein, Kommunikation und Zeichen und die damit verbundenen Probleme und Themen der Theoriearchitektur sowie der Theorieanwendung einen, vielleicht *den* Konvergenzpunkt in der Entwicklung und Diskussion der derzeitigen Theorieavantgarde. Alle Beiträge reflektieren grundlegende Figuren des Denkens, der Semiose, der Theoriebildung insgesamt, die in den verschiedensten Wissenschaften und Disziplinen ihre Anwendung finden. Insofern bezeichnet der Zusammenhang von Bewußtsein, Kommunikation und Zeichen einen interdisziplinären Gedankenpool, in dem die grundlagentheoretischen Bemühungen aus

- Philosophie und Soziologie,
- Psychologie und Psychoanalyse,
- Zeichentheorie
- Kommunikationstheorie und Medientheorie und nicht zuletzt
- Literaturwissenschaft

zusammenlaufen können, um neue Impulse und Synergien auch für fachspezifische Probleme zu gewinnen.

Alle Beiträge haben einen Medienwechsel hinter sich, nämlich vom Internet zur Buchpublikation, was symptomatisch für die Regularitäten des Wissenschaftsbetriebs ist. Sie waren ursprünglich Teile eines Diskussionsforums IASL *online* (http://iasl.uni-muenchen.de), das zum Jahreswechsel 1998/99 ins Internet ging. Dabei sollten die medialen Möglichkeiten des Internet für dieses Diskussionsforum genutzt werden: die Möglichkeit einer schnellen Publikation, die Möglichkeit, unmittelbar auf andere Beiträge zu reagieren, sie konstruktiv zu kritisieren oder zu modifizieren oder zu erweitern, die Möglichkeit, eigene Konzepte in einem Fachforum zur Diskussion – sozusagen auf den Prüfstand – zu stellen, die Möglichkeit, das Konzepthafte der Beiträge gegenüber einer printmedialen Publikation zu belassen (ohne deswegen hinter den Diskussionsstand zurückzufallen) und gerade dadurch zur weiteren Diskussion anzuregen.

Kurz gesagt: Das Internet sollte als Grundlagenmedium für eine Diskussion der Theoriebildung *in progress* dienen. Freigesetzt von den printmedialen Restriktionen, von dem Zwang, sich schriftlich in einer einmal festgesetzten Form zu äußern, sollte das Internet gerade die grundlagentheoretische Forschungsdiskussion beflügeln.

Im Ansatz wurden zudem die Möglichkeiten genutzt, um Hypertexttextstrukturen zu verwirklichen: Die Beiträge sollten aufeinander aufbauen, sind aber gleichzeitig weitgehend modular konzipiert. So wurden die Einzelkomplexe so weit als möglich selbständig akzentuiert, um verschiedene Einstiegspunkte in die Diskussion anzubieten. Die Module bzw. Komplexe sind:

- strukturelle Kopplung,
- Subjekt und subjektphilosophische Erbmasse,
- Bewußtsein,

- Kommunikation,
- symmetrische Konzeptualisierung,
- Sinn,
- Medium,
- Zeichen, Zeichenstruktur, Zeichenprozeß (Semiose),
- Dreiwertigkeit und Triadität.

Als Spielregeln und Anleitung der Forschungsdiskussion dienen dabei die Rahmenbedingungen der *Beobachtung*: Die Diskussion kann auf verschiedenen Komplexitätsniveaus geführt werden. Dieses Niveau bestimmt sich nicht nach der Komplexität des Beschriebenen, sondern der Beschreibung. Das bedeutet: Es geht nicht darum, Bewußtsein, Kommunikation, Zeichen usw. als irgendwie empirisch faßbares Phänomen zu begreifen, evtl. sogar mit einem ontologischen Status zu versehen und mit einer um so differenzierteren Beobachtung ›zur Sache selbst‹ vorzustoßen.

Die epistemologische Spielregel dieser Diskussion, die zugleich die epistemologische Prämisse jener Theoriebildungen darstellt, auf die hier abgezielt wird, lautet: *Beobachtung richtet sich nicht nach dem Beobachteten, sondern nach dem Beobachter.* Das Beobachtete ist das Produkt der Beobachtung eines Beobachters. Dies als Spielregel zu begreifen beinhaltet die Möglichkeit, die Beobachtung vielfältig und auf verschiedenen Komplexitätsniveaus zu justieren. Eine komplexere Beobachtung bedeutet also nicht eine bessere Beobachtung, die den Gegenstand genauer erfaßte, eine bessere Repräsentation, eine höhere Übereinstimmung zwischen Beobachtung und Gegenstand gewährleistete, sondern eine *andere* Beobachtung, eine, die andere Unterschiede im Beobachten einsetzt. Daher erging die Aufforderung, Beobachtung spielerisch zu handhaben und die Differenzierung mittels Differenzierung feiner oder gröber einzusetzen.

Mittlerweile können wir eine positive Bilanz ziehen. Das Internet hat für unser Diskussionsforum die erwarteten Vorteile gebracht, Grundlagenforschung ermöglicht und dabei eine Reihe von qualitativ ansprechenden Beiträgen zusammengeführt. Aber die Entwicklung hat auch die Grenzen der Möglichkeiten des neuen Mediums im Wissenschaftsbetrieb mit den heute noch geltenden Rahmenbedingungen gezeigt. Noch immer ist die Printpublikation die Voraussetzung, um rezipiert und distribuiert zu werden, um ein größeres, auch anonymes Fachpublikum zu finden. Denn hierzu besitzt die Printpublikation Vorteile, die das Internet noch nicht bieten kann, bzw. die dem Internet nicht geboten werden, wie z.B. Formen der Archivierung und der Bibliographierung, Formen des praktischen Urheberrechtsschutzes, Formen des geregelten Zitierens.

Dies hat uns in unserem Entschluß bestärkt, einen zusammenhängenden Teil der Beiträge unseres Forums, die insgesamt exemplarisch einen Diskussionsstand markieren, als Sammelband zu publizieren. Doch unsere Bilanz ist eine Zwischenbilanz: Das Forum (http://iasl.uni-muenchen.de) werden wir selbstverständlich weiterführen und vielleicht erleben, wie sich die Rahmenbedingungen für Netzpublikationen allmählich doch verändern.

Besonderer Dank gilt dem Initiator und medienübergreifenden Mentor unseres Forums, Herrn Prof. Dr. Georg Jäger, München. Ganz am Anfang des Forums stand die Diskussion, die Diskussion vor allem mit ihm.

Nina Ort

Kommunikation – Proömium zu einem Begriff

Abstract

Systemtheorie unter differenzlogischen Prämissen operiert mit ›ersten‹ Unterscheidungen, z.B. der von Medium / Form, das heißt, mit basalen Unterscheidungen, aus denen die weitere Systembildung erst emergiert. Ähnlich gebaut ist die Unterscheidung von Kommunikation und Bewußtsein. Auf der Ebene erster Unterscheidungen ist es jedoch nicht möglich positive Differenzkriterien zu bestimmen. Im folgenden Beitrag werden Probleme der Begriffsbildung am Beispiel von Kommunikation zur Diskussion gestellt.

1. Zielsetzung

Die Idee, eine Diskussion über den Begriff ›Kommunikation‹ anzuregen, entspringt dem Wunsch nach einer experimentellen Plattform, auf der nicht das wiederholt werden soll, was über den Begriff der Kommunikation als gesichert oder zumindest als konsensuell akzeptiert gelten kann und was in einer inzwischen unübersehbar breiten Forschungsliteratur niedergelegt worden ist. Die Kenntnis insbesondere der systemtheoretischen Konzeption von Kommunikation, von der diese Diskussion ausgehen soll, wird zumindest in ihren Grundzügen vorausgesetzt und soll hier nicht einfach wiederholt werden. Ganz im Gegenteil sollte die hier avisierte Diskussion die Möglichkeit bieten, ungesicherte, spekulative, vielleicht sogar ›abweichlerische‹ Ideen, Argumente und Anregungen für eine Begriffsklärung zur Disposition zu stellen.

Auch in der systemtheoretischen Diskussion um den Kommunikationsbegriff wird noch keineswegs von endgültigen Forschungsergebnissen gesprochen, bislang steht erst ein Gerüst, und es taucht beispielsweise vermehrt die Frage nach den »Verschmutzungsformen am Rande ›sauberer‹ Autopoiesis«[1] auf. Solche Fragen sollen hier als Indiz dafür genommen werden, daß möglicherweise die *Frage nach Kommunikation selbst* noch nicht präzise genug gefaßt worden ist. Und tatsächlich erscheint mir der Kommunikationsbegriff im Kern seiner abstrakten theoretischen Konstituierung noch nicht ausrei-

---

[1] Vgl. Fuchs, Peter (1995): Die Umschrift. Zwei kommunikationstheoretische Studien: »japanische Kommunikation« und »Autismus«. Frankfurt/Main.

chend geklärt. Beide Aspekte sollen hier zur Diskussion gestellt werden; um einen ersten Schritt zu unternehmen, werde ich mich im vorliegenden Beitrag auf einige Aspekte der theoretischen Konzeptualisierung des Kommunikationsbegriffs bzw. auf die Bedingungen seiner Begriffsbildung konzentrieren.

Der Versuch einer Begriffsklärung des Ausdrucks Kommunikation erweist sich als ebenso schwierig wie notwendig. So müßte 1) die Handlungsdimension von Kommunikation reformuliert werden, ohne diese einem Subjekt (einem individuellen, externen Handelnden) zuzuschreiben, und damit der operative (prozessuale) Charakter von Kommunikation selbst ins Zentrum gerückt werden. Die Probleme der Autopoiesis von Kommunikation als System, implizieren aber 2) die Frage, wie in (subjektloser) Kommunikation so etwas wie Gedächtnis (oder Erinnerung) möglich sein könnte, ohne das Kommunikation nicht wissen könnte, daß sie kommuniziert. (Und dieses Problem kann, zumindest in der aktuellen systemtheoretischen Begriffsbestimmung, nicht ohne weiteres durch den Verweis auf Bewußtsein gelöst werden.)

Vergleichbare Probleme der Begriffsbildung haben die Philosophie (beispielsweise Hegel und Heidegger) beschäftigt, und sie werden insbesondere in der Nachfolge des Logikers Gotthard Günther sowie in den Grundannahmen der 2nd-order Kybernetik erneut aufgegriffen. Unter den vielen Theorieoptionen, die man zur Diskussion um Begriffsbildung unter differenzlogischem Aspekt heranziehen könnte, wird hier die systemtheoretische als Ausgangspunkt gewählt, da sie wohl die bislang elaborierteste Konzeption der Differenz von Kommunikation und Bewußtsein formuliert hat.

In der Systemtheorie wird jedoch übersehen, daß einige Bausteine zwar postuliert, aber nicht näher expliziert werden. So leuchtet es beispielsweise durchaus ein, sich die Differenz von Kommunikation und Bewußtsein so vorzustellen, daß beide autopoietische Systeme sind, die, strukturell miteinander gekoppelt und sich komplementär ergänzend, durch oszillatorische Ereignisimpluse ihre je eigene Autopoiesis antreiben. Nur so kann Kommunikation modelliert werden, wenn sie als das einzige System beschrieben werden soll, das kommuniziert und anschließende Kommunikationen ermöglicht. Diese Ereignisimpulse sind oder generieren in beiden Systemtypen dann Sinn. Sinn erfüllt also eine entscheidende Aufgabe in der Autopoiesis. Was jedoch Sinn ist, oder wie Sinn verstanden wird (und von wem) wird indessen nicht näher beschrieben.

Ich fasse solche angedeuteten Bausteine, die zwar als theoriebautechnisch notwendig postuliert, nicht aber (hinreichend) expliziert werden, vorerst unter dem Schlagwort des jeweils »ausgeschlossenen Dritten« zusammen (ob nun im Einzelfall z.B. als Beobachter, als Medium, als der »blinde Fleck« oder eben als Sinn). Das Problem des »ausgeschlossen Dritten« bewirkt dabei häufig eine Art Kurzschluß in der differenzlogischen Ausdifferenzierung von Unterscheidungen, den ich im vorliegenden Beitrag, darstellen will.

Zwei weitere zentrale Behauptungen, die ich hier zur Diskussion stellen möchte: Es ist 1.) tatsächlich jene – für den Kommunikationsbegriff – erste Unterscheidung vom Bewußtsein, die *operativ (oder strukturell) – notwendig* – alle weiteren Unterscheidungen (bzw. Ausdifferenzierungen) konditioniert, und es erweisen sich 2. all diese Differenzierungen oder nachfolgenden Unterscheidungen *inhaltlich als vollkommen kontingent.* Ein systemtheoretisches Kommunikationsmodell kann insofern streng nach dem Muster des Formkalküls von Spencer-Brown gebaut werden. Der Versuch, Spencer-Browns Kalkül einer ersten Unterscheidung als Modell für eine Begriffsbildung von Kommunikation zu verwenden, mag unangemessen erscheinen. Da unter differenzlogischen Prämissen aber der Begriff der Kommunikation aus einer der basalsten Unterscheidungen, d.h. aus einer ihrer Grundoperationen, hervorgeht (ähnlich universal wie die Unterscheidung zwischen Medium und Form), scheint mir zumindest der Versuch gerechtfertigt, die Operationsweise des Formkalküls in der Systemtheorie konsequent umzusetzen.

Da die Systemtheorie unter differenzlogischen Prämissen inzwischen schon stark ausdifferenziert und entfaltet worden ist, wird es in dem vorliegenden Beitrag notwendig sein, ihre Grundannahmen wieder freizulegen, sie zu reformulieren und schließlich zu »de-sedimentieren«.

2. Anweisung statt Beschreibung

Der Begriff der Kommunikation wird nicht nur wissenschaftssprachlich; sondern auch allgemeinsprachlich äußerst extensiv verwendet und deckt mit unscharf gezogenen Begriffsgrenzen mehr oder weniger alle Bereiche des informellen und interaktiven Operierens ab, wobei stillschweigend vorausgesetzt wird, daß über den Begriff ›Kommunikation‹ Einigkeit herrscht. Anstatt zu versuchen, von seinen empirisch nachweisbaren Verwendungen eine Begriffsbestimmung zu abstrahieren, soll hier in der entgegengesetzten Richtung verfahren werden: Insbesondere sollen die Möglichkeitsbedingungen des Begriffs von Kommunikation geklärt werden, um einer anschließenden ›positiven‹ Begriffsbildung erst den Boden zu bereiten.

Sowohl die Möglichkeitsbedingungen von Kommunikation als auch der Begriff selbst werden eher als Anweisung oder Vorschrift bestimmt, denn als eine Interpretation oder Beschreibung. Gefragt ist demnach nach den Möglichkeiten einer Begriffsbildung, die vorurteilsfrei vorgeht, ohne irgendwelche Präjudizierungen des zu bestimmenden Begriffs: Die Möglichkeit, sich ein Bild zu machen, hängt ab von der Möglichkeit zu unterscheiden[2]. Peirce schlägt vor:

> Überlege, welche Wirkungen, die denkbarerweise [conceivably] praktische Bezüge haben könnten, wir dem Gegenstand unseres Begriffs [conception] in der Vorstellung zuschreiben [conceive... to have]. Dann ist unser Begriff [conception] dieser Wirkungen, das Ganze unseres Begriffs [conception] des Gegenstandes[3].

Wie Schönrich erläutert, ist die Semiose (die in diesem Fall eine Begriffsbestimmung von Kommunikation leisten soll) somit die Realisierung des Prozesses der Zeicheninterpretation. Semiose findet nach Peirce bereits im Prozeß der Zeichenkonstitution selbst statt und nicht erst – als im weitesten Sinne – interpretatorischer Prozeß, der bereits vorhandene Zeichen (-zusammenhänge) klärt oder präzisiert.

Der für den vorliegenden Beitrag interessante Aspekt der Peirceschen Semiotik liegt darin, dem Zeichen als Zeichenprozeß selbst eine Handlungsdimension zuzuweisen: in der systemtheoretischen Konzeption wird Sprache als Medium beschrieben, da sie nicht über Operation verfüge.

Gerade diese Möglichkeit bietet demgegenüber die Peircesche Semiotik an. Dabei müßte versucht werden, das semiotische Modell von Peirce auf die abstraktere Ebene differenzlogischer Systemtheorie zu übertragen, daß heißt, es müßte versucht werden, die Strukturhomologien beider Ansätze zu benutzen, um Peircesche Semiotik auf das ebenfalls triadische Modell der systemtheoretischen Differenzlogik umzulegen. Zu überlegen wäre konkret (aber ich deute hier eine solche Möglichkeit nur an), ob die Peircesche Begriffstrias Zeichenmittelbezug, Objektbezug, Interpretantenbezug übersetzt werden könnte in die systemtheoretische Trias Information, Mitteilung, Verstehen.

Ich erwähne diesen schwierigen Peirceschen Ansatz – auch wenn ich ihn nicht weiter vertiefe –, da ich erreichen möchte, daß Kommunikation sich durch Kommunikation bestimmt. Zumindest, wenn man systemtheoretisch vorgehen will, kann man nicht annehmen, ein psychisches System, ein Individuum (ich zum Beispiel) könne bestimmen, was Kommunikation sei. Auf diese Weise soll die Gefahr vermieden werden, Anwendungskontexte, empirisch beobachtbare Einzelfälle von Kommunikation als Konstituenten des Kommunikationsbegriffs in die theoretische Begriffsbildung wieder aufzuneh-

---

2 Vgl. Joachim Castella: Zur Sprach- und Schriftkonzeption bei Günther. URL: http://www.techno.net/pkl/winzen.htm).

3 Schönrich, Gerhard (1990): Zeichenhandeln. Untersuchungen zum Begriff einer semiotischen Vernunft im Ausgang von Ch. S. Peirce. Frankfurt/Main. S. 98.

men (ähnlich argumentiert Oliver Jahraus unter Verwendung des Ausdrucks der empirischen Abstraktion). Gefordert ist also ein selbstgenerierender und selbstprozessierender Kommunikationsbegriff. Schönrich schreibt:

> Wer nach Peirce über die Lehrbuchdefinition hinaus wissen will, was etwa Lithium ist, wird diese Definition als Anweisung nehmen, ›die uns sagt, was das Wort Lithium bezeichnet, indem sie vorschreibt, was wir zu *tun* haben, um in unserer Wahrnehmung eine Begegnung mit dem Objekt dieses Wortes herbeizuführen.‹[4]

Diese Problemstellung soll auf die Aufgabe einer Begriffsbestimmung von Kommunikation übertragen werden. Dabei bleibt insbesondere zu fragen, wer oder was die Rolle von ›wir‹ in der systemtheoretischen Theoriebildung ausfüllen könnte.

3. Die Form

Wenn Systemtheorie Kommunikation unterscheidet, geschieht dies qua konditionierter Koproduktion von etwas zur Kommunikation Differentem (z.B. einer Umwelt von Kommunikation). Es ist (systemtheoretisch) unmöglich, eine Differenz zu konstruieren, ohne dadurch das sich von dieser Unterscheidung Unterscheidende mit zu konstruieren. Kommunikation erweist sich dabei als ein ebenso grundlegender Begriff wie z.B. ›Form‹ (im Begriffspaar Medium und Form), da neben einer solchen Unterscheidung von Kommunikation, in der dann nach Luhmann Mitteilung, Information und Verstehen untergebracht werden, kaum etwas vorstellbar bleibt, was nicht als Kommunikation beobachtbar wäre.

Systemtheorie wurde nicht mit derselben Intention und auf dieselbe Weise gebaut wie ein (prä-)logisches System, zum Beispiel Spencer-Browns »Laws of Form«, sie ging von einer Vielfalt zu beschreibender sozialer Phänomene aus, das heißt, sie ging durchaus präjudizierend vor, was den von ihr intendierten Gegenstandsbereich anging. Erst in ihrem jetzt erreichten Zustand der differenzlogischen Selbstkonstitution und im Vergleich mit dem Kalkül von Spencer-Brown werden indessen Strukturhomologien erkennbar, die Systemtheorie dazu zwingen, ihre eigene Begriffsbildung zu überdenken. Hier stellt sich die Notwendigkeit und zugleich Kontingenz des von der Systemtheorie gewählten Begriffs ›Bewußtsein‹ als dem komplementären Begriff zu ›Kommunikation‹ heraus (siehe hierzu Oliver Jahraus: Kommunikation und Bewußtsein, Kap. 8: Die ›Ur-Differenz‹ von Bewußtsein und Kommunikation als Fundament der Systemtheorie).

---

[4] Ebd. S. 221.

Zwar stellt in der Systemtheorie Bewußtsein den für Kommunikation konstitutiven Komplementärbegriff dar – keine Kommunikation ohne Bewußtsein und kein Bewußtsein ohne Kommunikation! Systemtheorie präferiert aber Kommunikation als Systemreferenz, denn: »Würde man für ein psychisches System optieren, stünde man vor der Wahl: welches von den etwas fünf Milliarden? Und die Entscheidung könnte dann praktisch nur lauten: ich selber.«[5] Diese Unterscheidung, Kommunikation (Sozialsystem) und Bewußtsein (psychisches System) hat sich in der soziologischen Systemtheorie als viabel erwiesen. Gleichzeitig läßt sich das Begriffspaar ebenso asymmetrisch modellieren, wie es die gängigen Interpretationen der (Spencer-Brownschen) 2-Seiten-Form verlangen: Kommunikation ist die »markierte« Seite der Unterscheidung, an der kommunikativ wieder angeschlossen werden kann. Um genau zu sein: eine der beiden Seiten der Form (der Unterscheidung) wird präferiert oder ausgezeichnet.

Daß zuweilen – in einer Gleichsetzung des Spencer-Brownschen Formbegriffs mit der Binär-Unterscheidung von Medium und Form – nur die markierte Seite der Form als Form interpretiert wird (und die andere Seite dann als Umwelt mitgeführt oder gar nicht näher spezifiziert wird), beruht auf einer Ungenauigkeit in der Interpretation des Spencer-Brownschen Form-Begriffs.

Auf der abstrakten Ebene der Theoriekonstitution unter differenzlogischen Prämissen (die als solche auch nicht den Anspruch erhebt, unmittelbar auf soziologisch-empirische Phänomene anwendbar zu sein), zeigen sich jedoch theoriebautechnische bzw. systemimmanente Eigentümlichkeiten, wenn man das Begriffspaar Kommunikation und Bewußtsein genauer beleuchtet.

Im Grunde genügt ein Hinweis darauf, wie schwer es der Systemtheorie fällt, die Unterscheidung zwischen Kommunikation und Bewußtsein zu beschreiben oder inhaltlich (d.h. positiv) zu begründen. Beide Systemtypen operieren in denselben Medien (z.B. Sinn oder Sprache), beide Systemtypen vollziehen ihre Autopoiesis durch die Oszillation zwischen einem operativen und einem reflexiven (oder deskriptiven) Prozeßtyp sowie durch medial angeregte Ereignisimpluse. Marius und Jahraus, die beide Begriffe wohl am konsequentesten untersucht haben, kommen zu dem lapidaren Ergebnis: »Deswegen kann ein Ereignis hier (im Bewußtsein) nicht zugleich dasselbe Ereignis dort (in der Kommunikation) sein, weil sonst Bewußtsein Kommunikation wäre.«[6] (Eine andere Konzeptualisierung einer Asymmetrie schlägt Oliver Jahraus indessen

---

5 Luhmann, Niklas (1992): Die Wissenschaft der Gesellschaft. Frankfurt/Main. S. 63.

6 Marius, Benjamin, Oliver Jahraus (1997): Systemtheorie und Dekonstruktion. Die Supertheorien Niklas Luhmanns und Jacques Derridas im Vergleich. LUMIS-Schriften 48, Siegen. S. 55.

in Kap. 7: Symmetrie und Asymmetrie in der strukturellen Kopplung vor.) Hier wird das Verhältnis von Kommunikation und Bewußtsein denn auch weitestgehend symmetrisiert; eine Asymmetrie besteht bestenfalls noch in der größeren Aufmerksamkeit, die der Kommunikationsseite (als der anschlußfähigen Seite) geschenkt wird. Man darf dies der Systemtheorie indessen nicht als Schwäche vorwerfen, das Problem liegt wohl notwendigerweise in derart konzeptualisierten Komplementärbegriffen.

Das hier Beschriebene, läßt sich an – ich denke allen – vergleichbar modellierten Komplementärbegriffen der Systemtheorie feststellen, zum Beispiel am Begriffspaar ›Information und Mitteilung‹: man kann die Überlegung, daß jede Information als Mitteilung beobachtet werden kann (und umgekehrt) so weit treiben, daß man endlich feststellt, daß es zwischen beiden Begriffen keinen Unterschied *gibt*, es sei denn es liegt irgendeine Motivation vor, zwischen beiden einen (relevanten) Unterschied zu sehen. Es obliegt einer jeweils zu treffenden Entscheidung, etwas als Information oder als Mitteilung zu beobachten. (Die Avantgarden haben mit dieser Entscheidungsfreiheit gespielt; und auch wenn man dazu neigt, diese Freiheiten aus ›Alltagskommunikation‹ in Randbereiche von ›Sonderkommunikationen‹ abzuweisen, so muß die prinzipielle Möglichkeit, diese Freiheit zu nutzen, konzediert werden.)

Gleichzeitig sollte dies dafür sensibilisieren, was mit dem in solchen Komplementärbegriffen jeweils mitgeführten dritten Begriff, in diesem Falle dem des Verstehens geschieht – er erleidet ein ähnliches Schicksal wie der des Beobachters im Begriffspaar von Kommunikation und Bewußtsein oder in dem von Operation und Beobachtung – er wird ausgeblendet. (Bemerkenswert ist dabei: komplementäre Begriffspaare können nur in einer triadischen Konstellation konzipiert werden, wobei das dritte Element, die Einheit der Differenz oder die Transferunterscheidung, zwar konstitutiv notwendig ist, sich jedoch der Einbindung fast gänzlich entzieht.)

Behauptet wird hier nun zweierlei: zum einen ist die notwendige Unterscheidung, die es erst erlaubt, auf dieser abstrakten Ebene einen Begriff zu bilden, eine rein *operative* Unterscheidung (wird das von Kommunikation Unterschiedene, nämlich Bewußtsein, ›*inhaltlich*‹ mit Kommunikation verglichen, so verschwindet die Differenz zwischen beiden). Zu formulieren wäre also ein Differenzkriterium, das nicht positiv, sondern radikal negativ bestimmt wird. Und dies entspricht der Forderung, die Ross Ashby für die 2nd order Kybernetik formuliert hat: diese untersuche alle Phänomene in Unabhängigkeit ihres Materials, so sie regelgeleitet und reproduzierbar seien. Zum anderen muß auf diesem Abstraktionsniveau, die Vorstellung vom Operator der Unterscheidung, jenem bislang ausgeschlossenen Dritten, dem

Beobachter zum Beispiel, revidiert und in den zu bildenden Begriff mit aufgenommen werden.

4. Operationen

An dieser Stelle soll nun das Differenztheorem selbst rekapituliert werden, das bisher von der Systemtheorie gewissermaßen aus dem Ärmel geschüttelt wird: am Anfang steht die Differenz. Faßt man das bisher Erläuterte zusammen, so stellt man nämlich fest, daß die Einführung der (systemtheoretischen) Differenz eine komplexe Angelegenheit ist.

Zunächst besagt das Differenztheorem, daß eine *Entscheidung* dafür notwendig ist, etwas, zum Beispiel Kommunikation, zu *unterscheiden*, mithin eine Motivation, eine solche Unterscheidung zu treffen. (Man denke hierbei an Batesons Diktum vom Unterschied, der einen Unterschied macht.) Präziser wird dies bei Varga von Kibéd und Matzka formuliert:

> Wäre vor der Bildung eines Begriffs der durch ihn zu charakterisierende Unterschied schon vollständig gegeben, wäre seine Einführung überflüssig. Wäre allerdings kein Unterschied gegeben, wäre seine Einführung unmöglich.[7]

Genau diese Ausgangslage beschreibt ebenfalls von Foerster, wenn er von Begriffen spricht, die sich selbst brauchen, um zu entstehen:

> Wird die Frage gestellt: ›Was ist Sprache?‹ so könnte man antworten, daß der Fragende die Antwort schon wissen müßte, sonst könnte er die Frage nicht stellen. Ist also diese Frage ihre eigene Antwort, oder braucht man eine ›Meta-Sprache‹, um diese Frage zu beantworten?[8]

Vielleicht könnte man dies den aporetischen Zweifel nennen: sobald eine Frage auftaucht, wird ihr Gegenstand (oder die Differenz, als in Frage stehende Unterscheidung, auf die sie sich bezieht) zugleich erzeugt und angezweifelt.

Die Ausgangslage der hier vorgeschlagenen Begriffsbestimmung von Kommunikation ist also äußerst fragil. (Und genau hierauf zielen, nebenbei bemerkt, Spencer-Browns Überlegungen ab, nämlich in »nichts« eine Unterscheidung treffen zu wollen.) Nimmt man aber die systemtheoretischen Basis-

---

7 Varga von Kibéd, Matthias, Rudolf Matzka (1993): Motive und Grundgedanken der »Gesetze der Form.« In Baecker, Dirk (Hg.): Kalkül der Form. Suhrkamp Verlag, Frankfurt/Main. S. 58-85. Hier S. 63.

8 Foerster, Heinz von (1992): Entdecken oder Erfinden. Wie läßt sich Verstehen verstehen?. In: Gumin, Heinz / Heinrich Meier (Hg.): Einführung in den Konstruktivismus. München, Zürich. S. 41-88. Hier S. 43.

annahmen ernst, konkret diejenige, nach der nur Kommunikationen kommunizieren können, scheint mir kein anderer Weg zur Verfügung zu stehen, als der hier eingeschlagene.

Systemtheorie braucht Kommunikation und es lag für sie eine Motivation vor, den Begriff der Kommunikation zu etablieren. Was war das für eine Motivation oder: war sich die Systemtheorie über ihre Motivation im klaren? Zwischen der Grundannahme: »Wir gehen davon aus, daß es Systeme gibt« (die ähnlich eingeführt wird wie die Annahme von Kommunikation) liegt ein weite Wegstrecke, in der Systemtheorie sich ausdifferenzieren und emergieren konnte, bis sie es nun, am differenzlogischen Wendepunkt der eigenen Theoriebildung, wieder mit ihren ersten Unterscheidungen zu tun bekommt: Von dieser neuen Warte erst kann die Notwendigkeit der Einführung des Kommunikationsbegriffs rekonstruiert werden. Diese Form der Rekonstruktion der eigenen Ausgangspunkte beschreibt Spencer-Brown, der sie allerdings auf die Konstruktion des Universums anwendet: »[...] our understanding of such a universe comes not from discovering its present appearance, but in remembering what we originally did to bring it about.«[9]

Im vorliegenden Zusammenhang ist es insofern weniger wichtig, zu untersuchen, was für eine Motivation vorlag (etwa: der Wunsch soziale Systeme zu beobachten), sondern zu bemerken, daß sie vorlag, und Systemtheorie somit aus einer Verschiedenheit eine Unterscheidung konstruierte. Auf dieser abstrakten Konstruktionsebene wird deutlich, daß die Entscheidung, Kommunikation als Kommunikation von Bewußtsein zu unterscheiden, strukturell bzw. formal genauso gebaut ist, wie die anderen basalen Unterscheidungen der differenztheoretischen Systemtheorie: Identität / Differenz, System / Umwelt, Medium / Form, Innenseite / Außenseite einer 2-Seiten-Form etc. Spencer-Brown sagt:

> *Was ein Ding ist, und was es nicht ist, sind, in der Form, identisch gleich.* Das heißt, die identische Form oder Definition oder Unterscheidung agiert als die Grenze oder Beschreibung sowohl des Dinges als auch dessen, was es nicht ist.[10]

Wo jedoch Begriffspaare wie Medium und Form so abstrakt sind, daß ein rein formaler Umgang mit ihnen noch einigermaßen leicht fällt, sind die Begriffe von Kommunikation und Bewußtsein durch die gesamte abendländische Denktradition mit positiven Bestimmungen besetzt worden, so daß es nun schwierig ist, sie rein formal oder negativ zu konzipieren.

---

[9] Spencer-Brown, George (1979): Laws of Form. New York, Dutton. S. 104.

[10] Spencer-Brown, George (1997): Gesetze der Form. Lübeck. S. IX.

Die Systemtheorie fragt nach der anschlußfähigen Seite einer 2-Seiten-Form, die sie als erste Unterscheidung oder als ursprüngliche Differenz voraussetzt, bzw. dezisionistisch postuliert. Die Kenogrammatik fragt hingegen nach der Form dieser Form.[11] Sie setzt damit die 2-Seiten-Form insgesamt different und definiert sie negativ – dies ist ihre Interpretation der hegelianischen Negation der Negation.

Dies bedeutet aber auch: vor der ersten Unterscheidung, in einem prälogischen Bereich, muß bereits eine Differenz angesetzt werden, eine innere Doppelung des Begriffs der Entscheidung, und zwar in einen operativen und einen reflexiven Aspekt oder in Prozessor und Prozeß. Mit dem von der Systemtheorie gewählten dezisionistischen Startpunkt wird die Entscheidung zur Unterscheidung als vorgelagerte Differenz verdeckt.

5. Die Form der Form

Die Anhänger der Kenogrammatik berufen sich auf Hegels Umkehrung des Verhältnisses zwischen Denken und Selbst: Nicht mehr das Selbst sei der Grund des Denkens, sondern das Denken sei der Grund des Selbst. Dieser Gedanke führt in der Konsequenz zu einem Denken des Denkens und damit zu dem Versuch, das Selbst nicht mehr egologisch begründen, sondern seinen Grund entdecken zu wollen, die Möglichkeitsbedingungen seines So- und Daseins.

Rudolf Kaehr[12] greift die von Gotthard Günther etwa seit 1967 entwickelte Kenogrammatik auf, d.h. die, logischen Operationen zugrunde liegenden, Leerformen. Kenogrammatik will die Bedingungen von Semiose ergründen, das heißt, einen Formalismus konstruieren, mit dem Differenzen zur Verfügung stehen, die sich nicht einer Unterscheidung verdanken, sondern diese erst erzeugen.[13] Dies gelingt dadurch, daß das jeweils durch den Akt einer Unterscheidung Verdeckte mit in den Kalkül einbezogen wird. (Varga von Kibéd spricht in ähnlichem Zusammenhang von Kontextthematisierungen.) M.E wird dies durch Spencer-Browns Ausdruck des »unwritten cross« nahegelegt: die Quere (cross), mit der Spencer-Brown die Unterscheidung bezeichnet, kann niemals als einfache Quere verstanden werden: stets wird sie

[11] Zum Begriff Kenogrammatik vgl. den Eintrag im »Glossar«: URL: http://www.techno.net/pkl/glossary/items.htm der pcl-Gruppe. (URL: http://www.techno.net/pkl/pcl-group.htm.

[12] Siehe die URL: http://www.techno.net/pcl/rk/rudolf-pcl.htm.

[13] Vgl. hierzu Castella, Joachim: Der Gang an der Grenze. Einleitung in das Denken Gotthard Günthers. URL: http://www.techno.net/pkl/evakad.htm.

von einem gleichursprünglichen »unwritten cross« begleitet, was durch die Beobachtung der Unterscheidung allerdings verdeckt wird.

Die grundsätzliche Frage, die von der Kenogrammatik gestellt wird, ist also die Frage nach der Form der Form. Auf die hier zu lösende Frage nach Kommunikation bezogen bedeutet dies: *Wie kann man die Möglichkeitsbedingung von Kommunikation in einen operativen Zusammenhang mit Kommunikation bringen?* Anders ausgedrückt: Wie kann ein Kommunikationsbegriff konstruiert werden, wenn die Tatsache, daß er konstruiert wird, in die Konstruktion mit aufgenommen werden soll?

Autopoiesis wird in der Kenogrammatik verstanden als ein Kalkül, das als Programm seiner Realisierung lesbar werden soll (und zwar: im Vollzug, das heißt, als Realisierung von Autopoiesis). Kaehr wendet daher gegen die sukzessive Formalisierung der Systemtheorie, die von einer ersten Unterscheidung ausgeht und diese Unterscheidung in der Folge ausdifferenziert, ein: »Was sich jedoch grundsätzlich einer solchen Formalisierung entzieht, ist das simultane Nebeneinander von verschiedenen basalen Unterscheidungen.«.[14] Eine basale Unterscheidung wäre die zwischen dem Unterscheidenden und dem Unterschiedenen.

Erst durch den Vollzug dieser Unterscheidung erzeugt sich der Operator der Unterscheidung. Auf diese Weise erklärt Kaehr die kenogrammatische Interpretation der Umkehrung des Verhältnisses von Denken und Selbst.

Auf der prälogischen Ebene der Unterscheidung von Unterscheidendem und Unterschiedenem kann kein ›Subjekt‹ als Unterscheider angenommen werden, diese Unterscheidung ist grundlos. Kaehr schlägt im Sinne einer Kalkültheorie vor, Grund und Begründetes (die Unterscheidung) als gleichursprünglich zu konzipieren.

Zur Begriffsbestimmung von ›Kommunikation‹ wäre es dann erforderlich, eine »Dekonstruktion des Grundes« (Kaehr) vorzunehmen. Laß da Kommunikation sein (als Grund)! Nun geht es darum zu zeigen, daß Kommunikation zugleich Grund und Begründetes ist und: »Was Grund und Begründetes ist, wird geregelt durch den Standort der Begründung.«[15] Diese Figur soll auf das Begriffspaar von Kommunikation und Bewußtsein übertragen werden. Hierbei stellt sich nur ein terminologisches Problem, nämlich zu vermeiden, beide Begriffe inhaltlich (ontologisch) zu interpretieren.

---

[14] Kaehr, Rudolf (1993): Disseminatorik: Zur Logik der »Second Order Cybernetics«. Von den »Gesetzen der Form« zur Logik der Reflexionsform. In: Baecker, Dirk (Hg.): Kalkül der Form. Frankfurt/Main. S. 152-196. Hier S. 154.

[15] Ebd. S. 170.

Zunächst fordert die Kenogrammatik damit den Ausstieg aus dem Systemzwang einer Alternativlogik (Castella), der die Systemtheorie in ihrer gegenwärtigen Konstitution noch unterliegt. So interpretiert Gotthard Günther Hegels Negation der Negation rein formal, als formal konsistenten Operator, d.h. als eine Verneinung, die sich auf das Negationsverhältnis insgesamt bezieht (Castella). In die Begriffe der Differenzlogik übersetzt bedeutet dies: Die Unterscheidung, um die es hier geht, ist nicht mehr die Unterscheidung zwischen zwei, in der Folge inhaltlich-positiv determinierbaren Seiten (Kommunikation und Bewußtsein), sondern ist Unterscheidung von Unterscheidung. Sie unterscheidet keine Identitäten und bezeichnet keine Inhalte, sondern nur Differenzen. (Möglicherweise berührt Kenogrammatik hiermit das, was Derrida die Differenz der Differenz nennt.) Dies stellt eine konsequente Umstellung von *Was-Fragen* auf *Wie-Fragen* dar, wie sie auch von Luhmann gefordert wird. Auf diese Weise vermeidet Kenogrammatik das, was ich oben den systemtheoretischen Kurzschluß genannt habe.

Geht man so vor, so erkennt man, daß die Kenogrammatik unabhängig vom Ort ihrer Realisierung ist. Insofern spricht Kaehr von der »De-Sedimentierung« des Grundes. Erst ein solcher Grund bildet in der Systemtheorie den »Boden« oder den Ausgangspunkt für ihre dichotome und hierarchische Strukturbildung.

Weiter oben habe ich vorgeschlagen, die Entscheidung, eine Unterscheidung zu treffen, mit in den Unterscheidungskalkül einzubeziehen. Diese Entscheidung entspricht der Verdoppelung des Unterscheidungsbegriffs in einem prälogischen »Raum«. Gotthard Günther prägte für diesen prälogischen »Raum« (der eben eigentlich kein Raum ist) die Bezeichnung der »proemial relationships«, der »Proemialrelationen«.[16] Damit wird – aber diesen Punkt möchte ich ebenfalls dezidiert zur Diskussion stellen – kein weiterer infiniter Regreß gestartet, eben weil die Entscheidung in einem prälogischen Status vollzogen wird, oder: eben weil sie ortsunabhängig gilt, das heißt, immer dort, wo operiert wird. Auf der Ebene, auf der von einer basalen Unterscheidung gesprochen wird (Identität und Differenz, Medium und Form – und: Kommunikation und Bewußtsein) bleibt diese Verdoppelung, diese bereits vollzogene Unterscheidung, die chiastische Figur, die der ersten Unterscheidung zugrunde liegt, verdeckt. Oder, um den von Kaehr vorgeschlagenen Ausdruck zu verwenden: der Grund der ersten Unterscheidung bleibt verdeckt.

Nebenbei bemerkt: genau hierin liegt der Vorwurf der Kenogrammatik an Spencer-Browns Formkalkül, es verbleibe selbst noch im dichotomischen Denken. M.E. wird Spencer-Brown damit aber vielleicht Unrecht getan: denn

---

[16] Vgl. URL: http://www.techno.net/pkl/glossary/def6.htm.

in der Aufforderung »draw a distinction!« steckt ja implizit eine Aufforderung zur *Entscheidung*, eine Unterscheidung zu treffen, womit der prälogische Bereich (vor der Unterscheidung) mit aufgenommen wäre (mit der immanenten Doppelung des operativen und reflexiven Aspekts der *Entscheidung*).

Die De-Sedimentierung des Grundes kann nun in zweierlei Hinsicht interpretiert werden. Die erste Interpretation betrifft das Problem des Beobachters oder Prozessors von Unterscheidungen, der ja in das Differenzkalkül einbezogen werden soll. Dieses Problem ist aus der Literatur der 2nd order Kybernetik inzwischen hinreichend bekannt und betrifft die Einsicht, daß es keine objektive Beobachtung gibt, in dem Sinne, daß Beobachter und Beobachtetes sich gegenseitig determinieren und kontrollieren (bzw. daß es letztlich unentscheidbar sei, wer wen kontrolliert). Die Kenogrammatik fordert ganz radikal die Aufgabe einer hierarchischen Anordnung zwischen Objekt der Beobachtung und interner oder externer Beobachtung[17]. Kaehr schreibt:

> Die Produktion der Beschreibung und das Wissen um die Einbezogenheit des Wissenden in das Wissen lassen sich nicht als Einheit verstehen und lassen sich daher nicht durch einen Akt der Unterscheidung, das Vollziehen einer Distinktion allein charakterisieren. Auch nicht durch Iterationen und Rekursionen von Unterscheidungen, sondern nur durch eine Simultaneität, ein zeitneutrales Zugleich von differenten und differierenden Differenzen. Die Gleichursprünglichkeit von System und Umgebung, von Unterscheidendem und Unterschiedenem, allein ist zu schwach, da sie wegen der Notwendigkeit der Benennung, der Indikation beziehungsweise der Designation, wieder eine Asymmetrie einführt und das Wechselspiel zwischen den Gleichursprünglichkeiten stoppt. Es ist also nicht nur eine Vielheit von Gleichursprünglichkeiten, sondern auch ein proemieller Mechanismus ihres Zusammenspiels vonnöten.[18]

Die chiastische Figur, die sich durch die Gleichursprünglichkeit der Beobachtungsfunktionen ergibt – eine Verdoppelung Beobachter / (als Beobachter) Beobachtetes auf beiden Seiten der Unterscheidung –, bedeutet die Loslösung von der Vorstellung einer Metaebene und indiziert damit insgesamt die Aufgabe einer hierarchischen Ordnung. Die De-Sedimentierung des Grundes und die Gleichursprünglichkeit beider (verdoppelter) Seiten der Unterscheidung bilden eine heterarchische Struktur[19]. Die Aufgabe einer Metaebene oder einer hierarchischen Struktur verhindert damit auch die Vorstellung eines in irgendeiner Weise privilegierten Beobachters oder einer privilegierten

---

[17] Vgl. Kaehr (1993) S. 167.
[18] Ebd. S. 178.
[19] Vgl. URL: http://www.techno.net/pkl/glossary/def23.htm.

Position des Beobachters. Beobachtungsinstanzen können nur durch entsprechende Funktionalisierung bestimmt werden. Solche Funktionalisierungen haben jedoch, wie Kaehr bemerkt, den Status von Simulationen[20]. Glanville meint in ähnlichem Sinne: »In a certain respect, we always think as if.«

Die zweite Interpretation bezieht sich auf die Begründungstheorie als solche. Systemtheorie wählt die Dezision als Begründungsinstanz (Wir gehen davon aus, daß es Systeme gibt!). Dadurch hat sie es mit Paradoxien zu tun, die sie allerdings durch den infiniten Regreß – im dekonstruktivistischen Sinne – aufschieben kann (und zumindest Luhmann interessiert sich ausdrücklich für das, was sich zwischen dezisionistischem Startpunkt und aufgeschobenem ›Fluchtpunkt‹ entfalten läßt). Den Grund des dezisionistischen Startpunktes bildet somit ein blinder Fleck. Kaehr schreibt:

> Der blinde Fleck des Anfangs eines Systems der Unterscheidungen, die Dezision, das heißt die blinde Entscheidung, den Anfang eines Systems so und nicht anders zu setzen, die Entscheidung für eine Unterscheidung, ist in der Graphematik, die den Spielraum für die Notation der Simultaneität von kognitiven und volitiven Entscheidungen und Unterscheidungen einräumt, immer schon in eine Vor/Nachträglichkeit verwickelt.[21]

Aus der Perspektive der De-Sedimentierung des Grundes bedeutet das für die Begründungsproblematik, daß der blinde Fleck als eine Verdeckung interpretierbar wird. Ein dezisionistischer Startpunkt, so wie ihn die Systemtheorie einsetzt, konstruiert stets eine erste Unterscheidung. Verdeckt werden bei dieser ersten Unterscheidung deren »proemial relationships«, ihre prälogischen Möglichkeitsbedingungen.

6. Konsequenzen für den Kommunikationsbegriff

Interpretiert man die Begriffe Kommunikation und Bewußtsein als Form einer ersten Unterscheidung, so müssen, bei einer De-Sedimentierung des Grundes dieser Unterscheidung folgende Konsequenzen in Betracht gezogen werden. Kommunikation erzeugt Kommunikation.

M.E. ist es nicht notwendig, von diesem systemtheoretischen Standpunkt abzuweichen. Aufgegeben werden müßte jedoch die Vorstellung, Kommunikation sei Bewußtsein (als der anderen Seite dieser Unterscheidung) gegenüber in irgendeiner Weise privilegiert. Und dies in einem sehr radikalen Sinne: nämlich *daß auf der Ebene der Formbildung dieser Unterscheidung,*

---

[20] Vgl. Kaehr (1993) S. 168f.

[21] Ebd. S. 184.

keine positiven Kriterien für eine derartige Asymmetrisierung vorliegen. Die (ja auch von der Systemtheorie hier und dort bestätigte) Annahme, daß es sich bei basalen Unterscheidungen um rein operative oder formale Unterscheidungen handelt, kann durch die Vorstellung der De-Sedimentierung des Grundes erklärt werden. Es geht bei der Unterscheidung zwischen Kommunikation und Bewußtsein um die Differenz dieser Differenz, es zeigt sich eine chiastische, rein negative Differenzierungsfigur.

Weiter oben nannte ich die derzeitigen systemtheoretischen Begriffsbestimmungen von Kommunikation und Bewußtsein einen Kurzschluß. Damit meine ich die Versuche, das Differente dieser Differenz positiv bestimmen zu wollen (z.B. Kommunikation operiere digital, Bewußtsein operiere hingegen analog). Systemtheorie in ihrer gegenwärtigen Konstitution produziert aus Differenzen (ohne Umschweife) Identitäten. Eine Identität ist jedoch nichts anderes als der Verzicht, eine Unterscheidung zu treffen. Ich behaupte, *daß es auf der Ebene der Formbildung dieser Differenz keinen positiven Unterschied gibt.* Kommunikation und Bewußtsein unterscheiden sich gegenseitig – eine privilegierte Möglichkeit, beide voneinander zu differenzieren, gibt es nicht.

Die Unterscheidung unterscheidet sich in Unterscheidendes und Unterschiedenes. Insofern basieren alle Unterscheidungen auf Handlungsvollzügen, wobei die Handlungsdimension in den (autologischen) Prozeß der Begriffsbildung eingebettet werden muß.[22] Positiv kann dieses Verhältnis nicht dargestellt werden. Tritt man jedoch ›de facto‹ in den Prozeß der Semiose, der Differenzierung oder der Begriffsbildung ein, entstehen gleichzeitig blinde Flecken und die Möglichkeit positiver Beobachtungen. Blinde Flecken entstehen jeweils als Verdeckung der Beobachtung. Die Annahme eines (einzigen) blinden Flecks ist nur die Konsequenz aus der Privilegierung eines Beobachtungsstandpunktes.

Ich halte aus diesem Grund die Entscheidung, die eine Seite der Form ›Kommunikation‹, die andere Seite ›Bewußtsein‹ zu nennen, für kontingent, für eine kontingente Etikettierung. Sie ist Konsequenz aus dem Denken einer zweiwertigen systemtheoretischen Differenzlogik. Castella schreibt:

> Hier [in der aristotelischen Logik] zulässige Transformationen beschränken sich einzig auf den seit der Unterscheidung von Objekt- und Metasprache geläufigen Wechsel von Form und Inhalt, der an der grundsätzlichen Polarität jedoch nichts ändert; was Form ist, ist Form, immer und ausschließlich; wird sie zum Inhalt (der Metasprache), ist sie dies und nicht anderes, *tertium non datur.*[23]

---

[22] Ebd. S. 186.

[23] Castella, Joachim: Der Gang an der Grenze. URL: http://www.techno.net/pkl/evakad.htm.

Mit der De-Sedimentierung des Grundes fällt die Möglichkeit ›objektiver‹ Zuschreibungen der einen oder der anderen Seite einer Unterscheidung fort. Was in der Kenogrammatik als Negation der Negation bezeichnet wird, beschreibt Spencer-Brown radikal generativ: Er schreibt über die »Laws of Form«, sie würden zeigen, »[...] daß wenn eine Unterscheidung ›in‹ nichts getroffen werden könnte, dann das Ganze der konditionierten Koproduktion, deren Operation unentrinnbar ist und vollständig sichtbar, unvermeidlich stattfinden würde [...].«[24]

In Erinnerung an Gertrude Steins Rose könnte man zu dem Begriff Kommunikation sagen: Kommunikation ist Kommunikation ist Kommunikation. Dies aber nicht als Tautologie verstanden, sondern im Sinne einer nichtstationären Logik, wie die, die von Foerster vorschlägt, oder, kenogrammatisch, als Vielheit von Gleichursprünglichkeiten (von Unterscheidungen zwischen Unterscheidendem und Unterschiedenem).

Geht man von einer heterarchischen Architektur der Systemtheorie aus, so wäre es möglich die einzelnen System/Umwelt-Relationen, die Systemtheorie differenziert, polykontextural auszuweisen, das heißt, man wäre nicht gezwungen, eine hierarchische Architektur der Ausdifferenzierung bereits auf dieser Ebene anzusetzen – das könnte einige Probleme lösen.

Dadurch könnte auch gerechtfertigt werden, Kommunikation und Bewußtsein als einen solchen Ausgangsort in einer heterarchischen Kenographik zu beschreiben, ohne angeben zu müssen, ob und wenn auf welcher (hierarchischen) Differenzierungsebene von Kommunikation erst gesprochen werden kann.

Die systemtheoretische Henne- oder-Ei-Frage, gilt nicht nur dort, wo ganz abstrakt nach Identität und Differenz gefragt wird, sondern auch dort, wo eine hierarchische Struktur einzelner Binär-Unterscheidungen vorgenommen wird: die hierarchische, dichotome Struktur der Systemtheorie verlangt eine sukzessive Abfolge von Binär-Differenzen wie Medium / Form und Kommunikation / Bewußtsein. Heterarchische Systeme können interne Umwelten oder Umgebungen operativ konstituieren. Damit würden (klassische) Dualitäten von System / Umwelt (die systemtheoretischen Komplementär-Begriffe) gesprengt. Da im klassischen Dualismus von System / Umwelt nur eine einfache negative Relation vorliegt, kann Systemtheorie (bislang eben) auch nur an der einen Seite (System) anschließen. Insbesondere könnte systemtheoretische Theoriearchitektur aber auf diese Weise Paradoxien, wie zum Beispiel den Zwang, eine zweite Außenseite oder ein Supermedien annehmen zu müssen, vermeiden.

---

24 Spencer-Brown (1997) S. X.

Auf dieser Ebene der Begriffsbildung könnte möglicherweise formuliert werden, wie das Gedächtnis von Kommunikation funktioniert. Denn wenn Kommunikation Kommunikation erzeugen soll, dann muß Kommunikation auch wissen (oder: sicher erinnern), daß sie Kommunikation ist. Zu einer Modellierung von kommunikativem Gedächtnis soll mit diesem Beitrag jedoch nur aufgerufen und angeregt werden. An dieser Stelle könnte m.E. wiederum an das semiotische Modell von Peirce angeschlossen werden. Als Stichwort dafür sei hier Schönrich zitiert:

> Läßt sich der Begriff eines dynamischen Objekts bzw. eines finalen Interpretanten noch als Idee im Kantischen Sinne verstehen, nämlich als Anweisung, die Repräsentation von Objekten unbegrenzt fortzusetzen, so unterläuft Peirce diese mögliche Deutung dadurch, daß er den einzigen denkbaren Adressaten einer solchen Anweisung, nämlich die Selbstrepräsentativität der Repräsentationen, mit in den Zeichenprozeß hineinzieht und selbst zu einer unendlichen Folge expandiert.[25]

Schließlich sei auf eine weitere Konsequenz aus einer derart vorgenommenen Begriffsbildung, die positiv nicht darstellbar ist, hingewiesen. Spencer-Brown vergleicht seinen Formkalkül mit einer Partitur oder einem Rezept: »Der Text von *Laws of Form* stellt keine einzige Behauptung auf: nirgendwo erzählt er dir irgendetwas: und doch wirst du, folgst du seinen Anweisungen absolut, ohne Frage oder Erklärung oder vorgefaßter Meinung, an seinem Ende alles Nötige wissen.«[26]

7. Vorschlag, frei nach Spencer-Brown

Konstruktion:
Mache eine Erscheinung.

Inhalt:
Nenne sie die erste Erscheinung.

Veränderung:
Laß da eine von der ersten Erscheinung unterschiedene Erscheinung sein.
Nenne jedwede solche Erscheinung eine Veränderung.

---

[25] Schönrich (1990) S. 223.
[26] Spencer-Brown (1997) S. XII.

Kommunikation:
Nenne jede Veränderung eine Operation.
Nenne die letzte Operation Kommunikation.

Bewußtsein:
Laß da eine von Kommunikation unterschiedene Kommunikation sein.
Nenne sie Bewußtsein.
Nenne die Summe aller von Kommunikation unterschiedenen Kommunikationen Bewußtsein.

Assertion:
Nenne jede nächste Kommunikation die letzte Kommunikation.
Nenne die letzte letzte Kommunikation Assertion.

Antizipation:
Stelle dir eine Kommunikation vor, die keine unterschiedene Zeit (Bewußtsein) ist und von der Assertion unterschieden ist.
Nenne sie eine antizipierte Kommunikation....

Oliver Jahraus

Bewußtsein und Kommunikation

Zur Konzeption der strukturellen Kopplung

Abstract

Die Differenz zwischen Bewußtsein und Kommunikation ist eine konstitutive Differenz in der Theoriearchitektur der Systemtheorie. Sie nimmt subjektphilosophische und kommunikationstheoretische Konzepte auf, radikalisiert sie und bettet sie in eine fundamental veränderte Konzeption ein. Aporien, die die Konzeptionen der Einzelsysteme kennzeichnen, werden durch die Idee einer strukturellen Kopplung aufgelöst, die an die Stelle einer Letztbegründung einen unhintergehbaren Prozeß setzt.

1. Einleitung

Wer heute von Bewußtsein *und* Kommunikation spricht, denkt wohl in erster Linie an jenen systemtheoretischen Theoriebaustein, der diese beiden Phänomene in wechselseitige Relation bringt und der unter dem Namen ›strukturelle Kopplung‹ firmiert. Strukturelle Kopplung markiert heute den Kern der systemtheoretischen Theoriebautechnik, der sich nicht nur beständig weiterentwickelt, sondern auch zur Weiterentwicklung der gesamten Theoriearchitektur der Systemtheorie beiträgt. Um ihn herum kristallisiert sich ein wesentlicher, innovativer und impulsiver Bereich der systemtheoretischen Theoriediskussion. Die folgenden Überlegungen wollen das Konzept der strukturellen Kopplung, durchaus auch in kritischer Absetzung von den Vorgaben der Luhmannschen Systemtheorie mit ihrer je eigenen Theoriearchitektur, rekonzeptualisieren, um das produktiv-prozessuale Moment herauszuheben. Denn in diesem Moment gewinnt strukturelle Kopplung als Theoriebaustein die Möglichkeit, als Fundament für weitere und insbesondere auch medien- und zeichentheoretische Anschlüsse fungieren zu können.

Zunächst soll das Konzept der strukturellen Kopplung in Erinnerung gerufen und akzentuiert werden;

in diesem Konzept wird eine Dimension der subjektphilosophischen Erbmasse (Habermas) aufgegriffen, wobei deren Aporien durch Prozessualisierung entparadoxiert werden;

insbesondere am Beispiel des Bewußtseins ist zu zeigen, wie diese Umkonzeptualisierung mit der Uneinholbarkeit und Unhintergehbarkeit des Bewußtseins umgeht;

insbesondere am Beispiel der Kommunikation ist zu zeigen, wie die aporetische Figur in der strukturellen Kopplung zu einer subjektlosen Prozessualisierung führt;

eine kritische Anmerkung von Verhältnis von Konzeption und Empirie zeigt, daß Konzeptualisierungen durch ihre Viabilität bestätigt, nicht aber durch Rekurs auf ontologische Gegebenheiten verifizierbar sind;

damit können verschiedene Varianten der Konzeptualisierung ausgetestet werden; vor dem Hintergrund symmetrischer und asymmetrischer Konzeptualisierungen wird für die symmetrische Differenz von Bewußtsein und Kommunikation optiert;

die Radikalität einer symmetrischen Differenz macht die strukturelle Kopplung von Bewußtsein und Kommunikation zum Fundament der Theoriearchitektur der Systemtheorie;

zwei weitere Konzeptualisierungsvorschläge definieren zunächst

Sinn als Supermedium expansiv und sodann Medien restriktiv als Operatoren der strukturellen Kopplung;

einzelne markante Thesen werden für den direkteren Zugriff noch einmal herausgestellt;

eine Literaturauswahlliste nennt einschlägige Titel.

2. Strukturelle Kopplung

›Strukturelle Kopplung‹ ist mittlerweile zum Lemma einschlägiger Glossare und Lexika geworden[1], so daß ein Grundverständnis vorausgesetzt werden kann. Ich wiederhole die wichtigsten Konstituenten für eine strukturelle Kopplung:

- Strukturell gekoppelt sind Systeme (keine Entitäten, Gegenstände, Zustände, Phänomene als solche).
- Strukturell gekoppelt sind Systeme, die sich selbst prozessieren, also Systeme, die sich in der Zeit vollziehen und daher ereignisbasiert sind.
- Strukturell gekoppelt sind Systeme, die sich ausschließlich in ihrer Selbstprozessualisierung auch selbst reproduzieren und somit in diesem Selbstvollzug operativ geschlossen sind, somit überschneidungsfrei operieren, also autopoietische Systeme.

---

1 Art.: Strukturelle Kopplung. In: Baraldi/Corsi/Esposito 1997, S.186-189; und Art.: Kopplung. In: Krause 1996, S.124.

- Strukturell gekoppelt sind Systeme, die – im Grunde genommen eine tautologische Formulierung – die Prozessualisierung des anderen Systems unabdingbar für ihre eigene Prozessualisierung voraussetzen. In diesem Sinne präzisiert und radikalisiert das Konzept der strukturellen Kopplung den Begriff der Interpenetration. Wo diese definiert wird als Inanspruchnahme fremder Komplexität zum Aufbau eigener Komplexität in einem System, zeigt dieses Konzept, daß die Inanspruchnahme selbst wiederum prozessual vonstatten gehen muß.
- Von struktureller Kopplung kann gesprochen werden, wenn ein Beobachter zunächst sieht, wie in einem System Ereignisse im Prozeß der Selbstreproduktion so produziert werden, daß diese im anderen System wiederum jeweils systemspezifisch ko-produziert werden, sodann, daß diese Ko-Produktion wiederum im anderen System als Eigenproduktion abläuft, und schließlich, daß Produktion und Ko-Produktion jeweils wechselseitig austauschbar sind, sofern man das zeitliche Verhältnis der Produktionsverzögerung umkehrt.
- Strukturelle Kopplung ist, wo sie auftritt, notwendig und konstitutiv. Wo also strukturelle Kopplung greift, greift sie notwendigerweise und definiert eben dadurch den Prozeßcharakter der jeweiligen Systeme. Strukturelle Kopplung determiniert und konstituiert die strukturell gekoppelten Systeme. Strukturell gekoppelt zu sein ist keine akzidentelle, sondern eine substantielle Systemeigenschaft, eine conditio sine qua non. Das bedeutet aber auch: Strukturelle Kopplung kommt entweder zustande, oder aber die Systeme, die strukturell gekoppelt sein sollten, sind als solche gar nicht sichtbar. Strukturelle Kopplung ist niemals potentiell, immer nur aktuell zu haben.

Auch wenn alle Systeme, die diese Bedingungen erfüllen, für strukturelle Kopplung in Frage kommen und damit automatisch als strukturell gekoppelte in Erscheinung treten, also beobachtbar sind, so werden theoretisch zunächst einmal nur jene drei Systeme interessant, die paradigmatisch Autopoiesis konstituieren und realisieren: das organische System (der Körper eines Lebewesens), das psychische System (Bewußtsein) und das soziale System (Gesellschaft als Kommunikationssystem). So kann man unterstellen, daß zwischen den drei Systemen jeweils strukturelle Kopplungen in drei Zweierrelationen bestehen. Jedes wäre – jeweils gesondert – mit den beiden anderen strukturell gekoppelt.

Doch schon allein aufgrund der unterschiedlichen Autopoiesis-Konzepte, die für Lebewesen einerseits (so wie dieses Konzept ursprünglich von Varela und Maturana im biologischen Kontext entwickelt wurde) und für psychische bzw. soziale Systeme andererseits (wie es durch eine deutliche Umdefinition durch Luhmann im systemtheoretischen Kontext ausgearbeitet wurde) in Anschlag gebracht werden, kann man erkennen, daß diese Trias wiederum in zwei Gruppen zerfällt. Während sich lebende, organische Systeme materiell reproduzieren, existieren psychische und soziale Systeme als autopoietische ausschließlich als der Prozeß, in dessen Verlauf sie sich selbst reproduzieren. Während also organische Systeme zwar notwendigerweise strukturell gekoppelt sind, aber dennoch auch ohne die strukturelle Kopplung beobachtet werden können, können psychisches und soziales System nur als strukturell gekoppelte beobachtet werden, oder gar nicht.

Das läßt nun den Schluß zu: *Bewußtsein und Kommunikation stellen eine ausgezeichnete strukturelle Kopplung dar.* So gilt zwar, daß es kein Bewußtsein und keine Kommunikation ohne Lebewesen gibt, denen Bewußtsein und Kommunikation unterstellt werden kann. Aber dies gilt nicht umgekehrt; die Autopoiesis von Lebewesen läßt sich durchaus ohne Bewußtsein und / oder Kommunikation denken. Daraus ließe sich nun die Frage ableiten, ob denn Bewußtsein und Kommunikation, auch wenn sie faktisch nicht ohne gleichzeitige Kopplung mit Lebewesen beobachtbar sind, nicht doch ohne die Notwendigkeit einer solchen Kopplung konzipiert werden könnten. *In jedem Fall aber sind Bewußtsein und Kommunikation notwendig, unabdingbar und konstitutiv miteinander strukturell gekoppelt*!

3. Die subjektphilosophische Erbmasse: Begründungskategorien

Wer Bewußtsein *und* Kommunikation diskutiert, kommt zwar um den systemtheoretischen Theoriebaustein der strukturellen Kopplung nicht herum. Es gilt aber genauso, auf die begrifflichen Problemtraditionen zu achten, die sich unabhängig einer systemtheoretischen Rekonzeptualisierung mit diesen Begriffen ›Bewußtsein‹ und ›Kommunikation‹ verbinden. Daraus ergibt sich die Frage, inwieweit und auf welche Weise diese Rekonzeptualisierung solche Problembestände mit aufgenommen hat. Welchen Beitrag leistet diese Rekonzeptualisierung von Bewußtsein und Kommunikation in struktureller Kopplung für die Beantwortung von Fragen aus der bewußtseins- und kommunikationstheoretischen Problemtradition?

Löst man also die Klammer der strukturellen Kopplung und betrachtet beide Begriffe in ihrer philosophischen und soziologischen Entwicklungsgeschichte, so tritt dahinter eine andere Klammer zutage, die beide Begriffe doch noch in ein Verhältnis setzt, nämlich die des Subjekts.

Will man sich nun vergegenwärtigen, in welchen Dimensionen die strukturelle Kopplung zu einer Neudefinition der Begriffe Bewußtsein und Kommunikation führt, so bietet es sich an, auf die Begründungsfunktionen und Begründungszusammenhänge zu achten, die in der Tradition mit den beiden Begriffen jeweils verbunden waren und auf das Subjekt bezogen wurden.

In diesem Sinne hat Habermas die Luhmannsche Systemtheorie zu einer Erbin der subjektphilosophischen Erbmasse erklärt.[2] Habermas skizziert dabei einen Paradigmenwechsel von einem zentrierenden Subjekt zu einer funktional differenzierten und somit azentrischen Gesellschaft. Die Nichthintergehbarkeit des Subjekts werde dabei durch die Nichthintergehbarkeit der System-Umwelt-Differenzierung abgelöst. Daß hier nicht jede beliebige System-Umwelt-Differenzierung in Frage kommen kann, darauf machen u.a. auch Kneer / Nassehi aufmerksam, wenn sie von einer »Ersetzung des Subjektsbegriffs durch das Konzept des autopietischen Systems« sprechen.[3] Wo also die System-Umwelt-Differenz allein nicht ausreicht, um eine subjektphilosophische Erbmasse anzutreten, wird deutlich, daß durch das Autopoiesis-Konzept eine notwendige Blickrichtung auf die entsprechenden Systeme, Bewußtsein und Kommunikation, die jeweils füreinander konstitutive Umwelt sind, vorgegeben ist.

Betrachtet man die drei Begriffe, Bewußtsein, Kommunikation und Subjekt(ivität), so lassen sich verschiedene traditionelle Begründungshierarchien angeben:

(1a) Eine erste geht vom Bewußtsein als Letzthorizont menschlichen Wissens aus (die idealistische Tradition, fußend insbesondere auf Fichte und Hegel) und stützt darauf den Subjektbegriff (Ebeling, Henrich, Frank). Diese Begründungshierarchie läßt sich unter dem Stichwort der Transzendentalphilosophie, bzw. der Subjektphilosophie oder des Subjekt-Paradigmas[4] erfassen.
(1b) Eine spezifische Variante dieser Hierarchie zeigt sich dort, wo man Subjektivität herausgreift und diese wiederum als Begründungskategorie für Kommunikation in Anschlag bringt. Diesem Muster, meist unter völliger Ausblendung und stillschweigender Vorausetzung von Bewußtsein, folgen Kommunikationstheorien, die Subjekte (oder Personen oder Menschen) voraussetzen, die kommunizieren.

(2) Eine andere Begründungshierarchie würde Kommunikation oder zumindest Sprache als Letztbegründungsebene bestimmen (wie z.B. in der analytischen Sprachphilosophie) und darauf Bewußtsein und schließlich Subjektivität als nur sprachlich zugänglich oder auch sprachlich konstituiert stützen (Tugendhat). Diese wiederum ließe sich als Sprachparadigma (Bürger) kennzeichnen.

---

[2] Habermas 1988, S.426 ff.; 1981, Bd.I, S.518 ff.
[3] Kneer/Nassehi 1991, S.347.
[4] Bürger 1998, S.11.

Betrachtet man nun wieder Bewußtsein und Kommunikation in struktureller Kopplung, so zeigt es sich, daß die Systemtheorie als Gesellschaftstheorie nicht auf ein reines Kommunikationsparadigma festzulegen ist. Zwar versteht sie sich selbst als Theorie sozialer Systeme und definiert die konstitutiven Ereignisse sozialer Systeme als Kommunikationen, so daß man von einer Identifikation von Kommunikation und sozialem System auszugehen hat, dennoch reicht Kommunikation allein nicht aus, um als Begründungskategorie ein Paradigma nach traditionellem Muster abzugeben. Nun könnte man gegenüber Habermas sagen, daß die Systemtheorie das Paradigma des Subjekts (bzw. des Bewußtseins), wenn schon nicht durch das Kommunikationsparadigma, so doch durch das Paradigma der strukturellen Kopplung ersetzt, doch gilt es dabei zu bedenken, daß die in der Rede vom Paradigma implizierten Begründungsfunktionen aufgehoben werden. *An die Stelle der idealistischen Begründungshierarchie tritt die prozessuale und heterarchische Autokonstitution von Bewußtsein und Kommunikation.*

4. Bewußtsein

Um dies deutlich zu machen, ist es notwendig, auch einen Blick auf die Einzelbegriffe zu werfen. Denn die Systemtheorie führt im Konzept der strukturellen Kopplung nicht nur zwei Modelltraditionen zusammen, sie führt sie auch sehr unterschiedlich zusammen. Während nämlich der Kommunikationsbegriff eine radikale Umdeutung erfährt (subjektlose Kommunikation), zeigt sich auf seiten des Bewußtseins, daß wesentliche Konstituenten einer idealistischen Vorstellung des Bewußtseins aus Transzendental- oder Subjektphilosophie in die Systemtheorie übernommen wurden.[5]

Gerade das transzendentalphilosophische Paradigma ist aber als Begründungsunternehmen aufgetreten, um über Bewußtsein so etwas wie ein Subjekt oder ein Individuum zu rechtfertigen. Die Geschichte der entsprechenden Bewußtseinsmodelle zeigt jedoch nicht nur, daß diese Ansätze letztendlich gescheitert sind und nichts anderes als die Aporien dieser Denkbewegungen zutage gefördert haben[6], sie offenbart auch die entscheidenden Konstituenten, die das Modell dem Bewußtsein unterstellt, da die Begründungsfunktion immer unmittelbar mit der jeweiligen Modellierung verbunden ist.

(1) Einerseits ist Bewußtsein unhintergehbar. Es läßt sich schlechterdings nichts annehmen, was nicht schon durch die Annahme allein zum Gegen-

---

[5] Auch wenn dies nirgends explizit nachgezeichnet wurde; vgl. Luhmann 1985.

[6] Düsing 1997.

stand des Bewußtseins geworden wäre. Ob man dies nun in der Kantischen Formel vom »Ich denke«, das alle Vorstellungen begleiten können muß, oder in der mathematischen Formel von Danto faßt, wonach das ›Bewußtsein von etwas‹ immer zugleich das ›Etwas des Bewußtseins‹ ist: F(b)=b(F)[7], in jedem Fall ist das Bewußtsein unabdingbar mitinvolviert. Für das Bewußtsein selbst ist es gleichermaßen unmöglich, an jenen imaginären Ursprungspunkt zurückzugehen, an dem dieses Etwas noch ›ohne Bewußtsein‹ existierte, weil dieser Rückgang, wenn er denn unternommen wird, eine Bewußtseinsoperation ist, die Bewußtsein dort plaziert, wo gerade angenommen wurde, daß (noch) kein Bewußtsein sei. Bewußtsein kann sich nicht ohne Bewußtsein vorstellen, weil die Vorstellung selbst Bewußtsein ist.

(2) Andererseits ist Bewußtseins uneinholbar. Von Peter Fuchs wurde dieses Theorem der Uneinholbarkeit unter den weiter gespannten Begriff der Unerreichbarkeit gefaßt. Unerreichbarkeit meint zunächst, daß es für ein Bewußtsein keinen unmittelbaren Zugang zu einem anderen Bewußtsein gibt. Dieses Theorem muß aber in zweifacher Weise radikaler gefaßt werden.

(2a) Erstens hat Peter Fuchs das Theorem der Unerreichbarkeit auch auf der Basis der Luhmannschen Systemtheorie auf die Gesellschaft selbst angewandt: Die Gesellschaft als solche ist unerreichbar, weil jede Operation, die dies versucht, selbst eine gesellschaftliche Operation ist.[8] Damit wiederholt sich die Beobachtungskonstitution, wonach ein Beobachter alles beobachten kann, nur sein eigenes Beobachten nicht; immer gibt es eine Lücke im Beobachteten, wie total auch immer man den Beobachtungshorizont aufspannen mag.

Rückübertragen auf das Bewußtsein bedeutet dies, daß ein Bewußtsein nicht nur für andere Bewußtseine (und umgekehrt) unerreichbar ist, sondern auch für sich selbst (Intransparenz des Bewußtseins).[9] Für ein denkendes Bewußtsein ist dies kein Problem, sondern eine Prozeßeigenschaft, die gerade die Voraussetzung für das Prozessieren des Bewußtseins darstellt. Nur in dem Fall, wo das Bewußtsein versucht, sich seiner selbst bewußt zu werden, also Selbstbewußtsein zu instatiieren, führt diese Bewegung zur Selbstaporetisierung.

Das Bewußtsein kann nicht Gegenstand und Prozeß zugleich sein. Hat sich Bewußtsein selbst als Gegenstand erfaßt, ist sein eigener Prozeß um ein weiteres Phasenmoment in der Zeit vorgerückt. Der Wettlauf von Hase und Igel

---

7 Danto 1986, S.75.
8 Fuchs 1992.
9 Fuchs 1993.

kann insofern als Metapher dienen, weil er die Idee der Verspätung anschaulich macht. Bewußtsein, das sich selbst zu fassen sucht, kommt immer zu spät zu sich selbst.

(2b) Zum zweiten gilt es, diese Unerreichbarkeit insofern zu radikalisieren, als man die negativ konnotierte Begrifflichkeit einer Defizienzerfahrung des ›zu spät‹ und der ›Unerreichbarkeit‹ des (Selbst-)Bewußtseins relativiert und statt dessen zu erkennen versucht, wie gerade diese Unaufhebbarkeit der Differenz von Prozeß und Gegenstand zur Konstitutionsbedingung von Bewußtsein schlechthin wird. Diese Differenz ist die Disposition zur prozessualen Reproduktion von Bewußtsein, weil jeder Prozeß (Denken) dem Gegenstand (Gedachtes) vorausgeht, bevor es selbst zum Gegenstand werden kann. Immer neue Gegenstände faßt das Bewußtsein, während sich immer neue Prozeßmomente aneinanderreihen.

Allerdings ist dieses Bewußtseinsmodell als Selbstbewußtseinsmodell aporetisch, weil es zur unaufhebbaren Paradoxie der Identifikation des Nicht-Identifizierbaren, des schlechterdings Differenten führt. Mit Bezug auf Fichte haben dies eingehend Dieter Henrich und Manfred Frank am Beispiel des Reflexionsmodells des Bewußtsein diskutiert.[10] Dieses Modell bestimmt die Differenz zwischen beiden Ebenen als Reflexion und die Identifikation von Prozeß und Gegenstand als reflexive Rückwendung des Bewußtseins auf sich selbst (sich selbst denken). Insbesondere Frank schlägt statt dessen ein irreflexives Bewußtseinsmodell vor, bei dem jedoch dann nicht mehr deutlich werden kann, wie unterschiedliche Prozeßebenen, die für eine Selbstreproduktion als unabdingbar angenommen werden müssen, noch ins Verhältnis gesetzt werden können.[11] Der Ausweg, den Vollzug von Bewußtsein selbst als ineffabile zu begreifen, kann nicht befriedigen. Denn die Frage, wie Bewußtsein sich vollzieht, bleibt damit kategorisch unbeantwortet.

Gegenüber Düsing gilt es jedoch hervorzuheben, daß das Reflexionsmodell nicht aufgrund einer immanenten Konzeptualisierung in Aporien mündet, sondern daß das Reflexionsmodell quasi exemplarisch steht für jegliche Modellbildung über das Bewußtsein, insbesondere wenn man sich vor Augen hält, daß Modellbildung nichts anderes als wiederum Bewußtseinsvollzug ist und somit selbst einem Muster der Identifikation des schlechterdings Differenten folgt. Nicht das Reflexionsmodell, sondern die Modellbildung über das Bewußtsein ist aporetisch, weil sie in Paradoxien mündet, nämlich Bewußtsein gleichzeitig als Prozeß zu vollziehen und als Gegenstand zu behandeln.

---

10 Frank 1991; Henrich 1982.

11 Frank 1991; Düsing 1997.

Damit ist eine insgesamt paradoxale Situation gegeben: Entweder man nimmt den Bewußtseinsvollzug als nicht mehr hinterfragbare Tatsache an, die selbstevident ist, weil ja bereits für eine solche Frage ein sich vollziehendes Bewußtsein vorausgesetzt sein muß, oder aber man betrachtet die Differenz der Prozeßebenen als Konstituente, kann dann aber nicht mehr erklären, warum sich Bewußtsein überhaupt noch vollzieht. Die Selbstvergegenwärtigung des Bewußtseins müßte eigentlich zu seiner Selbstblockade führen, obschon sie doch auch ein Moment des Selbstvollzugs, der Selbstreproduktion ist.

Bis zu diesem Punkt läßt sich Bewußtsein vollständig als System systemtheoretisch rekonzeptualisieren. Die spezifischen Momente können dabei nahtlos im Autopoiesis- und Beobachter-Konzept aufgefangen werden. Bewußtsein als autopoietisches System[12] und als Beobachter par excellence zu konzeptualisieren bedeutet, die Konstituenten von Unhintergehbarkeit und Uneinholbarkeit (Unerreichbarkeit) dergestalt zu reformulieren, daß weitergehende Konzeptualisierungen anschließbar sind. Wenn also erst einmal der status quo der Bewußtseinsmodellierung systemisch reformuliert wurde, dann wird es möglich, die Aporien, die aus den in der Bewußtseinsmodellierung auftretenden Paradoxien resultieren, zu umgehen.

Die strukturelle Kopplung ist jenes Theorieelement, mit dessen Hilfe die Aporien produktiv und instruktiv umfunktionalisiert werden können, weil sie ein zweites System mit ins Spiel bringt, das wesentliche Funktionen erfüllt.

Dieses zweite System ist verantwortlich dafür, daß die Dynamik der phasenweisen, also ereignisbasierten Umkonstellierung von Momenten aus den beiden differenten Prozeßebenen immer wieder neu angestoßen wird.

Diese Funktion kann es aber nur deswegen übernehmen, weil im umgekehrten Fall das Bewußtsein gerade in seiner durch Differenz konstituierten Autopoiesis dieselbe Funktion für eben dieses System erfüllt. Dieses System ist ausschließlich Kommunikation.

5. Kommunikation

Der Grund, warum Kommunikation nicht ähnlich nahtlos als System wie Bewußtsein (aus der subjektphilosophische Erbmasse) rekonzeptualisiert werden kann, läßt sich auf die veränderte Position in der Begründungshierarchie zurückführen. Während Bewußtsein eine Letztbegründungsebene darstellt, ist Kommunikation das durch Bewußtsein über das Subjekt Begründete. Bewußtsein muß daher immer schon mit dem konstitutiv unlösbaren Problem der

---

[12] Siehe nochmals Luhmann 1985.

Selbsteinholung und Selbsthintergehbarkeit gedacht werden, wohingegen Kommunikation – jedenfalls in den meisten traditionellen Modellen – erst auf einer Ebene konzeptualisiert wird, die ein begründetes und begründendes Subjekt, das kommuniziert, voraussetzt.

Will man vor diesem Hintergrund das entscheidende Moment der Umkonzeptualisierung auf den Punkt bringen, so kann man sagen, daß sich das systemtheoretische Kommunikationskonzept gegenüber traditionellen Kommunikationsmodellen durch eine radikal veränderte Frage der Begründung auszeichnet. Und diese Frage der Begründung spitzt sich im Subjekt zu. Schon allein, weil Systemtheorie Bewußtsein und Kommunikation in ein gleichrangiges Verhältnis setzen muß – denn anders ist strukturelle Kopplung mit ihren wechselseitigen Konstitutionsfunktionen nicht zu denken –, kann sie eine asymmetrische bzw. unidirektionale Begründungshierarchie nicht aufrechterhalten. Wenn nun aber Bewußtsein und insbesondere das durch (Selbst-) Bewußtsein konstituierte Subjekt als Begründungsebene für Kommunikation nicht zur Verfügung steht und damit das Modell einer externen Begründung ohnehin hinfällig wird, kann sich Kommunikation nur noch selbst begründen, d.h., sie kann nur subjektlos modelliert werden. *Die subjektlose Selbstbegründung von Kommunikation verändert den Begründungscharakter und bedeutet im Grunde genommen nichts anderes als Selbstprozessualisierung von Kommunikation.*

Bei dieser Ausgangslage erscheint es stringent und zwingend, Kommunikation gleichermaßen als System zu konzeptualisieren, das sich selbst reproduziert, also mithin als ein autopoietisches System mit exemplarischer Beobachtungsfunktion. Jene Konstituenten, die man für ein System in struktureller Kopplung in Anschlag bringen muß, decken sich vollständig mit jenen Konstituenten, die man für Kommunikation in Anschlag bringen muß, sofern man sie subjektlos konzipiert. *Subjektlose Kommunikation und Kommunikation in struktureller Kopplung sind konzeptionell deckungsgleich.*

Gegenüber einem Alltagsverständis von Kommunikation ist hier ein Abstraktionsniveau erreicht, das eine kontraintuitive Zumutung darstellt. Daher ist es um so notwendiger, sich die Konzeptionsebenen zu vergegenwärtigen. Die Provokation von Luhmanns Diktum, daß nur die Kommunikation, nicht jedoch die Menschen kommunizieren[13], verschwindet weitgehend, wenn man Konzeptionsebene und Zurechnungsebene strikt voneinander trennt.

Die Frage, wer denn kommuniziere, der Mensch oder die Kommunikation, läßt sich nur mit einem Jenachdem beantworten. Auf der Konzeptionsebene kommuniziert nur Kommunikation, weil ein Mensch als relevante Instanz auf dieser Ebene gar nicht vorkommt. Sie ist die Prozeßebene, auf der nur solche

---

[13] Luhmann 1988, S.884.

Momente greifbar werden, die konstitutiv für den Prozeß sind. Dazu gehört in dieser Konzeption jedoch nicht der Mensch. Es gibt indessen Ansatzpunkte, von denen aus der übersteig zu einer Ebene, auf der durchaus von menschlicher Kommunikation gesprochen werden kann, möglich ist, und der über Zurechnung bewerkstelligt wird.

Auch hier sei an Luhmanns Verhältnisbestimmung von Kommunikation und Handlung erinnert, wonach ein Kommunikationssystem sich selbst im Zuge seiner Selbstsimplifikation als Handlungssystem ausflaggt.[14] Kommunikation wird als Handlung auf Subjekte zugerechnet, die im engeren Kommunikationskontext als Alter Ego und Ego auftreten und im weiteren Alltagsverständnis auch mit dem Begriff des Menschen belegt werden können. Mensch oder Subjekt, so verstanden, sind Zurechnungs- und keine Begründungskategorien. So können Kommunikation und Mensch gar nicht in ein theoriebautechnisches Konkurrenzverhältnis kommen, weil beide Begriffe auf völlig unterschiedlichen Ebenen angesiedelt sind.

Wenn man also für eine Konzeption wirbt, die entweder den Menschen (S.J.Schmidt)[15] oder die Kommunikation (Luhmann) als Instanz der Kommunikation wählt, so geht ein Argument, das sich auf empirische Evidenz stützt, ins Leere. Ob Mensch oder Kommunikation, ist keine Frage der Empirie, sondern der Theoriearchitektur. Diese Entscheidung kann frei getroffen werden und unterliegt nur den Kriterien der konzeptionsinternen Anschließbarkeit.

Das bislang elaborierteste Modell einer subjektlosen Kommunikation hat Peter Fuchs auf der Basis der Luhmannschen Kommunikationstheorie entwickelt.[16]

Die Subjektlosigkeit bedingt einen ganz bestimmten Prozeßtypus, d.h. eine spezifische Form, in der kommunikative Ereignisse zu einem prozessierenden System verbunden werden. Peter Fuchs nennt dieses Modell die »Dreizügigkeit von Kommunikation« (Fuchs: Moderne Kommunikation; auf der Basis von W.L. Schneider: Die Beobachtung von Kommunikation). Demnach wird ein kommunikatives Ereignis nicht durch sich selbst zu einem Ereignis, sondern durch ein Folgeereignis. Prozessuale Ereignisse sind prinzipiell durch ihre Differentialität gekennzeichnet. Man muß also zumindest ein weiteres Ereignis annehmen. Der Unterschied von Information und Mitteilung[17], der bereits im ersten Ereignis – wenn auch aufgrund seiner Differentialität nur als Disposition – angelegt ist, wird erst im Folgeereignis aktualisiert. Subjektlose Kommunikation heißt, daß kein Ereignis eine Differenz

---

[14] Luhmann 1984, Kap.4, bes. S.226.
[15] Schmidt 1994.
[16] Fuchs 1993.
[17] siehe hierzu Luhmann 1984, Kap.4, S.191 ff.

zwischen Information und Mitteilung *ist*, sondern daß erst ein Folgeereignis diese Differenzierung übernimmt. Daß jedoch das Folgeereignis sich auf ein vorhergehendes Ereignis bezieht, kann erst durch ein drittes Ereignis bestimmt werden. »Das Folgeereignis aktualisiert im Blick auf das vorangegangene Ereignis die Differenz von Information und Mitteilung so, daß ein weiteres Ereignis das ›mittlere‹ als *bestimmten Anschluß versteht.*«[18]

Diese Dreizügigkeit der Kommunikation stellt ein Moment dar, das sich phasenweise in der Kommunikation mit dem Kommunikationsprozeß verschiebt. Hieran zeigt sich die konstitutive Dimension der Zeit: Das Phasenmoment verschiebt sich immer um ein Ereignis, so daß jedes Ereignis im Durchlauf einmal jede Stelle im Prozeßschema einnimmt. Ein erstes Ereignis wird zu einem zweiten, dieses zu einem dritten und wieder von vorn usw. Immer wird zwischen Information und Mitteilung unterschieden, und immer wird dies als bestimmter Anschluß ausgewiesen.

Was also kommunikativ als Information und was als Mitteilung behandelt wird, läßt sich im Kommunikationslauf variieren; das heißt, Kommunikation besitzt auf operativer Ebene die Möglichkeit, das Verstehen zu steuern, indem es Anschlußmöglichkeit an die Unterscheidung von Information und Mitteilung verschiebt. Fuchs nennt diese operative Möglichkeit Displacement: »Das ›Verschieben‹ oder ›Verrücken‹, das wir Displacement nennen, nimmt seinen Ausgang im Verstehen, im Beobachten mithin der Unterscheidung von Information und Mitteilung an einem Vorereignis.«[19] Das Displacement hebt er zur Verdeutlichung von einem Normalarrangement ab und unterscheidet zwischen drei konkreten Formen des operativen Displacements: Wird die Mitteilung als Information behandelt, spricht Fuchs von einer romantischen Kommunikation (Fuchs, 102); wird hingegen die Informationsseite »prämiert« (Fuchs, 132), handelt es sich um eine aufklärerische Kommunikation; wird weder Information als Information noch Mitteilung als Mitteilung behandelt, ergibt sich eine nebulose Kommunikation (S.145).

Entscheidend ist zu sehen, daß die Möglichkeit eines operativen Displacements an die Differentialität der Kommunikation gebunden ist – eine Differentialität übrigens, die strukturgleich mit der Differentialität des Bewußtseins gedacht werden muß, da ansonsten weder strukturelle Kopplungen zwischen den beiden Systemtypen noch das Re-entry dieses Unterschiedes auf beiden Seiten möglich wären.

---

18 Fuchs 1993, S.31.
19 Ebd., S.154.

6. Konzeption und Empirie

Die Gründe, die für die subjektlose Konzeption einer (sich selbst) kommunizierenden Kommunikation sprechen, werden durch die strukturelle Kopplung vorgegeben. Eine subjektgestütze Kommunikation wäre nicht mehr als System zu konzipieren, für das eine strukturelle Kopplung angenommen werden könnte.

Damit wird aber die Frage der Beobachtung, d.h. Konzeptualisierung virulent. An diesem Punkt soll nun mit der epistemologischen Spielregel Ernst gemacht werden. Das beinhaltet umgekehrt auch ein Verbot: Denn eine letztlich konstruktivistisch orientierte Theorieanlage verbietet es von selbst, Begriffe wie Bewußtsein oder Kommunikation über eine empirische Abstraktion einzuführen, weil dies zur unüberbrückbaren Bruchstelle zwischen Konzeption und Empirie führt. Beachtet man statt dessen eine konzeptionelle Gleichwertigkeit von Konzeption und Empirie, zeigt es sich, daß auch die Empirie wiederum eine Konzeption im Rahmen einer umfassenderen Konzeption darstellt und keinen irgendwie über Evidenzkriterien begründbaren Sonderstatus beanspruchen kann. Die empirische Applikation und Applizierbarkeit ist eine konzeptionsinterne Frage, sie richtet sich allein danach, wie – in konstruktivistischen Worten – ›viabel‹ eine Konzeption ist. Die Viabilität bestimmt sich nicht nach vorgegebenen, quasi ontologischen Wegen, sondern ist selbst konzeptionsgeleitet. Paßt die Konzeption zu den Wegen, die man – konzeptionsgeleitet – gehen will, so gilt es nur noch auf die interne Stringenz der Konzeption selbst zu achten.

In jedem Fall aber gilt es, eine Vermengung konzeptioneller und empirischer Argumente zu vermeiden. Zwar mag der Eindruck entstehen, solche konzeptionellen Architekturen realisieren sich ohne jede Abstützung in der Empirie. Sofern man Empirie als unmittelbare Verfikationsinstanz ansieht, stimmt dieser Eindruck. In einem solchen Fall würde man unkontrolliert Konstituenten des Bewußtseins als intuitiv zugängliche Wesenheiten ausgeben, ohne zu erkennen, daß auch sie dem Bewußtsein nur (kommunikativ!) zugesprochen sind. *Es gibt keinen bewußtseins- und kommunikationsunabhängigen Beobachter von Bewußtsein und Kommunikation; Bewußtsein und Kommunikation werden immer bewußt und kommunikativ beobachtet.*

Das bedeutet für unsere Diskussion, daß man sich vor Aussagen mit einer unreflektierten Ontologie hüten muß, wie sie nur einem unabhängigen Beobachter zugerechnet werden können. Es bedeutet aber auch, daß man eine weit gespannte konzeptionelle Freiheit besitzt, und daß man schließlich die Begrenzung, die Limitation des konzeptionellen Auflöse- und Rekombinationsvermögens aus sich selbst heraus gewinnen muß.

7. Symmetrie und Asymmetrie in der strukturellen Kopplung

Zu den wichtigsten konzeptionellen Fragen gehört die Bestimmung, in welchem Maß die strukturelle Kopplung die Konzeptualisierung von Bewußtsein und Kommunikation determiniert. In jedem Fall erfordert die Stringenz der strukturellen Kopplung auf Seiten der Kommunikation eine subjektlose Konzeption, wo sie auf der anderen Seite gerade jenen Traditionsstrang der Bewußtseinstheorie übernimmt, der in der Begründung von Subjektivität zu Aporien geführt hat, nämlich die Konstituenten der Unhintergehbarkeit, Uneinholbarkeit bzw. Intransparenz und Unerreichbarkeit. So läßt sich diese Frage nach dem Verhältnis einer eher symmetrie- oder asymmetriedominierten Konzeption zuspitzen. Meine Option geht eindeutig in die Richtung einer Symmetrie von Bewußtsein und Kommunikation nach Maßgabe der strukturellen Kopplung.[20]

Auch hier sei vor Kurzschlüssen gewarnt: Bewußtsein und Kommunikation symmetrisch zu konzeptualisieren, bedeutet nicht, beide zu identifizieren. Symmetrie entsteht überhaupt nur hinsichtlich der notwendigen Kopplungseigenschaften, so daß umgekehrt *Symmetrie wiederum als Voraussetzung, als Bedingung der Möglichkeit für strukturelle Kopplung* angesehen wird.

Nun sind natürlich Bewußtsein und Kommunikation keine absolut symmetrischen Systeme. Dennoch ist es symptomatisch, daß sowohl Bewußtsein als auch Gesellschaft (Kommunikation) sich durch ihre Unerreichbarkeit auszeichnen.[21] Auf der anderen Seite erlaubt es die Symmetrisierung geradezu, spezifische Systemeigenschaften zu konturieren. Die Symmetrisierung kann zeigen, wie eben dadurch asymmetrische bzw. prinzipiell nicht-symmetrisierbare Systemeigenschaften wechselseitig funktionalisiert werden, insbesondere was die (a) Wahrnehmungsfähigkeit von Bewußtsein, die (b) Singularität der Bewußtseine gegenüber der Universalität der Kommunikation und die (c) Operationsgeschwindigkeiten beider Systemtypen angeht.

Kommunikation ist eben in anderer Art unerreichbar als Bewußtsein und kann daher die Unerreichbarkeit des Bewußtseins erreichen, wenn auch nur jeweils systemspezifisch, d.h. kommunikativ. Man kann also von einer Symmetrisierung von Asymmetrien sprechen. Deutlich wird diese Symmetrisierung an dem Re-entry, das beide Systeme je für sich vollziehen. Bewußtsein und Kommunikation können sich nur deswegen strukturell koppeln, weil jedes System intern die Differenz von Bewußtsein und Kommunikation noch einmal wiederholt, jedoch – wie gesagt – jeweils systemspezifisch, kommuni-

[20] Eben anders als Luhmanns Ausführungen; siehe: Luhmann 1997, S.115 f.
[21] Fuchs 1992, 1998.

kativ auf seiten der Kommunikation, bewußt auf seiten des Bewußtseins.[22] Die Asymmetrie des Verhältnisses von kommunikativ hier und bewußt dort, wird durch die Symmetrie in der Differenz von Bewußtsein und Kommunikation aufgehoben und somit zur Voraussetzung von struktureller Kopplung. Und das ist wiederum die entscheidende Voraussetzung dafür, daß wir überhaupt vom Bewußtsein sprechen können, obschon doch eben auch diese Rede unter der Herrschaft der Kommunikation, der Verlautbarungswelt steht.[23]

Die Konsequenz aus der Symmetrie besteht darin, daß weder Bewußtsein noch Kommunikation nicht mehr ohne strukturelle Kopplung mit dem jeweils anderen System konzeptualisiert werden können. In diesem Sinne prozessieren Bewußtsein und Kommunikation nur, insofern sie gekoppelt sind. Der Einwand, daß nicht jeder Bewußtseinsprozeß von einem Kommunikationsprozeß und umgekehrt begleitet wird, verkennt die entsprechende Konzeptualisierung, z.B., weil er Kommunikation alltagssprachlich faßt. Insofern würde nach meinem Vorschlag strukturelle Kopplung schon dann vorliegen, wenn überhaupt nicht (menschlich) kommuniziert, sondern nur – durchaus in alltagssprachlicher Bedeutung – gedacht würde. Denken ist keine reine Bewußtseinsoperation, sondern bereits ein Effekt struktureller Kopplung beider Systeme. Ein Bewußtsein ohne Kommunikation – mit ontologischem Zungenschlag gesagt – gäbe es nicht, und wenn es ein solches doch gäbe, so wäre es ihm selbst nicht bewußt, wäre es also auch kein Bewußtsein.

Die Symmetrisierung erlaubt eine radikalere Konzeptualisierung von struktureller Kopplung insofern, als sie ernst macht mit der Umstellung von Identität auf Differenz. Konstituiert wird ein System gerade durch das, was es nicht selbst ist. Der Idee, daß ein System ausschließlich durch seine Umwelt zu einem System wird, wird im Falle von Bewußtsein und Kommunikation auf paradigmatische Weise Rechnung getragen. Das Bewußtsein kommt nur zu sich via Kommunikation, und Kommunikation kommt nur zu sich via Bewußtsein. Das heißt: Weder Selbst- noch Fremdreferenz eines Systems sind ohne das andere denkbar. Für beide Referenztypen eins Systems ist das andere unabdingbar! Denn Bewußtsein und Kommunikation können sich nur als mit sich selbst identisch konstituieren, wenn sie sich in einem doppelten Re-entry hier und dort in sich vom jeweils anderen System mittels des jeweils anderen Systems unterscheiden, ohne sich jemals selbst zu verlassen.

Darüber hinaus wäre allerdings zu fragen, welche Vorteile die Symmetrisierung für die Konzeptualisierung der immanenten Prozeßmomente von Bewußtsein und Kommunikation erbringt. Insbesondere wäre zu fragen, inwieweit ein Modell einer dreizügigen Kommunikation aus Symmetriegründen

---

22 Fuchs 1993, S.76.

23 Fuchs 1998.

auch für das Bewußtsein in Anschlag gebracht werden kann. Daß man hierbei nicht mehr mit der Differenz von Information und Mitteilung operiert, erscheint einleuchtend, daß allerdings auch hier Dreizügigkeit angenommen werden muß, erscheint plausibel, sofern man Dreizügigkeit als ein Korrelat zur Differentialität des Prozesses begreift.

8. Die ›Ur-Differenz‹ von Bewußtsein und Kommunikation als Fundament der Systemtheorie

Die symmetrische Konzeptualisierung der Differenz von Bewußtsein und Kommunikation betrifft nicht nur die jeweilige Konzeptualisierung der beiden involvierten Systeme, sie erlaubt auch – unmittelbar damit zusammenhängend – konträre Zugänge zur strukturellen Kopplung.

Die Systemtheorie bevorzugte bislang immer den Zugang über Kommunikation als Basiskategorie, was ihrer soziologischen Ausrichtung auf soziale Systeme entspricht. Aus dieser Blickrichtung tritt Bewußtsein ins Blickfeld, wenn man sich fragt (wie Luhmann in seinem programmatischen Aufsatz): »Wie ist Bewußtsein an Kommunikation beteiligt?« Diese Frage läßt sich auch genau andersherum stellen, und jedesmal muß die Antwort lauten, daß das andere System in der strukturellen Kopplung Impulse liefert, ohne die die Selbstreproduktion des einen Systems zum Erliegen käme.

Als Metapher habe ich das Ticken zweier nebeneinanderstehender Uhren vorgeschlagen, von denen jede so ausgestattet ist, daß sie nur selber tickt, wenn sie über einen Sensor das Ticken der jeweils anderen Uhr hört. Natürlich bleibt die Metapher unterkomplex, weil sie die System-Umwelt-Differenzierung nicht mit erfaßt. Es wäre vielleicht eine große Uhr (Kommunikation) zu denken, die in einzelnen Laufwerken nur tickt, weil an ihren Rändern Uhren (Bewußtseine) angebracht sind, die ihrerseits ticken (und umgekehrt).

Man kann nun Bewußtsein die Funktion zusprechen, Kommunikation irritieren, anregen oder auch bestätigen zu können und – zu müssen! Man kann auch den umgekehrten Weg gehen, Kommunikation über Bewußtsein einzuführen, was unter anderem Peter Fuchs vorgeschlagen hat. Sein Ausgangspunkt ist eine kompromißlose Konzeption der Unerreichbarkeit und der Intransparenz des Bewußtseins. Bewußtsein kann weder ein anderes Bewußtsein erreichen, noch kann es, aufgrund seiner Systemeigenschaften im Rahmen dieser Konzeptualisierung, irgendein anderes System erreichen, natürlich auch Kommunikation nicht. Das gilt auch vice versa. Beide Systeme operieren völlig überschneidungsfrei.

Das ist das katalysatorische Initialmoment für die Emergenz und Konstitution von Kommunikation:

> Die Intransparenz eines Bewußtseins für ein anderes (die Undurchsichtigkeit der Schädelkalotten, die vollkommene Geschlossenheit psychischer Systeme) ist das katalytische Problem, an dem Kommunikation ihre Form gewinnt: als Rekonstitution der Unterscheidung von Kommunikation und Bewußtsein in Kommunikation mit Hilfe der Selektionstriade Information, Mitteilung, Verstehen.[24]

Die (Emergenz von) Kommunikation ist also nichts anderes als eine aus der Intransparenz des Bewußtseins resultierende Lückenkonfiguration.[25] Erst wenn man die beiden Einführungsrichtungen gemeinsam betrachtet, sieht man den Konvergenzpunkt ihrer Gegenläufigkeit, der in der Wechselseitigkeit der beiden Systemdifferenzierungen liegt. Bewußtsein gewinnt seine post-hoc-Identität durch Differenz zur kommunikativen Umwelt gleichzeitig mit der Kommunikation, die ihre post-hoc-Identität durch Differenz zur bewußten Umwelt gleichzeitig mit dem Bewußtsein gewinnt. Das oben bereits angesprochene ausgezeichnete System-Umwelt-Verhältnis von Bewußtsein und Kommunikation in der strukturellen Kopplung erzeugt somit eine / die Differenz zwischen Identität und Differenz. Wir haben nun drei Differenzen, die von Bewußtsein und Kommunikation, System und Umwelt und Identität und Differenz. Zu einer der entscheidenden konzeptionellen Fragen gehört es, diese Differenzen wiederum in ein Verhältnis zu setzen bzw. in eine hierarchische Struktur zu stellen. Zunächst scheint es so zu sein, daß die Differenz von Identität und Differenz sich in der Differenz von System und Umwelt konkretisiert, die wiederum – und auf ausgezeichnete Weise dazu – in der Differenz von Bewußtsein und Kommunikation konkretisiert wurde. Nun ist aber die Differenzierung selbst eine entweder bewußte oder kommunikative Leistung, insofern nämlich, als sowohl Bewußtsein als auch Kommunikation Identität dadurch erzeugen, daß sie sich wechselseitig über Selbst- und Fremdreferenz differenzieren. Ihren Systemstatus gewinnen sie erst auf der Basis dieser Differenzierungsleistung, obschon ja bestimmte Systemeigenschaften vor der Differenzierung vorausgesetzt werden müssen.

Die Konzeptualisierung erlaubt daher eine völlig veränderte Begründungs- und Konkretisierungsrichtung, mithin die Aufhebung der Direktionalität von Begründung und Konkretisation. Man kann nach dem Ursprung im Verhältnis von Identität und Differenz fragen, also danach, ob die Identität oder die Differenz von Identität und Differenz ursprünglicher sei. Die systemtheoretische Vorentscheidung für die Differenz führt dann erst zur System-Umwelt-Differenzierung, so daß ein System als Differenz von System und seiner Umwelt definiert werden kann. Diese Frage mag vorderhand durch einen dezisionistischen Akt am Anfang der Theoriearchiktektur gefällt und seitdem

---

24 Fuchs 1993, S.135.

25 Vgl. Fuchs 1993, S.41 f.

operativ so weiter gehandhabt worden sein. In dem Moment allerdings, in dem das Differenzierungsspiel bei der Differenz von Bewußtsein und Kommunikation angelangt ist, werden die Fundamente des Theoriebaus schlagartig sichtbar. Daß überhaupt zwischen Identität und Differenz unterschieden wird, ist eine Folge davon, daß Bewußtsein und Kommunikation ihre Identität durch Differenz konstituieren. Daß man überhaupt zwischen System und Umwelt unterscheidet, ist eine Folge davon, daß sowohl Bewußtsein als auch Kommunikation sich als Systeme konstituieren und sich also solche sowohl selbst- als auch fremdbeschreiben können.

Mit anderen Worten: Im Komplexitätsaufbau der Systemtheorie erweist sich die Differenz von Bewußtsein und Kommunikation als Ur-Differenz, als Fundament der Systemtheorie. *Mit der Differenz von Bewußtsein und Kommunikation kommt die Systemtheorie überhaupt erst eigentlich zu sich; die Differenz von Bewußtsein und Kommunikation ist die Startdifferenz von Systemtheorie insofern, als Systemtheorie diese Differenz als Startdifferenz jeglicher Theoriebildung, jeglicher Bewußtseins- und Kommunikationsprozesse ansetzen muß.* Nur weil Bewußtsein und Kommunikation ihre Identität über Differenzierung gewinnen, geht Systemtheorie von Differenz und nicht von Identität aus, und nur weil sich Bewußtsein (nur) gegenüber der Kommunikation als System selbstbeschreiben kann (was auch umgekehrt gilt), geht Systemtheorie von einem Systemkonzept aus, das als Differenz von System und Umwelt gefaßt wird.

Die Bereitschaft, dieser Konzeptualisierungslinie zu folgen, wird m.E. zumindest mit einer Möglichkeit belohnt, das subjektphilosophische Erbe auf produktive Weise antreten zu können. So läßt sich die Formel durchaus bekräftigen: *Wo das Subjekt war, da ist strukturelle Kopplung.* Die Entmachtung des Subjekts hat sich schon lange vor der Systemtheorie vollzogen; das Subjekt wurde sowohl als Begründungs- wie auch als begründete Kategorie verabschiedet. Die Systemtheorie wiederholt diese Entmachtung auf eine zusätzlich radikalisierte Weise, weil sie das Subjekt auch dort, wo es als Mensch in letzten Residuen, wie z.B. in der menschlichen Kommunikation, noch heimisch war, exiliert.

Aber sie leistet mehr: Denn die Entmachtung des Subjekts beschränkt sich nicht, wie z.B. noch in der Dekonstruktion, auf die Ausbuchstabierung der Begründungsaporien, die am Subjekt manifest werden oder vom Subjekt ausgehen, so lustvoll und produktiv dies auch sein mag. Sie leistet statt dessen eine radikale Substitution, die bestenfalls noch mit einer prozessualen Autolegitimation beschrieben werden kann. Begründungsfiguren, wie sie sich um das Subjekt ranken, werden durch die strukturelle Kopplung entlarvt: Sie geben aposteriori-Effekte als apriori-Ursachen aus, wie insbesondere die Idee der Konstitution via Identität. Damit leistet die Systemtheorie die eigentliche

Dekonstruktionsarbeit, weil sie in der strukturellen Kopplung Gedankenfiguren des Zusammenhangs von Identität und Differenz, Ursache und Folge, Anfang und Ende, Statik und Dynamik aufhebt, mithin: Identität(en) auf Differenz(en) zurückführt. Insbesondere beerbt die strukturelle Kopplung das Subjekt über das Bewußtsein als Begründungskategorie hinsichtlich der Momente von Unhintergehbarkeit und Uneinholbarkeit.

Doch wo der Referenzrahmen auf ein System allein diese Momente in paradoxale Aprorien münden läßt, gewinnt die strukturelle Kopplung mit ihrer Doppelreferenz gerade daraus ihren produktiven und progressiven Impuls. Um mit Kleist zu sprechen: Das Gewölbe trägt, weil alle Steine des Gewölbes zugleich fallen wollen. Bewußtsein und Kommunikation operieren in struktureller Kopplung, weil jedes System allein kollabieren würde.

9. Konzeptualisierungsvorschläge Sinn und Medien

Wenn sich nun die strukturelle Kopplung als ein so produktives Theorieelement erweist, muß sich dies an den Anschlußmöglichkeiten zeigen. Und in der Tat ist strukturelle Kopplung hochgradig anschlußfähig. Zwei Beispiele will ich skizzieren: Sinn und Medien.

Zunächst stellt sich die Frage, wie ein Beobachter, der die Koproduktion von Ereignissen beobachtet, von einer strukturellen Kopplung sprechen kann, wenn doch gleichzeitig die operationale Geschlossenheit unverletzbar ist? Es muß also eine zumindest imaginäre oder virtuelle dritte Position geben, die die Ereignisse hier wie dort vermittelt und aufeinander beziehbar macht, obwohl bzw. gerade weil sie unterschiedlichen Systemtypen und jeweils operativ geschlossenen Systemen angehören. Diese Position nenne ich Medium. *Das Medium leistet die strukturelle Kopplung von Bewußtsein und Kommunikation. Dieses Medium ist Sinn, denn Sinn ist das notwendige Korrelat der operativen Schließung.*

Nur mit Hilfe von Sinn können die sinnkonstituierenden Systeme Bewußtsein und Kommunikation ein Re-entry vollziehen und in sich selbst zwischen sich und dem anderen System, also zwischen Selbst- und Fremdreferenz unterscheiden und somit überhaupt erst die strukturelle Kopplung vollziehen. Sinn ist die Voraussetzung für jeden einzelnen Systemtyp, überhaupt bewußt und kommunikativ zwischen Bewußtsein und Kommunikation mittels Selbst- und Fremdreferenz unterscheiden zu können. Diese Konzeption struktureller Kopplung durch Medien bleibt daher dezidiert ›unterhalb‹ der Ebene von Subjekten, wie z.B. diejenige von S.J.Schmidt.[26]

---

[26] Siehe Schmidt 1998 bzw. 1994.

Sinn ist somit das Supermedium für Kommunikation und Bewußtsein; Sinn ist »die Differenz der Einheit von Kommunikation und Bewußtsein«, weil Sinn jeder Unterscheidung, nicht nur der zwischen Bewußtsein und Kommunikation, vorausgehen muß.[27] Daher ist also auch Sinn unhintergehbar und uneinholbar, weil Sinn nur in, durch und mit struktureller Kopplung emergieren kann. Sinn und strukturelle Kopplung bedingen sich gegenseitig: »Das allgemeinste Medium, das psychische und soziale Systeme ermöglicht und für sie unhintergehbar ist, kann mit dem Begriff ›Sinn‹ bezeichnet werden.«[28]

Wenn man nun Sinn als ein Supermedium begreift, so ergeben sich daraus zwei gegenläufige Fragerichtungen, wenn nicht zwei theoretisch-konzeptionelle Driften: Totalisierung und Restringierung.

(1) Totalisierung: Die Begriffe scheinen auf einen Konvergenzpunkt zuzulaufen, an dem die Konzeptionen von struktureller Kopplung, Sinn und Medium ununterscheidbar werden, weil sie sich zu Totalbegriffen ausweiten, die selbst nicht mehr differenziert, also auch nicht mehr bestimmt und definiert werden können. Strukturelle Kopplung erzeugt Sinn, der wiederum die Voraussetzung für strukturelle Kopplung darstellt.

Hier deckt sich der skizzierte Medienbegriff mit Luhmanns Medienbegriff, wie er durch die Gegenüberstellung von Medium und Form bestimmt wird. Form ist demnach die strikte Kopplung von lose gekoppelten Elementen des Mediums. Jede Form kann ihrerseits wieder Medium sein für weitergehende Formbildungen. überträgt man die Differenz von Medium und Form auf diese Totalbegrifflichkeit, so kann man sagen, daß strukturelle Kopplung die Formbildung im Medium Sinn – und zwar jeweils systemspezifisch – leistet.

Wenn man also strukturelle Kopplung beobachtet, so beobachtet man die Konstitution von Sinn als Form im Medium Sinn. Sinn wird als die rigidere Kopplung, die gröbere Körnung in einem Medium verstanden, das selbst nichts anderes ist als diese Kopplung oder Körnung. In einem Supermedium ist Formbildung ohnehin nicht anders als rekursiv zu denken. Formen bilden sich aus Formen; die permanente Entstehung von Formen ist an den permanenten Zerfall von Formen gebunden; Entstehung und Verfall sind lediglich unterschiedliche Fokussierungen eines Beobachters auf ein und denselben Prozeß. Sinn ist somit sowohl Medium als auch Form, Ausgangspunkt und Produkt struktureller Kopplung. Am Medienbegriff wird sichtbar, daß jede weitere Konzeptualisierung jene Konstitutionsmomente des damit Konzeptualisierten übernimmt. So wird auch der Medienbegriff zu einem Totalbegriff, der in die Position einer letzten Unhintergehbarkeit rückt.

---

27 Baecker 1992, S.247 ff.

28 Luhmann 1995, S.173.

In einer letzten Engführung ließe sich denn fragen, ob denn ›Unhintergehbarkeit‹ selbst ein unhintergehbarer Begriff sei. Und hier zeigt sich ein wesentlicher Vorteil systemtheoretischer Modellbildung auf der Basis von Auflösung und Rekombination. Denn diese Konzeption ist wiederum hintergehbar, und zwar mit den Konstituenten, die in struktureller Kopplung Unhintergehbarkeit erzeugen, nämlich Bewußtsein und Kommunikation. *Unhintergehbarkeit ist das Resultat eines prozessualen Geschehens, das über die Prozeßmomente hintergehbar wird.* (Eine Denkfigur, die in klassischen Subjekttheorien nicht denkbar ist!) über die Auflösung dieses Prozeßgeschehens, das in einem Medium Sinn stattfindet, läßt sich auch der Totalbegriff des Supermediums auflösen, d.h. differenzieren.

In diesem Sinne (!) schlage ich daher folgende Definition vor, die beide Medienvorstellungen (Medium als vermittelndes Drittes und Medium als Gegenpart zur Form) zusammenführt: *Das Medium Sinn leistet die strukturelle Kopplung von Bewußtsein und Kommunikation. Sinn ist Medium insofern, als es Formbildungen in einem System erlaubt und erzwingt, die durch das Prozessieren des anderen Systems ausgelöst wurden.*

(2) Restringierung: Damit wird die Totalität des Supermediums Sinn eingeschränkt. Was als Medium bezeichnet wird, wird immer nur dort greifbar, wo strukturelle Kopplung in Sinn umschlägt und umgekehrt, wo also strukturelle Kopplung Sinn erzeugt, der strukturelle Kopplung ermöglicht. Dabei wird davon ausgegangen, daß diese Kopplung sich zunächst virtuell, dann aber real konkretisierbar externalisiert. Das Medium ist die (zunächst virtuelle) dritte Position, die Bewußtsein und Kommunikation strukturell koppelt, d.h. überhaupt erst aufeinander beziehbar macht. Will man sich Sinn als Supermedium wie ein Fluidum vorstellen, das beide Systemtypen umgibt, so schlägt das Medium jene Wellen, die gleichzeitig, d.h. in demselben Phasenmoment, hier wie dort als Sinn anschlagen. *Medien leisten die strukturelle Kopplung so, daß Sinn aus struktureller Kopplung und aus dieser wiederum Sinn hervorgeht.*

Diese dritte Position ist konzeptionsnotwendig, weil weder Bewußtsein auf Kommunikation noch umgekehrt Kommunikation auf Bewußtsein irgendeinen Zugriff haben. Das Medium ist jene Position, in der eine Situation aufscheint, als ob ein solcher Zugriff möglich wäre. Jedes System aber greift rekursiv, angestoßen durch das andere, nur auf sich selbst zu, prozessiert und reproduziert sich selbst. Im nächsten Moment hat sich dieser virtuelle Zugriff als strukturelle Kopplung bereits vollzogen und kristallisiert. Da beide Systeme die Differenz zwischen Kommunikation und Bewußtsein, in der sie stehen, über eine Re-entry-Figur intern noch einmal reproduzieren und an diesem Re-entry die eigene Selbstreproduktion katalysatorisch initiieren, erscheint das eine System dem anderen jeweils als Medium. Kommunikation ist so Medium für Bewußtsein, Bewußtsein Medium für Kommunikation, wobei das Medium immer auch externalisiert werden kann (in sog. Medienangeboten, z.B. Texten). Bewußtsein und Kommunikation können sich also medial externalisieren, um unabhängig von der realen Präsenz das jeweils andere System prozeßunabhängig in eigene Prozesse einzubinden. Wo Sinn an die strukturelle Kopplung beider Systemtypen gebunden ist, kann ein Medium einen Systemtyp für den anderen substituieren. Virtuell oder imaginär ist das Medium insofern, als es nicht als eigenständiges System auftritt, sondern in der Form (!) des jeweils anderen Systems für das eine System.

Die Externalisierung des Mediums erlaubt es nun, Sinn disponibel zu halten und Kristallisationspunkte für die strukturelle Kopplung zu bestimmen, die weder dem Bewußtsein noch der Kommunikation angehören, wohl aber von beiden prozessiert werden können. An dieser Stelle ist der Begriff des Mediums konkretisierbar und auf technische Speicher- und Verbreitungsmedien bzw. auch auf soziale Mediensysteme als Kommunikationssysteme ausdehnbar.

Der Medienbegriff erhält eine zweifache Zweidimensionalität: Zuerst koppelt er Bewußtsein und Kommunikation strukturell, und in dieser Kopplung läßt er strukturelle Kopplung und Sinn ineinander übergehen. Nimmt man dies als Folie für Medienangebote, Speicher- und Verbreitungsmedien sowie Mediensysteme, so lassen sich daraus Funktionskomponenten ableiten. Besonders interessant dürfte dies für die Literaturwissenschaft sein, erlaubt doch eine entsprechende Rekonzeptualisierung der Literatur als Mediensystem eine Reformulierung bestehender methodologischer und literaturtheoretischer Problembestände.

Der Topos der unabschließbaren Interpretation erscheint vor diesem Hintergrund als Unhintergehbarkeit von Sinn; sie wird allerdings nicht mehr als methodologisches Defizit, sondern als spezifische Funktion der Literatur begreifbar. Literatur ist ein externalisiertes Medium, an dem sich strukturelle Kopplungen, mithin Sinnkonstitutionen auf spezifische Weise, beispielsweise ohne einen zwingenden Code eines bestimmten sozialen Subsystems, kristallisieren können. Literatur nutzt somit auf paradigmatische Weise strukturelle Kopplungen, um sowohl Bewußtsein als auch Kommunikation adressieren zu können, um hier zu irritieren, dort zu instruieren, um mitzuteilen oder zu informieren, wenn auch mit je gattungs-, genre- oder epochenspezifischen Gewichtungen und Präferenzen (siehe hierzu die Displacement-Theorie von Peter Fuchs: Moderne Kommunikation). Gerade in dieser Vielfalt, Sinn zu konstituieren und strukturelle Kopplung zu vollziehen, erweist sich Literatur – jenseits traditioneller Literaturwissenschaft – als das Mediensystem, das am wenigsten sozialen oder bewußten Restriktionen unterliegt und somit vielleicht auch am interessantesten ist, was das mediale Zusammenwirken von Bewußtsein und Kommunikation angeht.

10. Thesen

- Bewußtsein und Kommunikation stellen eine ausgezeichnete strukturelle Kopplung dar.
- Bewußtsein und Kommunikation sind notwendig, unabdingbar und konstitutiv miteinander strukturell gekoppelt.
- An die Stelle der idealistischen Begründungshierarchie tritt die prozessuale und heterarchische Autokonstitution von Bewußtsein und Kommunikation.
- Die subjektlose Selbstbegründung von Kommunikation verändert den Begründungscharakter und bedeutet im Grunde genommen nichts anderes als Selbstprozessualisierung von Kommunikation.
- Subjektlose Kommunikation und Kommunikation in struktureller Kopplung sind konzeptionell deckungsgleich.
- Aussagen über das Bewußtsein und über Kommunikation sind keine empirischen, sondern immer konzeptionelle Aussagen, weil es keinen bewußtseins- und kommunikationsunabhängigen Beobachter von Bewußtsein und Kommunikation gibt, weil Bewußtsein und Kommunikation immer bewußt und kommunikativ beobachtet werden und eine Empirie als evidente Verifikationsinstanz sich damit prinzipiell verschließt. Bewußtsein und Kommunikation können sich nur selbst und wechselseitig konzipieren.
- Die Beobachtung von Bewußtsein und Kommunikation in struktureller Kopplung erzwingt eine symmetrische Konzeptualisierung. Symmetrie ist die Bedingung der Möglichkeit für strukturelle Kopplung überhaupt.
- Mit der Differenz von Bewußtsein und Kommunikation kommt die Systemtheorie überhaupt erst eigentlich zu sich; die Differenz von Bewußtsein und Kommunikation ist insofern die Startdifferenz von Systemtheorie, als Systemtheorie diese Differenz als Startdifferenz jeglicher Theoriebildung, jeglicher Bewußtseins- und Kommunikationsprozesse ansetzen muß.
- Wo (in der philosophischen Tradition) das Subjekt war, da ist (in der Systemtheorie) strukturelle Kopplung.
- Der Begriff des Mediums wird so definiert: Das Medium leistet die strukturelle Kopplung von Bewußtsein und Kommunikation.
- Das allgemeinste und ›fundamentalste‹ Medium, das somit auch Medium für die strukturelle Kopplung ist, ist Sinn, denn Sinn ist das notwendige

Korrelat der operativen Schließung dieser beiden strukturell gekoppelten Systeme.

- Sinn ist somit das Supermedium für Kommunikation und Bewußtsein.
- Unhintergehbarkeit ist das Resultat eines prozessualen Geschehens, das über die Prozeßmomente hintergehbar wird.
- Das Medium Sinn leistet die strukturelle Kopplung von Bewußtsein und Kommunikation. Sinn ist Medium insofern, als es Formbildungen in einem System erlaubt und erzwingt, die durch das Prozessieren des anderen Systems ausgelöst wurden.
- Medien leisten die strukturelle Kopplung so, daß Sinn aus struktureller Kopplung und aus dieser wiederum Sinn hervorgeht.

Literaturverzeichnis

Baecker, Dirk: Die Unterscheidung zwischen Kommunikation und Bewußtsein. In: Wolfgang Krohn u. Günter Küppers (Hg.): Emergenz. Die Entstehung von Ordnung, Organisation und Bedeutung, Frankfurt a.M. 1992, S. 217-268.

Baraldi, Claudio/Corsi, Giancarlo/Esposito, Elena: GLU. Glossar zu Niklas Luhmanns Theorie sozialer Systeme. Frankfurt a.M. 1997 (=stw 1226).

Bürger, Peter: Das Verschwinden des Subjekts. Eine Geschichte der Subjektivität von Montaigne bis Barthes. Frankfurt a.M. 1998.

Danto, Arthur C.: Sartre. Göttingen 1986.

Düsing, Klaus: Selbstbewußtseinsmodelle. Moderne Kritiken und systematische Entwürfe zur konkreten Subjektivität. München: Fink 1997.

Ebeling, Hans: Das Subjekt in der Moderne. Rekonstruktion der Philosophie im Zeitalter der Zerstörung. Reinbek b. Hamburg 1993 (=rde 484).

Feilke, Helmuth/Schmidt, Siegfried J.: Denken und Sprechen. Anmerkungen zur strukturellen Kopplung von Kognition und Kommunikation. In: Jürgen Trabant (Hg.): Sprache denken. Positionen aktueller Sprachphilosophie, Frankfurt a.M. 1995 (=Fischer-TB 12777), S.269-297.

Frank, Manfred (Hg.): Selbstbewußtseinstheorien von Fichte bis Sartre. Frankfurt a.M. 1991 (=stw 964).

– Selbstbewußtsein und Selbsterkenntnis. Stuttgart 1991 (=RUB 8689).

Fuchs, Peter: Das Unbewußte in Psychoanalyse und Systemtheorie. Die Herrschaft der Verlautbarung und die Erreichbarkeit des Bewußtseins. Frankfurt a.M. 1998 (=stw 1373).

– Die Erreichbarkeit der Gesellschaft. Zur Konstruktion und Imagination gesellschaftlicher Einheit. Frankfurt a.M. 1992.

– Die Umschrift. Zwei kommunikationstheoretische Studien: »japanische Kommunikation« und »Autismus«. Frankfurt a.M. 1995 (=stw 1216).

– Moderne Kommunikation. Zur Theorie des operativen Displacements. Frankfurt a.M. 1993.

Fuchs, Peter/Göbel, Andreas (Hg.): Der Mensch – das Medium der Gesellschaft. Frankfurt a.M. 1994 (=stw 1177).

Habermas, Jürgen: Theorie des kommunikativen Handelns. Bd.1: Handlungsrationalität und gesellschaftliche Rationalisierung. Bd.2: Zur Kritik der funktionalistischen Vernunft. Frankfurt a.M. 1981.

– Der philosophische Diskurs der Moderne. Zwölf Vorlesungen. Frankfurt a.M. 1988 (=stw 749).

– Metaphysik nach Kant. In: Konrad Cramer u.a. (Hg.): Theorie der Subjektivität. Festschrift für Dieter Henrich zum 60. Geburtstag. Frankfurt a.M. 1987, S.425-443.

Henrich, Dieter: Selbstverhältnisse. Gedanken und Auslegungen zu den Grundlagen der klasischen deutschen Philosophie. Stuttgart 1982.

Kneer, Georg/Nassehi, Armin: Verstehen des Verstehens. Eine systemtheoretische Revision der Hermeneutik. In: Zeitschrift für Soziologie 20, 1991, S.341-356.

Krause, Detlef: Luhmann-Lexikon. Eine Einführung in das Gesamtwerk von Niklas Luhmann. Stuttgart: Enke 1996.

Luhmann, Niklas: Autopoiesis als soziologischer Begriff. In: Hans Haferkamp / Michael Schmid (Hg.): Sinn, Kommunikation und soziale Differenzierung. Beiträge zu Luhmanns Theorie sozialer Systeme. Frankfurt a.M. 1987, S.307-324.

– Beobachtungen der Moderne. Opladen 1992.

– Die Autopoiesis des Bewußtseins. In: Soziale Welt 36, 1985, S.402-446.

– Die Gesellschaft der Gesellschaft. 2 Bde. Frankfurt a.M. 1997.

– Die Kunst der Gesellschaft. Frankfurt a.M. 1995.

– Die Wissenschaft der Gesellschaft. Frankfurt a.M. 1990, 1992 (=stw 1001).

– Soziale Systeme. Frankfurt a.M. 1984, 1991 (=stw 666).

– Wie ist Bewußtsein an der Kommunikation beteiligt? In: H.-U. Gumbrecht u. K. L. Pfeiffer (Hg.): Materialität der Kommunikation. Frankfurt a.M. 1988 (=stw 750), S.884-905.

Maturana, Humberto R. / Varela, Françisco J: Der Baum der Erkenntnis. Die biologischen Wurzeln des menschlichen Erkennens. München 1996. (=Goldmann Sachbuch 11460).

Schmidt, Siegfried J.: Die Welten der Medien. Grundlagen und Perspektiven der Medienbeobachtung. Braunschweig: Vieweg 1996.

– Kognitive Autonomie und soziale Orientierung. Konstruktivistische Bemerkungen zum Zusammenhang von Kognition, Kommunikation, Medien und Kultur. Frankfurt a.M. 1994 (=stw 1128).

– Medien: Die Kopplung von Kommunikation und Kognition. In: Krämer, Sybille (Hg.): Medien – Computer – Realität. Wirklichkeitsvorstellungen und Neue Medien. Frankfurt a.M. 1998, S.55-72.

Schneider, Wolfgang Ludwig: Die Beobachtung von Kommunikation. Zur kommunikativen Konstruktion sozialen Handelns. Opladen 1994.

Tugendhat, Ernst: Selbstbewußtsein und Selbstbestimmung. Sprachanalytische Interpretationen. Frankfurt a.M. 1979, 6.Aufl. 1997.

Peter Fuchs

Autopoiesis, Mikrodiversität, Interaktion

Abstract

In diesem Essay wird vorgeschlagen, das Konzept der Autopoiesis, das die soziologische Systemtheorie aus der Biologie entliehen hat, als eine reine Zeitkonzeption zu verstehen. Die (unbeobachtbare) Naturzeit wird unterschieden von der Zeit Sinn-prozessierender Systeme wie des Bewußtseins- oder des Sozialsystems. Diese Sinnzeit ist die Zeit des Supplements oder der Différance (Derrida). Damit werden das Bewußtseins- und das Sozialsystem aus dem Feld Cartesischer Rhetorik herausgenommen. Es ist nur konsequent, daß derartige Systeme weder als Subjekte noch als Objekte verstanden werden können. Vielleicht wäre es sinnvoll, sie »Unjekte« zu nennen. Vor diesem Hintergrung wird jedenfalls klar, daß Systeme als »konditionierte Co-Produktion« (Spencer-Brown) betrachtet werden können und eben deswegen eine polyvalente Logik notwendig wird, fähig, polykontexturale Lagen zu analysieren. Die Konturen des Problems werden beispielhaft am Problem sozialer Ordnung diskutiert: als ein Problem der Differenz zwischen Mikrodiversität und Struktur.

1. Worum es geht

Es gibt Begriffe, deren Allgemeinheit und Inhaltsleere verführerisch wirkt. Einer davon ist *Autopoiesis*, der nichts weiter bezeichnet als die Weise der Selbstverfertigung sozialer und psychischer Systeme, jedenfalls dann, wenn man die Assimilation des Begriffes durch die Systemtheorie der Bielefelder Schule vor Augen hat, eine Einverleibung, die nicht mehr sehr viel übrig gelassen hat von dem, was einst die Biologie Maturanas und Varelas mit ihm gedacht und gewollt hatte.[1] Wie für alle Über-Setzungen eines Begriffs aus ei-

---

[1] Siehe in Auswahl zum Ausgangskontext und zur Differenz Varela, F.J./Maturana, H.R./ Uribe, R.B.: Autopoiesis: The Organization of Living Systems. Its Characteristics and a Model. In: Biosystems 5, 1974, S.187-196; Zeleny, M. (Hg.): Autopoiesis. A Theory of Living Organization, New York, Oxford 1981; Zeleny, M./Pierre, N.A.: Simulation of Self-Renewing Systems. In: Jantsch, E./Waddington, C.H. (Hg.): Evolution and Consciousness, Human Systems in Transition, London 1976, S.150-165; Maturana, H.R./Varela, F.J.: Autopoiesis and Cognition: The Realization of the Living. In: Boston Studies in the Philosophy of Science, Vol. 42, Boston, Dordrecht 1980; Benseler, F. et al. (Hg.): Autopoiesis, Communication and Society. The Theory of Autopoietic System in the Social Sciences, Frankfurt 1980; Luhmann, N.: Autopoiesis, Handlung und kommunikative Verständigung. In: ZfS

ner in eine andere Domäne gilt auch hier, daß die Übersetzung sich längst nicht mehr aufs Original zurückübersetzen läßt.[2] Die besondere Modifikation (das nicht Zurücksetzbare) liegt darin, daß der Begriff auf Sinnsysteme angewandt wird (und nicht auf: Leben) und daß er dabei eine Fassung gewinnt, die ihn zeitlich komplex gestaltet.[3]

Im Augenblick, in dem Sinnsysteme und Autopoiesis begrifflich zusammengeschlossen werden, entsteht eine Doppelzeit, eine, die man die *Naturzeit* nennen könnte, in der nichts, was geschieht, etwas ausmacht für das, was schon geschehen ist, eine Zeit der Indifferenz also[4], und eine, die *Sinnzeit* heißen könnte, die Zeit der Autopoiesis, in der jede Sinngröße im Nachtrag geschieht, jede Identität reversibel ist. Diese Sinnzeit ist naturzeitgegenläufig, und sie findet sich offenbar nur in Sinnsystemen und eben nicht in der Natur, also auch nicht: im Leben.[5] Beide Zeiten sind aber vorausgesetzt, implizieren sich wechselseitig, wenn von *existierenden* Sinnsystemen gesprochen wird. Denn eben dann muß der Naturzeit (der indifferenten Folge) die Zeit der Differenz von Identität und Differenz abgewonnen werden, und dazu bedarf es der Operation eines Lesekopfes, der, wenn ich so sagen darf, seine eben dadurch selbsterzeugte Spur rückwärts lesen kann – zugleich! Denn auch dies wäre bei sinnhafter Autopoiesis vorausgesetzt, daß alles, was geschieht, aktuell geschieht, also auch: die Produktion der Spur und (wie man in einer gewichtigen Tradition formulieren könnte) ihre *lesende Lege*, mit Heidegger also (und ihn locker nehmend): ihr Logos.

11, 1982, S.366-379; siehe zur grundlegenden Ausarbeitung Luhmann, N.: Soziale Systeme, Grundriß einer allgemeinen Theorie, Frankfurt a.M. 1984.

[2] Vgl. dazu die Beiträge in: Hirsch, A. (Hg.): Übersetzung und Dekonstruktion (Reihe Aestetica, hg. von Karl Heinz Bohrer), Frankfurt a.M. 1997.

[3] Siehe dazu Fuchs, P.: Moderne Kommunikation, Zur Theorie des operativen Displacements, Frankfurt 1993; vgl. auch das Kapitel über die Kommunikationsmaschine in ders.: Die Umschrift, zwei kommunikationstheoretische Studien: »Japanische Kommunikation« und »Autismus«, Frankfurt a.M. 1995; ders.: Das Unbewußte in Psychoanalyse und Systemtheorie, Zur Herrschaft der Verlautbarung und zur Erreichbarkeit des Bewußtseins, Frankfurt a.M. 1998; ders.: Intervention und Erfahrung, Ms. Groß Wesenberg 1998.

[4] Deshalb Naturzeit im Sinne von Indifferenz gegenüber Identität und Differenz. Vgl. Schelling, F.W.J.: Einleitung zu dem Entwurf eines Systems der Naturphilosophie. In ders.: Schriften von 1799-1801, Darmstadt 1982, S.309.

[5] Es wäre sehr instruktiv, der Metapher von Gegenläufigkeit unter der Fragestellung nachzugehen, wie sehr sie schon an Schrift (an der linksrechts-Richtung des Zeitstrahls) geknüpft ist. Würde man unter Bedingungen einer umgekehrten Schriftrichtung (Japan etwa) sozusagen nur die Metapher umdrehen müssen, oder zwingt die Umkehrung dazu, feinere Metaphern finden zu müssen? Ich vermute, daß es zur Neufindung feinerer Metaphern kommen müßte. Einschlägige Untersuchungen stehen meines Wissens aber noch aus.

Man sieht schnell, daß solche Überlegungen soziologiefremd zu sein scheinen, eine Art philosophischer Nebelkerzen, der Inhaltsleere von Höchstbegriffen geschuldet, weitab von dem, worum es der Soziologie eigentlich gehen könnte, um die Analyse sozialer Systeme. Die folgende (und im genauen Sinne: essayistische) Denkarbeit scheut sich gleichwohl nicht, die Tragweite solcher Abstraktionen im Blick auf soziale und psychische Systeme zu erproben. Es geht dabei, seltsam genug, um die Arbeit an einer Konkretion.

2. Autopoiesis, Unjekte und konditionierte Co-Produktion

Soziale und psychische Systeme, so der Lehrsatz, sind autopoietische Systeme. Der Lehrsatz verschweigt, daß Systeme keine Objekte sind, denen Eigenschaften angesonnen werden können.[6] Sie sind keine aristotelischen Substanzen, sie sind auch nicht Subjekte, die als Objekte von anderen Subjekten beobachtet werden können, die selbst Objekte für andere Beobachtungssubjekte sind. Sie sind weder *Subjekte noch Objekte*, sie sind ein *WederNoch*.[7] Man könnte sie *Un-jekte* nennen und würde sich damit nicht im mindesten von einer Systemtheorie entfernen, die das System von allem Anfang an (und wieder: in der Bielefelder Schule) als Differenz bestimmt: Das System *ist* die System/Umwelt-Differenz. Es läßt sich deshalb formal bezeichnen durch den Schied, die Barre, das »*/*« des Unter-*schieds*, und eine der wesentlichen Folgen dieser Annahme war und ist, daß keine Systemreferenz durchgehalten werden kann, die das System als Objekt begreift, aber auch keine Referenz, die die Umwelt als weiteres Objekt nimmt oder Systeme in Umwelten als weitere Objekte, die sich auf ein Subjektsystem beziehen.

Die Anweisung ist streng: Nimm das System als Differenz, bezeichne den Unterschied des Systems, und kalkuliere ein, daß du dann in die Probleme nicht-artistotelischer Logik und in die Probleme nicht-cartesischer Arrangements gerätst.[8] Die Anweisung ist ferner, daß die Beobachtung solcher Arrangements von Beobachtern durchgeführt wird, die sich selbst fixieren müssen als ein Arrangement desselben Typs, was bedeutet, daß die Beobachtung in einer Sprache stattfindet, die ein technisiertes Medium ist, mithin eine cartesische Simplifikation.[9]

---

6 Eigentlich verschweigt er das nicht, aber er wird sehr oft in arg verkürzter Form genommen.

7 Ich bin dafür nicht zuständig, aber dieses WederNoch scheint in der Logik als »Nicodscher Junktor« (aber auch als Peirce-Pfeil) aufzutauchen. Vgl. dazu Mann, Ch.: A universe comes into being. In: Mind & Loic, Colour, Vagueness, Semiotics, Acta Analytica 10, 1993, S.93-120, S.101, Anm. 13.

8 Deshalb das Interesse der Theorie an George Spencer-Brown, an Gotthard Günther, aber auch an Zenbuddhismus.

9 Deshalb das Interesse der Theorie an George Spencer-Brown, an Gotthard Günther,

Wir entnehmen diesen vertrackten Verhältnissen die Einsicht, daß auch Autopoiesis an die ökologische Differenz gebunden, also alles andere als eine Eigenschaft *des* psychischen oder *des* sozialen Systems ist. Sie kann nichts anderes sein als *konditionierte Co-Produktion*[10] Sie ist in gewisser Weise *janus-förmig*, oder auch: Sie ist wie das System selbst keine Einseitenform.[11] Daraus folgt selbstverständlich auch, daß Autopoiesis so wenig wie das System (oder irgendein Phänomen, das in diesem Kontext diskutiert werden könnte) ein Objekt ist, und dies bedeutet definitiv, daß sie wie die anderen Un-jekte (System, strukturelle Kopplung, Umwelt etc.) sich empirischer Direktbeobachtung entzieht.[12]

Was oben als leere Allgemeinheit bezeichnet wurde, ist aus dieser Sicht rekonstruierbar: Es handelt sich nicht um eine logische Allgemeinheit, sondern um den Effekt des Versuches, Differenzen (und nicht Einheiten) beobachten zu wollen. Autopoiesis ist der Begriff (ein Wort) für eine *betriebene Differenz*. Auch das macht deutlich, daß die Rede von *autopoietischen Systemen* aufklärungsbedürftig ist, solange und soweit sie die Hypostasierung von Objekten begünstigt. Weder das System noch die Umwelt, weder strukturelle Kopplung noch Autopoiesis selbst sind – Gegenstände. Sie sind aber auch keine Artefakte (denn auch dann wären sie Objekte gleichsam zweiter Ordnung), sie sind, strictissime, arbeitende Unterschiede, beobachtet durch einen Unterscheider, der gleichfalls nur als arbeitender Unterschied, als betriebene Differenz konzipiert ist.

Die Besonderheit dieses Betreibens, dieser Arbeit ist offenbar, daß sie sich im Medium *Sinn* vollzieht, in der, wie man vielleicht sagen könnte, Projektivität von Sinn, in (um eine Freudsche Metapher aufzugreifen) der Projektion von Oberflächen. Was immer die Operationen sinnorientierter Systeme sein mögen, sie führen immer Sichten vor und nicht Nicht-Sichten, sie zeigen et-

---

aber auch an Zenbuddhismus. Sie ist es, wie man jetzt schon sehen kann, systematisch, denn sie spielt ihr Spiel ja schon in der Differenz des Sozialsystems, also aufgefüllt mit Effekten der psychischen und der sozialen Domäne. Das erklärt dann bizarre Sätze, die als Zumutung empfunden werden können. Vgl. dazu Marius, B./Jahraus, O.: Systemtheorie und Dekonstruktion, Die Supertheorien Niklas Luhmanns und Jacques Derridas im Vergleich, Lumis-Schriften aus dem Institut für empirische Literatur und Medienforschung der Universitäts-Gesamthochschule Siegen, Siegen 1997, S.17f., Anm. 24.

10 Vgl. Spencer-Brown, G.: A Lion's Teeth, Löwenzähne, Lübeck 1995, etwa S.20: »How we, and all appearance that appears with us, appear to appear is by conditioned coproduction.«

11 Vgl. Spencer-Brown, G.: Gesetze der Form, Lübeck 1997, S.ix f.

12 Ebenso wie der Begriff der différance bei Derrida. Im übrigen gibt es unter diversen Namen Versuche, die Umwelt als Kontext zu hypostasieren und daran Steuerung zu knüpfen.

was, sie be-deuten etwas im Webewerk von Sinnverweisungen, sie besagen etwas für etwas.[13] Für einen Beobachter heißt das: Ihm begegnen Systeme (und er sich selbst ebenfalls) immer nur als *Konnexität von Projektionen*, als Sinnverweisungsschläge, die auf Sinnverweisungsschläge verweisen – und nie als Nicht-Sinn oder Nicht-Bedeutung. Der Sinn verdeckt dabei seine Operation, er zeigt sich, nicht den Projektor.[14] Und da Sinn für Sinnsysteme ein universales (nicht negierbares) Medium ist, fehlt es an der Möglichkeit, ein *Dahinter* des Sinns, einen Nichtsinn zu kommunizieren bzw. zu erleben.[15] Solcher Sinn wäre etwas für – Hinterweltler und deren besonderem, auch in der Soziologie nicht unbekanntem Wahn.[16]

Nichts hindert mithin daran, das System (diese Differenz) als die konditionierte Co-Produktion von Projektionen aufzufassen, deren Verkettung (chaining) in irgendeiner Form Beobachter generiert, die aus der Analyse nicht wegzudenken sind, weil Sinn als Medium jemanden/etwas voraussetzt, der dem Medium Formen abgewinnt: als Epiphanien eines bestimmten (und sofort wieder auflösbaren) Sinns. Diese Beobachter nutzen Sinn, sie sind im genauen Sinn randvoll mit Sinn aufgefüllt. Sie haben keinen Spalt, durch den ohne Sinn auf Nicht-Sinn geblickt werden könnte. Nur aus den Augenwinkeln können sie in der Weise (hoch kommentarbedürftigen Sinnes) die Möglichkeit von Nicht-Sinn in der Form von Sinn andeuten. Solche Beobachter sind eingerichtet im Hause der Bedeutung, der Projektion. Sie sind Sinnverkettungsmaschinen.

Folglich müßte, was Autopoiesis genannt wird, die Mechanik der Verkettung sein, ein selbst sinnfreier Operator, ein Zusammenhang von Operatio-

---

13 Schon im platonischer Sophistes (237a-e) findet sich: légein = légein tí – Sagen ist Etwas Sagen. Parmenides weist als erster auf die Intentionalität des Denkens hin (dóxai – dokoûnta – Annehmen/Angenommenes). So jedenfalls Thanassas, P.: Die erste »zweite Fahrt«, Sein des Seienden und Erscheinen der Welt bei Parmenides, München 1997, S.45f. Vor Brentano und Husserl findet sich der Topos komplex ausgearbeitet bei Hegel. Siehe dazu Kreß, A.: Reflexion als Erfahrung, Hegels Phänomenologie der Subjektivität, Würzburg 1996, S.33ff. et passim. Ulrich Pothast (Philosophisches Buch, Schrift unter der aus der Entfernung leitenden Frage, was es heißt, auf menschliche Weise lebendig zu sein, Frankfurt a.M. 1988, S.55ff.) würde hier vermutlich von einer Intentionalitätsdoktrin sprechen. Aber er muß das tun, weil er dem Konzept des Spürens eine ungeheure theoretische Last aufgeladen hat, die ihn dann kurioserweise in die phänomenologische Anekdote treibt.

14 Dies wird erst ganz verständlich, wenn das, was Operation bedeutet, näher bestimmt sein wird.

15 Die Behauptung von Ausnahmen ist dabei hoch instruktiv. Vgl. etwas Luhmann, N./Fuchs, P.: Reden und Schweigen, Frankfurt a.M. 1989, dort dann insbesondere die Studien über Mystik und Zen.

16 Vgl. jedenfalls Nietzsche, F.: Also sprach Zarathustra: Die Reden Zarathustras: Von den Hinterweltlern, Werke in drei Bänden, Bd.2, München 1955, S.297f.

nen, oder, wie wir sagen wollen, von operative Kopplungen. Wir verraten nicht zu viel, wenn wir vorab sagen, daß hierfür einzig und allein *Zeit* in Frage kommt.

3. Die Inversion der Zeit

Jedenfalls soviel ist klar, daß die Operation autopoietischer Systeme nicht als Vollzug, als Tat, als Tathandlung, als Akt gedacht werden kann.[17] Solche Systeme *tun nichts tun*, sie sind nicht im cartesischen Dual qualifizierbar, sie sind keine Vollbringer.[18] Eben deshalb wird die Konstruktion von *Handlung* zum soziologisch bearbeitbaren Problem. Handlung ist gerade nicht eine ontologische oder anthropologische Grundgegebenheit. Daraus folgt auch, daß die Operationen autopoietischer Systeme nicht an die uns bekannte Physik gebunden sind, obgleich sie sie infrastrukturell voraussetzen.

Deutlicher wird das, wenn man die Operation als *operative Kopplung* begreift.[19] Dieser Begriff bezeichnet die Verknüpfung von Sichten (Projektionen) in der Zeit durch die Zeit. Was immer ein Ereignis in der physischen Welt gewesen sein mag, Schallwelle, Körperbewegung, Lichtgravure auf einem Monitor, schwarzes Zeichen auf einem weißen Papier, die Sicht, die darin vorgeführt, vor-gestellt wird, entsteht durch operative Kopplung, durch den Nachtrag von Sinn, durch *différance*.[20] Jedes psychische und soziale Ereignis hat seine Epiphanie (seine *appearance*) in einem Anschluß, für den dasselbe gilt, also in einer Umkehrung der Naturzeit. Wir könnten fast sagen: Das System ist die Zeit, in der etwas *für* etwas folgen kann, und die operative Kopplung bezeichnet genau diesen Sachverhalt, dieses Zeitverhältnis der Verschiebung und des Aufschubs.

---

[17] Vgl. so nebenbei die nachgerade kasuistischen Probleme, die im Rechtssystem auftreten, wenn von Handlung, Tat oder gar entsprechenden Kausalitäten ausgegangen werden muß, die Beck'schen Kurz=Kommentare, Bd.10, Strafgesetzbuch und Nebengesetze, 47. Auflage, München 1995, S.69ff. et passim.

[18] Ich gebe gern zu, daß sehr oft der Eindruck entsteht, Systeme seien wie Täter/innen beschreibbar. Die Ursache für diesen Eindruck ist (nimmt man Fälle unterkomplexer Rezeption der Theorie aus) die cartesisch organisierte Sprache selbst.

[19] Ich beziehe mich hier auf die Variante I operativer Kopplung, die durch das Autopoiesistheorem selbst vorausgesetzt ist. Vgl. Luhmann, N.: Das Recht der Gesellschaft, Frankfurt a.M. 1993, S.440f. Davon zu unterscheiden ist die operative Kopplung zwischen Systemen. Ich mache nur am Rande darauf aufmerksam, daß in der Unterscheidung dieser Unterscheidungen eine starke theoretische Herausforderung liegt.

[20] Es würde mir gefallen, wenn man im Vorgriff auf die Unterscheidung von Anlaß und Ereignis hier von einem Antrag auf Sinn sprechen würde, dem eine Sinnzuweisung, also ein Nachtrag folgt.

Deswegen kann man autopoietische Systeme nicht sehen, sie exponieren sich der Beobachtung als die Dissemination ihrer Effekte, und die Beobachtung kommt immer zu spät. Die Welt mag vollgestopft sein mit unentwegt *passierenden* Unterschieden, aber das System (diese Differenz) entsteht im Moment, in dem es zur *Inversion der Naturzeit* kommt, zur operativen Kopplung, in der etwas im Blick auf etwas in ein *Besagen-für* transformiert wird. Die eigentlichen Ereignisse des Systems sind zeitgebundene Kopplungen, also wiederum nicht: Entitäten. Die Kopplung ist die Zeitinversion, nicht: selbst eine Tat oder eine Handlung. Ein Unterschied folgt auf einen Unterschied, der seinen Vorgänger unterscheidet – in der Form von Sinn.

Damit ist (auf dem Abstraktionsniveau, das wir gewählt haben) noch nichts darüber ausgesagt, wie spezifische Systeme das Problem dieser Kopplung lösen.[21] Festgehalten ist nur, daß Autopoiesis, sieht man von dem aus dieser Perspektive äußerst strittigen Fall lebender Systeme ab, die Bezeichnung für eine inverse Zeitfolge ist, die selbst kein Subjekt oder ein Objekt ist. Autopoietisch sind entsprechend Systeme, die über ein Medium verfügen, das jenes *Besagen-für*, jene *Be-Deutung-von-etwas-für-etwas* ermöglicht. Dieses Medium ist Sinn, und das erklärt und erhärtet die exzeptionelle Position von Sinn im Gefüge der Theorie.[22]

Dieses Medium (das sich nicht selbst betreibt, sondern betrieben werden muß) wird wirksam *nur* durch die Zeit. Der phänomenologischer Einstellung zeigt sich Sinn als Simultanappräsentation von aktueller Wahl und dem Horizont der Auswahl; aus genetischer Perspektive entsteht Sinn durch die Nicht-Identität von Wiederholungen.[23] Was Sinn dabei selbst nicht leistet, ist die Folge, die Sequenz – so wenig, wie die Sprache spricht, wenn sie nicht benutzt wird. Weder Sprache noch Sinn sind selbst Systeme. Sie sind in einem gewissen Sinne geräuschlos.[24] Sinn, heißt das, ist nur im Betrieb, wenn etwas für etwas etwas besagt, also in der Zeit der Differenz von Identität und Differenz. Wenn Autopoiesis genau diese Kopplung bezeichnet, dann ist sie auf Prozessoren angewiesen, die der Geräuschlosigkeit des Mediums instrukti-

---

[21] Darauf komme ich zurück.

[22] Man sieht damit auch, um mich zu wiederholen, die exorbitante Bedeutung von Sinnanalysen (Hermeneutik im weitesten Sinne) für die Analyse von Systemprozessen.

[23] Vgl. Luhmann, N.: Identität – was oder wie?. In ders.: Soziologische Aufklärung, Bd.5, Konstruktivistische Perspektiven, Opladen 1990, S.14-30.

[24] Ich beziehe mich hier auf das order-from-noise-Prinzip, bin aber der Auffassung, daß aus der noiselessness des Mediums erst einmal noise gewonnen werden muß, ehe von order die Rede sein kann. Damit plädiere ich für ein order-from-noiselessness-Prinzip. Vgl. dazu Fuchs 1998. Anregungsreich dazu Heider, F.: The Notebooks (ed. By Marijana Benesh-Weiner, Vol.1, Methods, Principles and Philosophy of Science, München-Weinheim 1987). S.229: »Things are noise, the medium is noiseless.«

onsfähigen Lärm abgewinnen können, ordnungsfähiges, mithin sinnförmiges Rauschen.

Auch das impliziert, daß Autopoiesis nicht isolierbar ist von der Differenz, in der sie angesiedelt ist, von der Differenz des Systems. Sie spielt in der Differenz von System und Umwelt, die das System ist. Autopoiesis ist also auch nicht die Eigenschaft eines Gegenstandes, schon gar nicht die eines durch sie in die Luft gebauten Gegenstandes – eines, wie man sagen könnte: *Münchhausen-Objektes.*[25] Autopoiesis ist konkret angewiesen auf Lärmproduzenten, deren Lärm als ein *Nacheinander* genommen werden kann, dem ein *Aufeinander-Reagieren* ablauschbar ist. Autopoiesis ist die Bezeichnung dieser Transformation, und typischerweise wird hier dann von Anschlußmanagement oder Anschlußselektivität gesprochen, eine ihrerseits verkürzende (wiewohl mitunter sinnvolle) Redeweise, weil man im Blick auf die Zeitinversion von Nachtragsmanagement oder Nachtragsselektivität reden sollte.

4. Anlässe und Nachträge

Autopoiesis ist die Form der Inversion von Naturzeit (nacheinander anfallenden Unterschieden) zur Sinnzeit. Sie setzt eine diskontinuierliche Infrastruktur von Prozessoren voraus, die jenes Nacheinander herstellen, dessen Inversion sie bewerkstelligt. Sie setzt also in ihrer Umwelt weitere Systeme des gleichen Typs voraus, mithin: andere Autopoiesis. Etwas muß sich anbieten, das als diskontinuierliches (in der Zeit diskretes) Material für diese Transformation genutzt werden kann. Es bedarf, wie wir sagen wollen, der *Produktion von Anlässen.* Wir unterscheiden damit *Anlaß* und *Ereignis.* Autopoiesis läßt sich dann auffassen als die Transformation von Anlässen in Ereignisse. Auch hier gilt, daß die Unterscheidung Anlaß/Ereignis sich selbst trägt: Kein Unterschied in der Welt ist Anlaß ohne seine Umbildung zum Ereignis, und kein Ereignis wäre ohne Anlaß möglich.

Aber diese sich selbst stützende Unterscheidung wird durchaus in empirischer Absicht eingeführt. Jede äußerung, jede Geste (ja auch nur die Zurechnung, daß ein Unterschied in der Welt als Anlaß für ein Ereignis genommen werden kann) ist nur Äußerung oder signifikante Geste, wenn sie als Anlaß für den Nachtrag, für die operative Kopplung gedient *hat.* Ohne dieses *Nehmen-für* und *Dienen-als* wäre, was immer geschieht: *sound and fury.*[26]

[25] Für mich sind Münchhausen-Objekte soziologisch (aber auch sonst) völlig unergiebig. Alle Systeme, von denen ich reden kann, sind Moment eines Realitätskontinuums, das keine geheimnisvollen Emergenzsprünge zuläßt. Sonst wäre Systemtheorie als Wissenschaft nicht möglich, schon gar nicht als Soziologe. Ich oute mich hier also als Einsteinianer.

[26] Wenn wir das jedenfalls mit Schall und Wahn übersetzen dürfen.

Es geht also, insofern wir uns auf die soziale Autopoiesis einlassen, darum, daß Anlässe als Beiträge zur Kommunikation entziffert werden. Die Anlässe müssen sinnhafte Verlautbarungen sein oder zumindest mit Bedeutung überzogen werden können.[27] Sie sind aus dieser Sicht bestimmbarer Lärm im Medium Sinn. Die operative Kopplung nimmt den Anlaß auf und trägt ihm seinen kommunikativen Sinn nach. Eben das ist soziales Verstehen.[28] Der Anlaß ist nichts (ist nicht einmal Anlaß gewesen), wenn er nicht in die operativen Kopplungen des Sozialsystems einrückt. Dabei kann er, das ist sehr wichtig, Sinn machen für ein psychisches System, das intern weiterdenkt oder aus den Augenwinkeln wahrnimmt, daß jemand eine äußerung produzierte, auf die kein Nachtrag erfolgte. Es kann dann lernen, wie man vermeidet, ignoriert zu werden.

Entscheidend ist, daß die Verlautbarungen (Anlässe) im Medium Sinn *Sinn machen*. Damit sind sie per definitionem immer *polyvalent*. Jeder Sinngebrauch führt einen Mehrwert mit sich, einen Überschuß an Möglichkeiten, und das ist die Bedingung der Möglichkeit dafür, daß die Autopoiesis *immer* selektiv wirkt. Jeder Nachtrag (also jedes soziale und dann auch psychische Ereignis) ist nolens volens *Auswahl*.[29]

Das Problem der Formulierung dieses Sachverhalts liegt darin, daß die Spieler in diesem Spiel auf eine äußerst schwer zu entzerrende Weise kooperieren. Das psychische System (diese Differenz) reagiert auf eigene und fremde Anlässe selbst sinngeführt und im Modus der Nachträglichkeit; das Sozialsystem (diese Differenz) erzeugt seine Ereignisse, indem es Anlässe in der Zeit staffelt und es dabei zuwegebringt, eine Art *zerlegender Beobachtung* zu implementieren, die zwischen Information und Mitteilung unterscheidet – aber nur durch einen Nachtrag (Verstehen), der selbst auf die gleiche Weise zerlegt wird. Und beide, Bewußtsein und Sozialsystem, stabilisieren ihre Differentialität (ihre systemness) in der Differenz psychisch/sozial.

Vielleicht ist es nützlich, diese konditionierte Co-Produktion in einer ausgebauten Metapher schärfer zu stellen.[30]

---

27 Man sieht hier, und Luhmann hat das ja oft genug betont, welche Leichtgängigkeit durch Sprache eingeführt wird. Ihr Gebrauch legt nahe, daß ein Anlaß vorliegt, und ihr Nichtgebrauch schafft Möglichkeiten des Bestreitens, daß ein Anlaß ein Anlaß gewesen sei. Siehe neuerdings für subtile Analysen Kieserling, A.: Kommunikation unter Anwesenden, Studien über Interaktionssysteme, Dissertationsschrift, Bielefeld 1997.

28 Dies genau wäre der Ansatzpunkt für eine systemtheoretisch inspirierte Hermeneutik bzw. Konversationsanalyse. Siehe für entsprechende Experimente Sutter, T. (Hg.): Beobachtung verstehen, Verstehen beobachten, Perspektiven einer konstruktivistischen Hermeneutik, Opladen 1997.

29 Und wieder: nicht Auswahl durch jemanden. Das wird gleich noch klarer werden.

30 Sie ist wohl eher eine Allegorie.

5. Die Monitor-Allegorie

Wir vereinfachen zunächst psychische Systeme zu Monitoren und stellen uns den Fall vor, daß zwei dieser Geräte interagieren.In unserem Modell ist (getreu einem *fundamentum inconcussum der Bielefelder Systemtheorie*) die Aufnahme des Kontaktes zwischen beiden Monitoren identisch mit der Entstehung eines *Drittsystems*, dessen Umwelt die beiden Ausgangsmonitore darstellen.[31] Dieses Drittsystem, das in unserer Vereinfachung für das Sozialsystem steht, wäre also ein eigener, ein dritter Monitor.

Die Ausgangsmonitore erzeugen auf der Basis von Innenzuständen, die nicht sichtbar werden, sichtbare Nachrichten: Botschaften auf ihren Schirmen. Im Innern dieser Monitore gibt es Innenmonitore, die Innen- und Außenverhältnisse *innen* projizieren. Innen kann also gesehen werden, welche Botschaften außen erscheinen (nicht, wie sie für den anderen Monitor erscheint) und welche Nachrichten der andere Monitor außen aufleuchten läßt (nicht aber, was sie für ihn innen bedeuten). Wir haben es demnach mit klassischen Re-entry-Maschinen zu tun, die ihre Innnen/Außenverhältnisse im Innen produzieren und kontrollieren. Der Innen-Monitor beider Ausgangmonitore scheint darüberhinaus über die Fähigkeit der Oszillation zwischen den Seiten der internen Unterscheidung von Innen/Außen zu verfügen, über dynamische Bi-referentialität.[32] Beide Seiten der Unterscheidung liegen aber ausschließlich als Projektion vor; auch die Referenz auf das Innen ist Referenz auf etwas.[33]

Wichtig ist, daß diese Monitore nur nach innen sehen, wiewohl sie vermeinen, ein Außen wahrzunehmen. Das zwingt sie zu internen Mutmaßungen darüber, wie die eigenen Botschaften vom je anderen Monitor verstanden werden bzw. wie die fremden Botschaften sich verstanden wissen wollen. Beide (psychischen) Monitore ruhen bei alledem auf einem für sie selbst nicht zugänglichen technischen Unterbau auf, der immerzu Ereignisse ausschüttet, durch die das, was sie sehen, vorentschieden wird, so daß sich diese Monitore einer starken Realitätsunterstellung nicht entziehen können.[34]

---

[31] Siehe dazu ausführlicher Fuchs, P: Ms. 1998, ein Text, der sich unter anderem entschieden gegen die absurde Idee wendet, es komme mitunter nicht, wenn zwei Systeme Kontakt aufnehmen, zur Ausprägung eines (wie immer zeitlich kurzen) Drittsystems sui generis.

[32] Wir formulieren damit analog zur dynamischen Bi-Stabilität des Bewußtseins. Vgl. Luhmann, N.: Die Autopoiesis des Bewußtseins. In: Hahn, A./Kapp, V. (Hg.): Selbstthematisierung und Selbstzeugnis: Bekenntnis und Geständnis, Frankfurt 1987, S.25-94.

[33] Vgl. dazu umfangreich Fuchs 1998.

[34] Vgl. Luhmann, N.: die Gesellschaft der Gesellschaft, Frankfurt a.M. 1997, S.115f. Realität ist schon nach Bachelard an einen coefficient d'adversité geknüpft. Vgl. Waldenfels, B.: Intentionalität und Kausalität. In: Métraux, A./Graumann, C.F.:

Das Drittsystem (das soziale System) imaginieren wir als *einen* Supermonitor. Er besteht aus nichts weiter als der zeitlichen Folge des Aufleuchtens der Nachrichten auf den Ausgangsmonitoren, aber so, daß der Sinn einer Nachricht für den Sinn einer vorangegangenen Nachricht etwas besagt, *unabhängig davon, wie dieses Besagen in den psychischen Monitoren intern ergriffen wird.* Es gibt keinen Kontakt zwischen dem Supermonitor und diesem inneren Ergreifen von Sinn. Der Supermonitor kommt nicht an das Innen der Prozessoren in seiner Umwelt heran. Er wirft einzig und allein psychisch nicht völlig prognostizierbare Differenzen aus.[35] Und er kann das wegen des Mehrwerts von Sinn, wegen jener Verzweigungsmöglichkeiten, die wir oben Überschuß genannt haben. Er kappt Sinnmöglichkeiten durch Nichtzugriff, greift Verweisungen auf, fügt weitere Proliferationsmöglichkeiten hinzu. Keine Äußerung deckt den Sinnhorizont der vorangegangenen ab. Jede Äußerung ist (im Zeitschema der *différance*) notgedrungen selektiv. Die Selektivität ist aber selbst nicht, wie dieses Modell zeigt, auf ein Subjekt angewiesen. Sie ist Resultat der Inversion der Sequenz.[36] Sie ist die pure Ordnung, die durch Sinn entsteht, der ein *Besagen*-für erlaubt. Ein Maulwurf, der eine Sequenz hört, vernimmt keine Botschaften, er hört in der Naturzeit. Erst Sinngebrauch ordnet – umgekehrt.

Dieses Ordnen, diese Umkehrung, dieses *Besagen-für als operative Kopplung markiert die Autopoiesis des Sozialsystems, und es ist von sehr großer Bedeutung, daß dieses Besagen nicht identisch ist mit dem, was eine Nachricht für ein psychisches System besagen mag.*[37] Nur von dieser Differenz aus ist die Rede vom Sozialsystem als emergentem System begreifbar. Es zeigt sich als Phänomen einer *punktuellen Doppelauslegung, die immer nur momentane Gültigkeit hat und dann wieder zerfällt und erneut aufgebaut werden muß.*[38] Die operative Kopplung ist Sinnselektion und Sinnlimitation auf dem

---

Versuche über Erfahrung, Bern – Stuttgart – Wien 1975, S.113-135, S. 132, Anm.1.

35 Eben deshalb ist Theater, insofern in einem dramatischen Stück der Text vorgegeben ist, ein Sonderfall. Vgl. dazu Fuchs, P.: Die moderne Beobachtung kommunikativer Ereignisse: Eine heuristische Vorbereitung. In: Balke, F./Méchoulan, E./Wagner, B. (Hg.): Zeit des Ereignisses – Ende der Geschichte?, München 1992, S.111-128.

36 Mir schwebt vage vor, daß es hier einen Zusammenhang gibt mit der Technik hermeneutischer Analyse des Oevermannschen Typs, mit der Produktion von Lesarten und der Selektion plausibler Lesarten. Die Idee ist, daß diese Kunstlehre auf Inversion hin durchgecheckt werden könnte.

37 Es klingt arrogant, aber jede Analyse, die auf diesen Feinheitsgrad und diese Umständlichkeit verzichtet (die im übrigen ihre eigene Eleganz hat), neigt zur Hypostasierung, erzeugt neue Subjekte und Objekte.

38 Das Problem einer konstruktivistischen Hermeneutik (etwa im Sinne Tilman Sutters, Beobachtung verstehen) bestünde dann darin, diese Doppelauslegung ihrer-

sozialen Monitor, der eine Folge verzeichnet, die er (nur durch Sinn) verkehrt, und die psychischen Monitore müssen sich von Moment zu Moment mit den dabei entstehenden Lagen arrangieren, selbst dann, wenn sie rückfragen, auf bestimmter Bedeutung insistieren, Metakommunikation einzufädeln trachten etc. Die Unverzichtbarkeit des Bewußtseins (irgendeines Bewußtseins) hängt an jener Differenz, an diesem Sich-Arrangieren, durch das weitere Anlässe notwendig werden, die als Ereignis erscheinen können in der invertierenden Verklammerung durch operative Kopplung.[39]

Von hier aus gewinnt auch die Rede von der Verkettung der Projektionen ihren genauen Sinn (und insofern ist auch die Monitor-Allegorie präzise): Das selektive Besagen-für ist die Projektion eines Sinns auf ein selektives Besagen-für in nicht zu löschender Differenz zu dem, was psychische Systeme mit ihren Verlautbarungen intendieren bzw. was sie den Verlautbarungen anderer psychischer Systeme entnehmen. Zugleich kann man sehen, daß die *systemness* des Sozialsystems nur beobachtet werden kann durch einen Beobachter, der diese Differenz von Anlaß und Ereignis benutzt und auf die Verzweigungen und Einschränkungen achtet, die in der Inversion der Naturzeit zustandekommen. Dies ist ein Beobachter mit Sonderaufmerksamkeit, der – insofern er beteiligt ist – die Ergebnisse seiner Beobachtung nicht mitteilen kann, ohne in das Spiel des Sozialsystems verwickelt zu werden, dem nichts auffällt als Ereignisse, die es Anlässen abgewinnt, die durch dieses Auffallen erst zu Anlässen werden.

6. Das Selbst-Ordnungsproblem

Autopoiesis ist die Inversion der Naturzeit. Das ist möglich, weil jeder Nachtrag Sinn selektiv einem Anlaß zuweist, der dadurch zum Ereignis wird, zum *Element*, wie typisch formuliert wird, eines Systems, das sich auf der Basis gleichartiger Elemente kurzschließt. Auf allgemeinster Ebene sind die Operationen, die diese Inversion und Transformation leisten (damit auch den Kurzschluß): Kopplungen. Die Operation des autopoietischen Systems ist die Kopplung und nicht: ein Akt. Entsprechend sind Kommunikationen (Sozialsystem) bzw. Intentionen (Bewußtsein) operative Kopplungen. Deswe-

---

seits doppelt auslegen zu müssen, insofern sie ersichtlich selbst in die Struktur des Nachtrags eingebunden ist. Sie läuft damit, aber da sist faszinierend, auf das Problem des übersetzens auf. Vgl. dazu die Beiträge in Hirsch, A. (Hg.): Übersetzung und Dekonstruktion (Reihe Aestetica, hg. von Karl Heinz Bohrer), Frankfurt a.M.1997.

[39] Um es erneut zu betonen: Hier kann man wirklich nicht mehr von einer biologisch gefärbten Autopoiesis-Analogie reden.

gen lassen sich weder Kommunikationen noch Intentionen wie Entitäten isolieren oder stillstellen. Sie sind nicht präparierbar, auch dann nicht, wenn man eine protokollierte Sequenz von äußerungen vor sich hat, denn jeder, der sich dazu äußert, unterliegt schon dem Gesetz des Nachtrags. Er produziert *Addenda*. Auch die soziologische Analyse ist diesem Gesetz subordiniert. Sie kann Kommunikation nicht beobachten, ohne sich an Kommunikation zu beteiligen, aber das rückt die Analyse in die systematische *méconnaissance*, in die Position des Nachtrags. Sie befindet sich (und hat das eigentlich immer gewußt) wie ihr Gegenstand auf der Seite der doxai, nicht auf der Seite der Wahrheit.[40]

Spannend ist, daß autopoietische Systeme (insofern ihre Elemente operative Kopplungen, also selektiv sind) auch im Blick auf ihren Selbstzugang *gebrochene* Systeme sind. Sie erreichen sich nur als Abbreviatur, als Simplifikation, als Imagination, als *Epigramm*.[41] Solche Systeme können über sich nachdenken oder über sich reden, aber eben in der Form der Autopoiesis, und das heißt: im Modus der Inkomplettheit, im Modus der unvollständigen Information.[42] Sie können sich als Objekt oder als Subjekt behandeln, jedoch nur in der Form jener cartesischen Verkennung und Unvollständigkeit, die den (paradoxen) Selbstbezug von Un-jekten kennzeichnen. Das, was das System als Selbst auffaßt, ist, Autopoiesis vorausgesetzt, fundamental *partiell*, wiewohl eben dieses Auffassen für das System *total* ist, da es nur sieht, was es sieht, und nicht sieht, was es nicht sieht. Keine Organisation ist das, was sie über sich weiß; kein Bewußtsein ist, was es denkt, daß es sei; und auch die Gesellschaft ist nicht eine ihrer Beschreibungen, auch nicht: deren Summe.[43] Denselben Punkt erreicht man, wenn man von der Simultaneität aller Ereig-

---

40 Vgl. Fuchs, P.: Theorie als Lehrgedicht, Ms. Groß Wesenberg 1997.

41 Man könnte hier mit dem Epigrammbegriff von Jürgen Markowitz: Verhalten im Systemkontext, Zum Begriff des sozialen Epigramms, Diskutiert am Beispiel des Schulunterrichts, Frankfurt a.M. 1986, arbeiten, wenn er ein bißchen umgemodelt würde. Dieser Begriff reagiert auf die Differenz des Systems dadurch, daß er die Selbstsimplifikation des Systems (die Zone seiner partiellen Selbsttransparenz, die Selbstbeschreibung) als nach Innen und nach Außen funktional begreift. Das System orientiert sich an seiner Simplifikation, es nimmt, wie man sagen könnte, einen Pars-pro-toto-Kurs, aber es muß gleichzeitig dafür sorgen, daß seine Umwelt sich am selben Kurs orientiert. Es muß sich der psychischen Orientierung zu erkennen geben, mithin Formen (und Formeln) ausgeprägt haben, die als Verkürzung des Systems es für seine Umwelt in gewisser Weise lesbar machen – trotz seiner für es selbst nicht einholbaren und von niemandem rekonstruierbaren Komplexität. Eben dafür steht der Begriff des Epigramms ein. Er referiert auf die spezifischen Strukturen, die das System für Psychen andockfähig und buchstabierbar machen.

42 Derselbe Sachverhalt läßt sich selbstverständlich auch komplexitätstheoretisch reformulieren.

43 Diese Partialität ist im übrigen funktional als Bedingung der Möglichkeit der überraschung des Systems durch sich selbst (Lernen). Vgl. Fuchs. P.: Ms.1998.

nisse des Systems ausgeht, also davon, daß es sich in Aktualität vollzieht (und nicht in der Zukunft, nicht in der Vergangenheit). Das, was das System im Rahmen konditionierter Co-Produktion als Sicht aufbaut, ist im Blick auf Simultaneität strikt selektiv, ist im gewissen Sinne jene Vertikalisierung (Sequentialisierung), die die Horizontale, den Rahmen, die Gleichzeitigkeit aller Ereignisse nicht miterfassen kann.[44] Das autopoietische System ist, so schließen wir, für sich gleichsam eine Hervorhebung, eine Teilbeleuchtung, ein minimaler Anblick, ein *Aspekt*. Es ist für sich totale Erscheinung.[45] Aber diese Totalität ist imaginär, da das *totum* des Systems wegen des *simul* aller Systemereignisse nicht für es zugänglich ist.

Die Verhältnisse komplizieren sich weiter, wenn man zumindest für Sozialsysteme annimmt (und dies für Bewußtsein vermutet), daß die Projektionen von Oberflächen nicht die Projektion von Punkten sind. Die Gesellschaft als konditionierte Co-Produktion ist in jedem Moment ein Geflacker und Geflimmer unendlich vieler Kommunikationen, und wenn man von der Projektion der Gesellschaft reden wollte, müßte man deshalb von einer *pluriversen* Projektion sprechen, ebenso, wenn man sich auf Funktionssysteme konzentriert. Korrekt müßte man mithin sagen, daß solche Systeme eine Pluralität (und auf der Ebene primärer Differenzierung in Funktionssysteme: eine Polykontexturalität) von Hervorhebungen, von Teilbeleuchtungen, von Minimalanblicken, von Aspekten sind. Und nur Organisationen (vielleicht Familien, vielleicht auch Bewußtsein) hätten eine Art Primäraspekt, eine konturierte Adresse, eine Selbstbeschreibung – aber auch nur als *pars pro toto*, wobei das *totum* selbst vom System her nicht erfaßbar ist. Wahrscheinlich würde sich

---

[44] Vgl. dazu die Parabel von der kleinen Spinne in Spencer-Brown: Laws of Form, S.36/37, ferner den Kommentar S.81. Ich nehme mir die Freiheit dieser Interpretation, die mir auch der Autor gibt. Ich könnte auch formulieren, daß das System von epischer Breite ist und im Selbstzugang immer Impression, oder: daß das System episch ist, sein Selbstzugriff epigrammatisch. Vgl. dazu, daß die epische Bewegungsform mit der Metapher des Horizontalen belegt werden kann, Blumenberg, H.: Die Vollzähligkeit der Sterne, Frankfurt a.M. 1997, S.42. Im Blick auf Autopoiesis wird bekanntlich schon in der Definition von der Netzwerkmetapher Gebrauch gemacht.

[45] Ich zitiere noch einmal Spencer-Brown, a.a.O, S.20, Anm.6: »The first clearance is to see that there is no evidence for the appearance of anything but appearance, that appearance is the only evidence we have for appearance, and that nothing other that appearance has ever been known to appear.«

hier die romantische (paradoxe) Redeweise von *Fragmenten* empfehlen, die sich nicht zur Einheit des Systems aufrunden lassen.[46]

Jedenfalls wird es unter diesen Voraussetzungen extrem schwer, sich weit ausgreifende Ordnungsbildungen vorzustellen, nicht nur eine flimmernde Autopoiesis, sondern Selbstorganisation, die bereichsdeckend Dasselbe zu dem Selben rechnet, die nicht unter laufender Zerfaserungsgefahr betrieben wird, die es (wenn auch unter theoretischen Präzisionsverlusten) gestattet, von einem System der Gesellschaft und von ihren Funktionssystemen zu sprechen und im engeren Rahmen von adressenfähigen Einheiten wie Organisationen. In einem gewissen Sinne muß die konditionierte Co-Produktion, die die Produktion von pluriverser Verschiedenheit ist (trotz der nihilistischen Codes, die dazu zwingen, die Welt, also unaufhebbare *Diversität*, über Programme bzw. in Organisationen über informale Kommunikation zu re-implementieren), gebändigt erscheinen und unter Einheitsgesichtspunkte gebracht werden können.

Dabei kommt überraschend der Irritator, der Abweichungsproduzent, der Kontaminateur par excellence ins Spiel: das Individuum – jedenfalls wenn man wiederum auf Differenz (und nicht auf Subjekte, Objekte) setzt, nämlich auf die Differenz von *Selbstordnung und Mikrodiversität*.[47]

7. Dämonie und Konditionierbarkeit

Soziale wie psychische Autopoiesis erzeugt in jedem Moment Sinnüberschüsse. Wenn die Operationen autopoietischer Systeme operative Kopplungen in der Zeit sind, dann bedeutet das immer auch: Sie erzeugen die Möglichkeit von überflüssigen, von mäandernden, von devianten Nachträgen oder Anschlüssen.[48] Das ist in Sozialsystemen nicht weiter tragisch, schließlich gibt es Sozialformen, die strenge Thematizität ausschließen, ja negativ sank-

---

[46] Vgl. Fuchs, P.: Die Form der Romantik. In: Ernst Behler et.al. (Hg.): Athenäum, Jahrbuch für Romantik, Jg.3, Paderborn, München, Wien, Zürich 1993, S.199-222. Wir zögern nicht, festzuhalten, daß die Romantik gerade hier (und dann mit der Reaktionsform der Ironie) ausgesprochen tiefe Intuitionen hatte, die wir heute als preadaptive advances für moderne Gesellschaftstheorie begreifen können.

[47] Vgl. Luhmann, N.: Selbstorganisation und Mikrodiversität: Zur Wissenssoziologie des neuzeitlichen Individualismus. In: Soziale Systeme, Zeitschrift für soziologische Theorie, 3, 1997, H.1, S.23-32, der selbst zurückgreift auf Mai, St.N./Raybaut, A.: Microdiversity and Macro-Order: Toward a Self-Organization Approach. In: Revue Internationale de Systémique 10, 1996, S.223-239.

[48] Für das Bewußtsein ist dies unmittelbar einleuchtend; es produziert selbstverständlich immer nur Bewußtsein, aber ist in dieser Reproduktion nicht oder nur unter hohem Aufwand festlegbar auf bestimmte Intentionen. Das Bewußtsein schweift vorzugsweise ab.

tionieren, etwa die Form der Geselligkeit oder des Schwatzens schlechthin, das sich nicht selten mit dem Genuß am Ungebändigten verbindet, bar jeder aufklärerischen Vernunft.[49]

Problematisch werden Sinnüberschüsse (und die darin implizierte Möglichkeit, operativ ins Unpassende, ins nicht Geheure zu geraten), wenn man mitsieht, daß soziale Formationen wie die Funktionssysteme oder Organisationen durch scharfe (im Fall der Funktionssysteme geradezu nihilistische) Selektivität gekennzeichnet sind. Sie müssen gegen Ausuferungs- und Sinnzerfransungsmöglichkeiten von Kommunikation Prozesse der Selbstordnung setzen können, ein klar konturiertes Anschlußmanagement, Strategien der Exstirpation von Überfluß.[50] Im Umkehrschluß formuliert: Sie können ihre Ordnungsgewinne der Gesellschaft nur einschreiben, weil in ihr Überschuß an Sinn, Überschüsse an Verzweigungsmöglichkeiten produziert werden.[51] Jene oben benutzte Metapher von flimmernder, flackernder Autopoiesis läßt sich auf diesem Hintergrund auflösen dahin, daß die Ordnungsgewinne sozialer Systeme, insbesondere die Ordnungsgewinne von Funktionssystemen und Organisationen, der Welt *mikrodiverser* Lagen entspringen.[52] Die These ist, daß Selbstordnung notwendig *und* möglich ist auf der Basis von Mikrodiversität.[53] Alles mögliche kann geschehen (und vieles geschieht), und die Systeme der Gesellschaft, die wir anpeilen, sind eben deshalb damit befaßt, diese in jedem Moment erneut sich re-animierende *polymorphe Perversität* abzufangen. Sie sind, wenn man so sagen darf, Überschußentsorgungsmaschinen, die den Überfluß brauchen (und laufend herstellen), der sie (diese Abfangvorrichtungen) erzwingt.[54] Die Figur ist unaufhebbar zirkulär, und gerade dies ist ein Hinweis darauf, daß sie als Differenz wirkt.

Mikrodiversität (in der Fassung, die wir ihr hier geben) ist nicht kontrollierbar, weil sie in jeder Kontrolle (und deshalb kommt es auf die Differenz

---

49 Die ja auch die Selbstverständigung des Individuums mit sich selbst forderte, ehe es sich der disziplinierten Kommunikation aussetzen konnte. Vgl. dazu die überlegungen zum aufklärerischen Displacement in Fuchs 1993.

50 Anders als Luhmann, Selbstorganisation, würde ich nicht von Selbstorganisationsprozessen sprechen, weil der Begriff in hohem Maße ambivalent wird, wenn von Funktionssystemen die Rede sein soll.

51 Vgl. (ohne den direkt systemtheoretischen Bezug) Waldenfels, B.: Phänomenologie in Frankreich, Frankfurt a.M. 1983, S.507.

52 Wir würden das auch geltend machen wollen für das Bewußtsein, dann jedoch in Differenz zu den Mikrogewittern des neuronalen Systems.

53 In einer Paraphrase Dürkheimscher überlegungen zur Anomie könnte man auch sagen: Mikrodiversität ist nützlich und notwendig.

54 In einer Paraphrase Dürkheimscher Überlegungen zur Anomie könnte man auch sagen: Mikrodiversität ist nützlich und notwendig.en Markowitz würde ich dann Wert darauf legen, daß die Entsorgung ein Euphemismus ist. Die Sorge um das Entsorgte ist schließlich das eigentliche Problem, auch in der Welt des Sinns, in der sich offenbar nichts ent-sorgen (!) läßt.

an) weiter in Betrieb bleibt. Wir können das zuspitzen und sagen: daß die Ordnung der Systeme an einer basalen und unauslöschbaren Unordnungsmöglichkeit hängt.[55] Die Unifikationsleistungen der Funktionssysteme (und von Organisationen) sind extrem artifiziell, sie sind »fixierte Unruhe«,[56] gegründet auf inquiétude, auf Mikrodiversität, die man sich wie die Brownsche Molekularbewegung vorstellen kann[57] – und evolutionstheoretisch als den eigentlichen Pool für Varietät. In dieser Form ist Mikrodiversität von der Ordnung her (von den bereinigten Anschlüssen der Funktionssysteme und Organisationen aus gesehen) der laufende Neuanfall von Verschmutzung, also auch: von Entropie.[58] Beobachtet man die Unterscheidung von Mikrodiversität und Selbstordnung mit der Unterscheidung von Medium und Form[59], läßt sich erkennen, daß diese Form (die Unterscheidung Mikrodiversität/Selbstordnung) selbst als Element eines Mediums begriffen werden kann. Mikrodiverse Lagen in ihrer unendlichen Reproduzierbarkeit und Zerfallsfähigkeit können als Medium für Formbildungen in Anspruch genommen werden, und dies gerade in Funktionssystemen und Organisationen. Beide Systemtypen verfügen über spezifische Operationen und sind im Blick auf diese Spezifik tautologisch: Wissenschaftliche Anschlüsse sind Nachträge an wissenschaftliche, rechtliche an rechtliche, künstlerische an künstlerische, wirtschaftliche an wirtschaftliche Anschlüsse, und Entscheidungen in Organisationen schließen an Entscheidungen derselben Organisationen an.[60]

Aber wie das im einzelnen geschieht, welche Zufälle, aktuelle Konstellationen, Stimmungen, Kontinuitäts- und Kausalitätsbrüche, Selbstverstärkungs- oder Selbstabschwächungsprozesse etc. die jeweilig spezifische Operation kontextieren (zur Selektion machen), das spielt sich in mikrodiversen Lagen, mithin kontrollbedürftig ab.

Dieses Spiel setzt, und das ist das Entscheidende, Individuen voraus, die nicht mehr essentielle Eigenschaften haben, sich in keiner Art von Wesen-

---

55 Das läßt sich selbstverständlich komplexitätstheoretisch reformulieren.

56 Schlegel, zit. nach Luhmann, N.: Selbstorganisation, S.31.

57 Mit dieser exotischen Analogie ist angedeutet, daß die Differenz Mikrodiversität/Selbstordnung ähnlich fundamental sein könnte wie die theorietechnische von Medium und Form.

58 Hausmänner und Familienfrauen werden keine Probleme haben, diese Thesen zu verstehen.

59 Vgl. noch einmal Heider, F.: Ding und Medium. In: Symposion. Philosophische Zeitschrift für Forschung und Aussprache 1, 1926, S.109-157. Vgl. zu Ausarbeitungen in Auswahl Fuchs, P.: Der Mensch – das Medium der Gesellschaft?. In ders./Göbel, A. (Hg.): Der Mensch – Das Medium der Gesellschaft, Frankfurt a.M. 1994, S.15-39; Luhmann, N.: Das Kind als Medium der Erziehung. In: Zeitschrift für Pädagogik, Jg.37, H.1, 1991, S.19-40; ders.: Das Medium der Kunst. In: Delfin 4, 1986, S.6-15.

60 Solche Systeme haben also die Form von: a rose is a rose is a rose...

haftigkeit und anthropologischer Festgelegtheit beschreiben lassen, sondern nur die *Doppelmöglichkeit von prinzipieller Unbestimmtheit, Offenheit, Unvorhersehbarkeit des Verhaltens, schlicht: von Dämonie offerieren und zugleich Bestimmbarkeit im Sinne dessen, daß sie sich trotz und wegen ihrer Unbestimmbarkeit konditionieren lassen.*[61] Individuen (diese Beschreibung der Menschen) sind in dieser Doppelmöglichkeit simultan Produzenten von Mikrodiversität *und* diejenigen, die auf mikrodiverse Lagen reagieren, also Entscheidungen unter Unentscheidbarkeitsbedingungen treffen, strategisch operieren, Sanktionen veranlassen, Abweichungen registrieren etc. In gewisser Weise sind sie domestizierte Dompteure.

Die *Freiheit* des Individuums wird unter diesen Voraussetzungen zu einem *kognitiven* Sachverhalt.[62] Sie wird zur systembedingten Projektion von mikrodiverser Alternativität, zur Trägerin von jederzeit möglicher Verschiedenheit (diversitas), zur Bedingung der Möglichkeit basaler Unruhe, durch die Selbstordnungsprozesse (als Rekurs auf die Einheit des Systems = Rekurs auf *unitas*) erzwungen werden. Sie sind damit auch die Irritationsquellen, die in der Differenz des Systems (System/Umwelt) sozusagen strukturierte Überraschungsmöglichkeiten bereithalten, mit denen das System sich selbst überraschen kann, indem es sich (sein Selbst, die Zone der Eigentransparenz) durch Erfahrung ausbaut, durch die Entdeckung dessen, wozu es fähig ist.

Bei alledem geht es selbstverständlich nicht darum, daß die Individuen so *sind*, wie sie konstruiert werden müssen, damit Selbstordnungsprozesse funktionieren. Für die Konstruktion ist es unerheblich, ob die Individuen determinierte oder nicht determinierte Systeme *sind*. Mikrodiversität leitet sich ab aus der Differenz der Individuen (aus purer diversitas), und im Kontext von Selbstordnungsprozessen kann diese diversitas als Freiheit und Unbestimmbarkeit gelesen, aber gerade nicht als ontologische Eigenschaft des Menschen fixiert werden.[63] Dabei ist es auch gleichgültig, ob Individuen sich als dämonisch oder machtlos, als unfrei oder frei erleben; die Form der Differenz, die wir diskutieren, sinnt ihnen Unbestimmbarkeit an. Es genügt, daß das soziale

---

[61] Gerade Organisationen müssen offenkundig diese Konditionierbarkeit voraussetzen und deswegen laufend mit dem Problem der Nichtbestimmbarkeit rechnen oder in den Folgen dieser Nichtberechenbarkeit (zum Beispiel informaler Kommunikation) existieren.

[62] Luhmann, N.: Das Kind als Medium, S.29f.

[63] Diese Versuche gibt es, und sie waren für die Soziologie alles andere als folgenlos. Man denke nur an die Wirkung der Thesen über die Instinktoffenheit des Menschen, über seine Plastizität in der Soziologie und die daran anschließenden Vorstellungen von der soziokulturellen (zweiten) Geburt des Menschen. Eine wissenssoziologische Beobachtung der Soziologie könnte hier mitsehen, daß sich die Disziplin selbst in die Unbestimmbarkeitsprojektion mit begleitender Idee der Konditionierbarkeit sauber einreiht, die im Kontext funktionaler Differenzierung notwendig wird.

System unterstellen kann, daß Individuen auf die durch sie induzierte *diversitas* divers reagieren.

Wichtig ist, daß das System in seiner tautologischen Reproduktion differentiell geknüpft ist an unentwegt mitreproduzierte Mikrodiversität, an eine Unkontrollierbarkeit, die jede Selbstordnung initiiert und strukturiert – bis hin zu Selbstordnungen, die auf das Scheitern der Ordnung selbst antworten und dann von Beobachtern als illusorisch, als Täuschung, als Selbstbetrug oder Selbstverwechslung gebrandmarkt werden können, also als Pathologie.

Von hier aus könnte ein Abzweig genommen werden zu einer Theorie ›wahnsinniger‹ Autopoiesis; wir halten nur fest, daß die Notwendigkeit von Mikrodiversität für eine sich ordnende (strukturierende) Autopoiesis erklärt, warum Sozialsysteme (unter modernen Bedingungen) Individuen in die Doppelform der Dämonie *und* der Konditionierbarkeit bringen. Das ändert jedoch nichts daran (und gerade dieses Mißverständnis ist zu vermeiden), daß Individuen keine sozialen Einheiten sind.[64] Soziale Autopoiesis setzt zwar selbstverständlich Bewußtsein voraus,[65] aber damit ist noch nichts darüber entschieden, in welcher Form Bewußtsein sozial unterstellt wird. Wahrscheinlich wird man sich schnell darauf verständigen können, daß solche Unterstellungen mit der soziokulturellen Evolution variieren.

Das eine wäre dann, wie Bewußtsein unter wechselnden gesellschaftlichen Bedingungen in Anspruch genommen wird; das andere wäre, wie Mikrodiversität sozial überhaupt abgreifbar wird, wenn *kein* Bewußtsein für soziale Autopoiesis verfügbar ist. Benötigt wurde eine *soziale* Unruhe-Ebene, eine hoch empfindliche, abweichungsanfällige Systemebene, die in allen gesellschaftlichen Prozessen differentiell wirkt im Sinne potentieller Abweichungs- oder Überraschungsproduktion. Die These ist, daß für diese Funktion einzig und allein *Interaktion* zur Verfügung steht.[66]

Interaktion, darauf wird man sich verständigen können, realisiert ja ihre eigene Autopoiesis. Sie schreibt der Gesellschaft eigenständige Formen ein,

---

[64] Das erhellt schon daraus, daß Individuen nicht immer in dieser Form unterstellt waren. Siehe allgemein Luhmann, N., Die gesellschaftliche Differenzierung und das Individuum. In: Olk, Th./Otto, H.-U. (Hg.): Soziale Dienste im Wandel 1, Helfen im Sozialstaat, Neuwied – Darmstadt 1987, S.121-137. Siehe für einen instruktiven Fall Stanitzek, G.: Blödigkeit. Beschreibungen des Individuums im 18.Jahrhundert, Tübingen 1989.

[65] In wie immer auch ausgedünnter Form. Vgl. dazu Fuchs, P.: Realität der Virtualität – Aufklärungen zur Mystik des Netzes. In: Andreas Brill/Michael de Vries (Hg.): Virtuelle Wirtschaft, Virtuelle Unternehmen, Virtuelle Produkte, Virtuelles Geld und virtuelle Kommunikation, Opladen (Westdeutscher Verlag) 1998, S.301-322.

[66] Und interaktionskopierende Formen. Ich orientiere mich im weiteren in einigen Hinsichten pointierend an Kieserling, Kommunikation unter Anwesenden. Im übrigen habe ich schon durch die Formulierung mikrodiverse Lage implizit an dieser These orientiert.

indem sie etwa ihre Grenze über das Schema anwesend/abwesend unter Anwesenden reguliert. Das ist ein hinreichend bekannter Sachverhalt. Seltener aber wird die Konsequenz gezogen, daß die eigene Autopoiesis von Interaktionssystemen *ausschließt, daß diese Systeme durch andere autopoietische Formationen in der Gesellschaft instruiert werden könnten.* Sie können sich zwar instruieren lassen, aber nur in der Weise der Selbstinstruktion, und das ist nur ein anderer Ausdruck dafür, daß diese Autopoiesis wie jede andere sich irritieren lassen kann, aber die Irritation nur Maßgabe der eigenen Strukturalität bearbeitet – oder auch nicht.

Das heißt zum Beispiel, daß die Funktionssysteme der Gesellschaft keinen wahlfreien Zugriff auf Interaktionen haben, die eher selbstbeweglich, eher »automobil« sind.[67] Interaktionssysteme können sich durch funktionssystemspezifische Codes und Programme leiten lassen, sie können sie gleichsam *anklicken*, aber sie eben auch abschalten, zu anderen Codes und Programmen übergehen oder zur Form freier, vagabundierender, decodierter Kommunikation. Sie sind extrem plastische Systeme, die diese Führungswechsel verkraften, ohne ihre eigene Autopoiesis zu gefährden. Sonst könnte ein Gespräch über Geld nicht unversehens (ja sogar simultan) in die Anbahnung von Intimität konvertiert werden. Und wenn diese Anbahnung ersichtlich scheitert, kann dasselbe Gespräch blitzschnell wieder eines über Geld oder ein anderes über Kunst oder eines über andere Personen werden. Funktionssysteme haben damit (übrigens wie Organisationen) das Problem der Rekrutierbarkeit von Interaktionen, die sich nicht dauerhaft inkludieren lassen, weil ihre Autopoiesis Selbstexklusion jederzeit zuläßt.[68]

Dazu kommt, daß Interaktionen (anders als Organisationen, aber wie die Gesellschaft und die Funktionssysteme, nicht-adressable Systeme sind.[69] Man kann sich nicht an sie wenden, man kann sie nur stören. Auch aus dieser Perspektive ziehen Interaktionssysteme der Gesellschaft eine Ebene der Unbestimmtheit ein, die zur Konditionierung zwingt, also zu Strategie der Ordnung dessen, was sich selbst nicht ordnen kann. Damit rückt Interaktion in die Funktion der Produktion von Mikrodiversität ein, woraus folgt, daß kein scharfer Durchgriff auf gleichsam harte Individuen notwendig ist, um die soziale Erzeugung von ordnungsstiftender Unordnung zu begründen. Interaktionen sind, wie man sagen könnte, jederzeit funktionsfähige Interdependenz-Unterbrecher. Sie sind von den Funktionssystemen und den Organisationen her *potentielle (katalytisch wirkende) diversitas.*

In einer räumlichen (von daher prekären) Redeweise können Interaktionen die Grenzen der Funktionssysteme und Organisationen (und nicht: der Ge-

---

[67] Kieserling: Kommunikation unter Anwesenden, S.116.

[68] Kieserling: Kommunikation unter Anwesenden., S.115.

[69] Vgl. zum Begriff Fuchs, P.: Adressabilität als Grundbegriff der soziologischen Systemtheorie. In: Soziale Systeme, Jg.3, H1., 1997, S.57-79.

sellschaft) jederzeit passieren – durch Decodierung, Umcodierung oder durch den Verzicht auf das Prozessieren von Entscheidungen. Sie sind in einem gewissen Sinne *transversal* und eben deshalb geeignet, Funktionssysteme und Organisationen mit Störungen (das heißt: mit Nachrichten über sonst-noch-etwas in der Welt) zu versorgen. Funktionssysteme sind schließlich tautologische Systeme, sie produzieren Mehr-desselben: Recht Recht, Wissenschaft Wissenschaft, Kunst Kunst, Wirtschaft Wirtschaft etc. Das verhält sich nicht anders mit Organisationen, die Entscheidungen aus Entscheidungen hervorgehen lassen. So gesehen, sind Interaktionen Welt- und damit auch Strukturimporteure für autopoietische Systeme.

Michaela Kenklies

Paradoxe Kommunikation

Abstract

Die folgenden Überlegungen stammen aus dem größeren Kontext von bereits entstandenen bzw. im Entstehen begriffenen Arbeiten zur avangardistischen Literatur am Beispiel des österreichischen Autors Konrad Bayer aus der sog. Wiener Gruppe und zum Verhältnis frühromantischer Ästhetik zur avangardistischen und im weitesten Sinne avancierten bzw. postmodernen Literatur. Im Rahmen dieser Überlegungen wurde auf der Basis der systemtheoretischen Kommunikationskonzeption ein Modell entwickelt, mit dessen Hilfe ein zentrales Prinzip avantgardistischer Literatur, nämlich die kommunikative Evokation des Inkommunikablen, beschrieben werden kann und das ich unter dem Titel der Paradoxen Kommunikation entfaltet habe.

1. Was ist Paradoxe Kommunikation?

Ein ziemlich unbestrittener Ausgangspunkt der Postmoderne dürfte in der These Lyotards vom Ende der Großen Erzählungen liegen. Man wird jedoch feststellen, daß dies selbst eine Erzählung ist. Wenn die These autologisch verwandt wird, also sich selbst einschließt, widerspricht sie sich selbst und enthält damit die Figur der Paradoxie: wenn wahr, dann falsch. Die Letztfundierung in einem Paradox gilt als eines der zentralen Merkmale postmodernen Denkens (siehe Luhmann 1999, S.174ff.).

Im Sinne dieser postmodernen, paradoxen Weltbeschreibung kann man die Vorstellung von der Einheit der Gesellschaft als Prinzip umformulieren und sagen, daß die Einheit der Gesellschaft oder die Einheit der Welt nicht mehr als Prinzip, sondern nur noch als Paradox behauptet werden kann (siehe Luhmann 1997, S. 91f.).

Gleichzeitig ist die Paradoxie ein uraltes sprachliches Phänomen in Form der Paradoxen Kommunikation, die auf eine lange Tradition zurückgeht – wahrscheinlich solange, wie es Kommunikation gibt. Paradoxe Kommunikation ist der Extremfall sprachlicher Äußerungen, und sie ist zugleich ein Phänomen, das in vielen, vielleicht allen Kulturen anzutreffen ist. Paradoxien markieren, man mag sich mit dem Zenbuddhismus auseinandersetzen oder Mystiker bzw. Hölderlin lesen, die Unbeobachtbarkeit einer Einheit. Sie enthalten zugleich die Aufforderung, sich nach einer Auflösung der Paradoxie umzusehen. Aber die Auflösung oder »Entfaltung« der Paradoxie kann keine logische Operation sein.

Die Beispiele für Paradoxe Kommunikation sind zahlreich, doch ein erahnbarer Zugang zu ihrer Technik und ihrer Auswirkung könnte sich eröffnen, wenn man über so alte Scherze meditiert wie:

Was ist der Unterschied zwischen einem Krokodil? Je grüner, desto schwimmt es.

Paradoxe Kommunikation ist in jeder Kommunikation anzutreffen, denn alle Kommunikation »schließt sogar paradoxe Kommunikation ein, also Kommunikation, die negiert, daß sie sagt, was sie sagt.« (Luhmann 1997, S.91) Man kann paradox kommunizieren, und dies keineswegs sinnlos (im Sinne von unverständlich = autopoietisch wirkungslos). In der klassische Rhetorik als auch in der modernen Literatur, in der Philosophie als auch in der Familientherapie bedient man sich des offenen Paradoxierens. Die Funktion der Paradoxen Kommunikation ist noch völlig ungeklärt und vermutlich selbst paradox.

Die vorliegenden Überlegungen versuchen anhand der Systemtheorie, Funktion und Techniken der Paradoxen Kommunikation herauszuarbeiten, wohlwissend, daß damit ein imaginäres Ziel formuliert wird: Denn der via Paradoxe Kommunikation intendierte Zustand ist nicht beschreibbar, sondern nur erfahrbar. Wir können ihn »nicht für einen Besitz, sondern entweder für eine unverfügliche Voraussetzung oder für ein Ziel unseres Bewußtseins halten, dem wir uns in ›unendlicher Annäherung‹ entgegenarbeiten müssen, das uns also nie als ein Wirkliches anfallen wird.« (Frank 1997, S. 28.)

In dieser unendlichen Annäherung gehe ich anhand des Phänomens der Paradoxen Kommunikation dieser einen – von Barthes formulierten – Frage nach: »Wie kann ein Text, der Sprache ist, außerhalb von Sprache sein?« (Barthes 1976, S.47) Oder, systemtheoretisch gewendet: Wie kann das Inkommunikable kommunikativ evoziert werden?

2. Paradoxe Kommunikation und die Uneinholbarkeit des Bewußtseins

Die Paradoxe Kommunikation zeichnet sich dadurch aus, daß sie das Bewußtsein dessen, der zum Beispiel über den alten Scherz mit dem Krokodil meditiert, heißlaufen läßt. Sie artikuliert damit den Versuch, hinter den Bereich sprachlich genormter Denkmuster zu gelangen. Dieser Versuch läuft unter anderem darüber, die zeitlichen Implikationen der Sprache zu ergründen – denn jede Beobachtung, jedes Sprechen obliegt dem Modus des Nachhinein und verfehlt aufgrund seiner Differenzstruktur den Direktkontakt mit dem Bezeichneten oder Beobachteten. Die Paradoxe Kommunikation operiert mit eben dieser Nachträglichkeit der Sprache, um die damit unmittelbar verbundene Uneinholbarkeit des Denkens und die Konsequenzen der Zeitlichkeit des Bewußtseins nicht nur zu thematisieren, sondern auch praktisch außer Kraft zu setzen.

Das heißt, hinter den oft unverständlichen Texten der Paradoxen Kommunikation steht ein hochdurchdachtes Kalkül, das Nichtsprachliche sprachlich zu initiieren – in Folge, die Unsichtbarkeit des Unbeobachtbaren in einem sprachlichen Werk zu prozessieren. Hier wird die Inkongruenz von Sprache und Bewußtsein und die letztlich dadurch begründete Uneinholbarkeit des Denkens durch die Sprache auf eine durch die Texte selbst praxisorientierte Form funktionalisiert.

Unter diesem Gesichtspunkt gestaltet sich der Zugriff jeglicher interpretatorischer (oder analytischer) Verfahren als äußerst schwierig, wenn nicht als aussichtslos, da die Texte der Paradoxen Kommunikation gerade deren diskursive Technik unterlaufen. Die gezielte Interpretationsverweigerung der Texte der Paradoxen Kommunikation läuft kongruent mit einer Kommunikationsverweigerung eben dieser Texte.

Gerade der vorliegende Text als wissenschaftliche, differentiell gesteuerte – da sprachliche – Analyse scheint das eigene Thema auszulöschen, da jedem Beobachten, jeder Differenzbildung, der blinde Fleck als Voraussetzung der Beobachterposition immanent ist. Doch – um mit Spencer Brown zu sprechen:

> Coming across it thus again, in the light of what we had to do to render it acceptable, we see that our journey was, in its preconception, unnecessary, although its formal course, once we had set out upon it, was inevitable. (Laws of Form, S.106)

Ziel der folgenden Analyse wird es sein, kommunikativ jenen Übergangspunkt zu markieren, wo die Texte der Paradoxen Kommunikation den Schritt vom sprachlich-differentiell gesteuerten Raum zum prädifferentiellen Raum vollziehen und kommunikativ das Inkommunikable evozieren.

3. Idee des Zustandes der Abwesenheit aller Differenz

Die Texte der Paradoxen Kommunikation nehmen auf ein ganz bestimmtes Konstitutionsprinzip der Sprache, nämlich auf das Prinzip der selbstreferentiellen Geschlossenheit, bezug: Die bezeichnende Funktion von Sprache basiert auf der Unterscheidung von Signifikat und Referent. Diese systematische Unterscheidung erlaubt durch die operative Schließung in einem re-entry (Wiedereintritt der Unterscheidung in das durch sie Unterschiedene) die sprachinterne Unterscheidung Signifikat-Signifikant. Vor allem im produktiven Umgang mit Sprache wird die Differenz Signifikat/Signifikant als Konstitutionsmöglichkeit sprachinterner Realitäten (siehe z.B. Einhorn & Gurkenkönig) genutzt.

Die sprachinterne Differenz Signifikat/Signifikant arbeitet gegen die aus der Differenz Signifikat/Referent erwachsende Prätention einer die Wirklichkeit abbildenden Sprache. Vielmehr tritt in der Unterscheidung Signifikat/Signifikant die tautologische Struktur der Sprache in Erscheinung, die immer nur das erkennen läßt, was sie zuvor bezeichnet hat und dies zudem so vorstellig macht, wie sie es qualifiziert hat: Die Wirklichkeit erweist sich als ein sprachlich induzierter Effekt der ihr vorausliegenden Ordnungsschemata, nämlich der Relation Signifikat/Referent (Fischer/Jäger, S.660).

Aus dem Bewußtsein um die sprachinterne Realität erwächst unweigerlich die Frage nach der nichtsprachlichen Realität, denn sprachliche Artikulation impliziert immer eine »zerschneidung des ganzen« (Bayer 1985, S.292), das heißt, »jeder satz ist eine einschränkung« (Rühm 1967, S.28).

Der Versuch, psychische Prozesse adäquat in Sprache zu vermitteln, scheitert, denn »psychische Prozesse sind keine sprachlichen Prozesse«, vielmehr »fehlt jeder Zeichengebrauch mit der Funktion, dem ›Selbst‹ zu verdeutlichen, was das ›Ich‹ ihm mitteilen will«. (Luhmann 1984, S.367).

Die Selbstreferentialität der Sprache erklärt den Menschen zu einem Gefangenen seiner Ausdrücke, er ist ›eingekerkert in die Sprache‹, da die Sinneskoordinaten der menschlichen Wahrnehmung immer schon von sprachlichen Normvorgaben organisiert sind. Die Totalität der Wahrnehmung ist apriori in sprachliche Muster ›eingeklemmt‹, wie es bereits in der nicht mehr sprachlich konstituierten Theaterkonzeption Artauds ›Theater der Grausamkeit‹ formuliert wurde:

> Ich werde wirklich durch meine Begriffe LOKALISIERT [...]. Ich werde wirklich durch meine Begriffe gelähmt, durch eine Folge von Endigungen und so ANDERSWO in diesem Augenblick mein Denken auch sei, ich kann es nur über diese Begriffe laufen lassen – so widersprüchlich zu ihm, so gleichlaufend, so zweideutig sie auch sein mögen, bei Strafe, in diesem Augenblick aufzuhören zu denken. (Artaud 1983, S.87).

»Ich werde wirklich durch meine Begriffe LOKALISIERT«: Die bereits apriori sprachliche Organisation von Wahrnehmung verweist den Menschen in einen prinzipiell sprachperspektivisch bedingten Standort, von dem aus er die ›Welt‹ erlebt.

An diesem Punkt mag es hilfreich sein, die Systemtheorie heranzuziehen. Stärker als der Begriff des Diskurses betont der Begriff des Systems die unaufhebbare Gleichzeitigkeit von System und Umwelt. Anders als der Begriff des Diskurses ist der Begriff des Systems damit von vornherein auf Differenz angelegt.

So bietet die Systemtheorie dem Beobachter ein bestimmtes Schema an, mit dessen Hilfe er andere und sich selbst beobachten kann, nämlich die Unterscheidung von System und Umwelt. Die Position des Beobachtungsstandorts in Luhmanns Sinne (»Beobachtung ist [...] Differenzgebrauch mit Bezeichnungsposition«) (Luhmann/Fuchs 1989, S.46.) ist unweigerlich gekoppelt mit dem Phänomen des blinden Flecks:

> [Der] Beobachter [ist] notwendig mit bestimmter Blindheit geschlagen [...]. Er benützt eine Unterscheidung, die er mit Hilfe dieser Unterscheidung nicht bezeichnen, sondern nur benutzen kann (ebd., S.178)

und

> jede Bezeichnung [setzt] voraus, daß das Bezeichnete unterschieden werden kann, sei es von allen anderen, sei es von etwas bestimmten anderen. Die Unterscheidung selbst muß jedoch blind operieren. (ebd.)

Fazit ist,

> daß jede Beobachterposition eine eigentümliche Kombination von Blindheit und Sicht ist [...] und daß es die Blindheit für Bestimmtes ist, die die Sicht auf Bestimmtes eröffnet. (ebd.)

Getragen von dem Bewußtsein der durch Sprache verengten Perspektive ist die Idee, wie sie in der Paradoxen Kommunikation prozessiert wird, sich von den Implikationen sprachperspektivischer Betrachtungsweise zu lösen. Intendiert ist ein »Zustand der Abwesenheit aller Differenz«, der »den Bezug alles Bezüglichen auf nicht wieder Beziehbares nicht nur denkbar, sondern erfahrbar« (ebd., S.49) macht – systemtheoretisch gewendet der Zustand des unmarked space.

Die Entortung der Perspektive, die Externalisierung der Beobachterposition, ist gekoppelt mit der Aufhebung des blinden Flecks in einer ›totalen‹ Schau. Hier

> ist das wahrhafte Endziel für die Seele: Jenes Licht anzurühren und es kraft dieses Lichtes zu erschauen, nicht in einem fremden Licht, sondern in eben dem, durch welches es überhaupt sieht. (Plotin 1983, S.248.)

Doch »die immanente Erfahrung der primordialen Zweitlosigkeit, das Erleben der Nichtzweiheit« (Luhmann/Fuchs 1989, S.51). ist weder durch Referenz noch durch Beobachtung und nicht einmal durch Erkennen erreichbar. Denn die »Idee des Zustandes der Abwesenheit aller Differenz schließt Unbeobachtbarkeit ein« (ebd., S.49): Jeder Differenzgebrauch, der der Beobachterperspektive immanent ist, verfehlt den »Direktkontakt mit dem Zweitlosen« (ebd., S.51), der in dem »Zuvor jeder differenzbenutzenden Operation« (ebd., S.50) besteht. Das heißt, »keine Operation findet den Weg zurück zu dem, was vor ihr war – zu dem unmarked space (Spencer Brown)«. (ebd., S.57) Dem differentiell abtastenden Realitätskontakt entgeht man infolge dessen nur durch einen Sprung:

> Man kann sie [die Unbeobachtbarkeit] mit dem Unbegriff Nichts auszeichnen und seinen Verstand aufs Spiel setzen durch Reflexion über die Positivität absoluter Negativität, auf die Existenz von Negativitäten, oder – springen. (ebd., S.49)

Initiiert werden kann der Sprung durch das Ereignis: »Das Ereignis ist weder noch gibt es das Ereignis [...]. Das Ereignis ereignet« (Heidegger S.11) und zerreißt damit den Vorhang zwischen Erleben und Gewahrwerden, zwischen psychophysiologischen Vorgängen und deren Beobachtung. Das Ereignis unterläuft in seiner reinen Präsenz den Modus des Nachhinein, der jeder Beobachtung zugrunde liegt: Jedes Beobachten, jedes Gewahrwerden ist immer nachträglich, da nur bereits Vorstelliges beobachtet werden kann. Es gibt kein Ereignis, das in seiner Qualifikation als solches nicht schon aus seiner Aktualität herausgelöst wäre:

> Jedes Ereignis, das eine Unterscheidung durch Bezeichnen einer Seite der Unterscheidung zur zweckweiteren Informationsverarbeitung aktualisiert, ist schon Beobachtung. (Fuchs 1933, S.23.)

Das heißt,

> die ›aktuelle‹ Darstellung ist nicht darstellbar, das Ereignis als solches vergißt sich (Lyotard 1987, S.133.),

denn

> das Jetzt ist nicht jetzt, sondern noch nicht oder schon nicht mehr, man kann nicht jetzt sagen, dafür ist es zu früh (vorher) oder zu spät (nachher). (ebd., S.131)

Angesichts dieser Umstände wäre es die logische Folgerung zu schweigen, nicht nur gemäß des Mottos Wittgensteins »Wovon man nicht sprechen kann, darüber muß man schweigen«, sondern auch, da das Schweigen die angemessene Form des Umgangs mit der Zweitlosigkeit wäre, denn Schweigen »schlägt gleich dort zu, wo und womit sich soziale Systeme konstituieren« (Luhmann/Fuchs 1989, S.37.).

4. Paradoxe Kommunikation – Kommunikative Bewegung des Inkommunikablen

Die Initiierung des Ereignisses der Abwesenheit aller Differenz sehen Luhmann und Fuchs jedoch nicht nur in dem Modus des Schweigens realisiert, sondern auch in bestimmten kommunikativen Formen, denen es gelingt, den

Sprung durch ein Ereignis im Rezipienten zu initiieren – wie denen den Zen-Buddhismus und der Mystik: Diese haben sprachliche »Techniken entwickelt, mit deren Hilfe es sich kommunizieren läßt, daß man einen Schritt hinter die Welt zurücktreten kann«. (Luhmann/Fuchs 1989, S.99) Es handelt sich hierbei um eine

> Kommunikationstechnik, die Kommunikation auf der Basis ihrer eigenen Funktionsgrundlagen ad absurdum führt. Dermaßen irritierte und irritierende Kommunikation wird eingesetzt, um Initialzündungen für psychische Erleuchtungszustände auszulösen. (ebd., S.47)

Diese Kommunikationstechnik führt Kommunikation auf der Basis ihrer eigenen Funktionsgrundlagen via der Paradoxie ad absurdum. Und das Paradoxon hat die Qualität eines Ereignisses, das den »Sprung« des Rezipienten initiieren kann. Da die Formuliereung eines Paradoxon Kern dieser Kommunikationstechnik ist, wurde sie mit dem Begriff »Paradoxe Kommunikation« von Luhmann und Fuchs in bezug auf die Form der »logik-brechenden Kommunikationspraxis«(ebd., S.61 u. 66 ff.) ausgezeichnet.

Sie hat ihre Tradition vor allem in den Koans, den buddhistischen Meister-Schüler-Gesprächen. Die Koans dienen als künstlerisches Mittel, das in dem Schüler einen psychischen Schock auslöst, indem durch diese Gespräche blitzartig die Differenz von Denken und Gegenstand des Denkens, von Sprache und Außersprachlichen gelöscht wird. Sie sind explizit auf das Durchschlagen des dualistischen Knotens angelegt. In dem intendierten Schock wird der Rezipient in den vordifferentiellen Raum (unmarked space) hineinkatapultiert. Der Sprung selbst wird jedoch kommunikativ in der Paradoxie evoziert. Denn: entweder setzt er seinen Verstand aufs Spiel – ich möchte hier an den alten Scherz mit dem Krokodil erinnern – oder er springt. Das heißt, die Texte der Paradoxen Kommunikation präsentieren sich als die Einheit der Differenz von Sprache und Nichtsprachlichem, wie sie das folgende, berühmte Beispiel ausführt:

> Einst besuchte Te Shan den Meister Lung T'an, um dessen Belehrung einzuholen und blieb bis zum Abend. T'an sagte: ›Die Nacht ist hereingebrochen. Warum ziehst du dich nicht zurück und ruhst dich aus?‹ Shan verbeugte sich, hob den Vorhang hoch und trat hinaus. Draußen war es sehr dunkel. Er kam zurück und sagte dem Meister, es sei sehr dunkel draußen. T'an zündete eine Kerze an und gab sie ihm. Als Shan sie ergreifen wollte, blies der Meister sie aus. An dieser Stelle erreichte Shan die Erleuchtung. (nach Suzuki)

Dermaßen irritierte und irritierende Kommunikation wird noch heute eingesetzt, um Initialzündungen für psychische Erleuchtungszustände auszulösen. Luhmann und Fuchs prägten für diese Form der Kommunikation deswegen den Begriff der »Paradoxen Kommunikation«, da sie denjenigen, der mit ihr konfrontiert wird, in Unentscheidbarkeiten katapultiert. Es ist die Form der Paradoxie. Position und Negation sind so gesetzt, daß sie einander nicht zufrieden lassen, sich nicht bescheiden damit, beim Setzen auf je eine Seite die andere als nur aktuell ausgeschlossene mitzuführen. Vielmehr negiert die Negation die Möglichkeit der Position, negiert die Position die Möglichkeit der Negation. (ebd., S.93)

Damit wird in den Texten der Paradoxen Kommunikation ein Kunstgriff angewendet, der es möglich macht, daß der Rezipient angeregt wird, in den Texten eine Form zu sehen, die das Formlose (Spencer Brown) sichtbar macht. Die Paradoxie »zerstört für einen Augenblick die Gesamtpräsentation des Systems: geordnete, reduzierte Komplexität zu sein. Für einen Augenblick ist dann unbestimmte Komplexität wiederhergestellt, ist alles möglich.« Insofern eröffnet die Paradoxie den prädifferentiellen Raum, denn »Widersprüche sind nur [...] als Ereignisse möglich«. (Luhmann 1984, S.508)

Das Konzept des prädifferentiellen Urgrundes, des unmarked space, bringt diese irritierende Kommunikation hervor, die die adäquate Antwort auf die »Idee des Zustandes der Abwesenheit aller Differenz« (Luhmann/Fuchs 1989, S. 49) ist.

Dabei wird genau jene Zeiterfahrung des Modus des Nachhinein, der jeder Beobachtung immanent ist, auf den Punkt gebracht:

Die Kommunikation wird aktuell vollzogen, aber so, daß ihre Aktualisierung den Übergang zur gegenteiligen Kommunikation erzwingt. Wenn sie etwas sagt, kann sie nur verstanden werden als ein Hinweis auf das Gegenteil. Im Aktualitätsraum der Kommunikation kollabiert also die Zeit. Die Gegenwart wird benutzt, um die Zeit in sich selbst aufzuheben. (ebd., S.133)

Von dem Rezipienten wird erwartet, daß er in dem schwindenden Moment des Oszillierens das Ereignis erfaßt, das in dem Umschlagspunkt aufblitzt: »Ihm bleibt dann nur der Sprung [...], und zwar so, daß er des Prä-Differentiellen ansichtig wird, des Urgrundes, der sich nicht beobachten läßt.« (ebd., S.61)

Die Paradoxe Kommunikation läßt die Sprache

jenseits ihrer eigenen Grenzen explodieren, ihre eigene Logik [...] sprengen, aber nicht in der reinen Tautologie, sondern in einer phantasievollen Potenzierung, wo sie natürlich mit ihrem eigenen Untergang spielt. (Baudrillard)

Die Kommunikation beginnt zu oszillieren, »weil jede eingenommene Position zwingt, das Gegenteil zu behaupten, wofür dann dasselbe gilt.« (Luhmann/ Fuchs 1989, S.8)

5. Die Leistung der Paradoxen Kommunikation

Hier ist die Frage zu stellen: Warum haben ausgerechnet die Texte der Paradoxen Kommunikation das Potential – wenn man so will –, die Erfahrung des Inkommunikablen zu initiieren?

Das läßt sich zum Teil daraus erklären, daß das Phänomen der Paradoxen Kommunikation auf eine ursprüngliche Struktur des Bewußtseins rekurriert – die paradox ist: Wie dargestellt, kann jeder Beobachter nur beobachten mit Hilfe einer Operation, die eine Unterscheidung macht, um die eine, aber nicht die andere Seite der Unterscheidung zu bezeichnen und sie damit als Ausgangspunkt für weitere Operationen zu wählen. Keine Beobachtung ohne Unterscheidung. Aber diese Begriffsfestlegung ist ihrerseits auf der Unterscheidung von Unterscheidung und Bezeichnung aufgebaut. Sie ist damit autologisch, das heißt auf sich selbst anwendbar. Und sie ist paradox, weil sie es sich verbieten muß, die Frage nach der Einheit der Unterscheidung von Unterscheidung und Bezeichnung zu stellen. Der Beobachter setzt also eine Asymmetrie voraus, die operativ benutzt wird, ohne daß die ursprüngliche Asymmetrie beobachtet werden kann. Oder, in semiologischer Terminologie, man kann sich immer nur im Bereich der bezeichnenden Zeichen bewegen, aber nie bekommt man dabei das vorausgesetzte Bezeichnete zu fassen.

Der infinite Regreß, die Rückfrage nach der ersten Unterscheidung, die nie beantwortet werden kann, weil man eben dazu anfangen müßte zu unterscheiden, findet in der Figur der Paradoxie Eingang und Ausdruck. Die Paradoxie kann wiederum in Folgeprobleme aufgelöst werden und mit einer Ursprungsmystifikation versehen werden – Spencer Brown zum Beispiel hilft sich mit dem Ignorieren des Ausgangsparadoxes und führt sein Kalkül auf Grund einer Anweisung (»draw a distinction«) durch bis zu dem Punkt, an dem die Möglichkeit eines imaginären re-entry der Form in die Form auftaucht.

Geht man davon aus, daß die Einheit von Unterscheidungen, die man benötigt, um etwas zu bezeichnen, nur paradox bezeichnet werden kann, so ist die Welt kein möglicher Gegenstand des Wissens. Sie bleibt allen Bemühungen zum Trotz unbekannt, sie bleibt der unmarked space, der mit jeder Beobachtungsoperation reproduziert wird. Die Welt tritt für den Beobachter im Formenspiel nur als Paradox der Ununterschiedenheit des Unterscheidens ein, sie läßt sich gleichermaßen in der Figur der Paradoxie vertreten und als Unbeobachtbarkeit repräsentieren.

Damit kann die Figur der Paradoxie als Substitution für das fungieren, was als Einheit (= die Welt) nicht beobachtet werden kann. Paradoxien sind also unter anderem Darstellungen der Welt in der Form der Selbstblockierung des Beobachters, denn jede Paradoxie ist nur paradox für einen Beobachter, der seine Beobachtungen bereits systematisiert hat – und welcher Beobachter könnte frei davon sein? Denn die Paradoxie findet sich erst im Beobachten, aber immer nur auf Grund einer Unterscheidung.

Die Paradoxe Kommunikation thematisiert die nur als Paradox faßbare, operativ funktionalisierende, aber nicht beobachtbare Einheit des Unterschiedenen und somit die vorausliegende Ausgangs-Paradoxie. Damit gehört die Figur der Paradoxie wohl zu den bedeutendsten Auffangerrungenschaften, die insofern geheim und nicht mehr geheim sind, als sie blockiert und nicht verrät, was man mit ihr anfangen kann.

Entscheidend ist, daß die »Kommunikation von Paradoxien Folgen hat« (Luhmann/Fuchs 1989, S. 94). Sie rührt an dem blinden Fleck (und wunden Punkt) des Beobachters und fordert ihn auf, seine Beobachterposition zu verlassen – »cross the border!« – und initiiert damit das Erlebnis des Inkommunikablen. Die Fichtesche Augenmetapher (Wissenschaftslehre 1798) bezeichnet sehr schön, was geleistet werden müßte: das sich selbst sehende Auge. Und genau darin liegt die Leistung der Paradoxen Kommunikation. Sie zielt nicht auf stillgelegte Komplementarität oder den infiniten Regreß, sondern konfrontiert den Beobachter in seiner zutiefst ursprünglich paradoxen Beobachterposition via der Paradoxie mit der Welt.

Literaturverzeichnis

Artaud, Antonin: Frühe Schriften. München 1983.

Barthes, Roland: Die Lust am Text. Frankfurt a.M. 1976.

Bayer, Konrad: der sechste sinn. In: Sämtliche Werke. Hg. von Gerhard Rühm. Bd.2. Stuttgart 1985.

Fischer, Ernst/Jäger, Georg: Von der Wiener Gruppe zum Wiener Aktionismus – Problemfelder zur Erforschung der Wiener Avantgarde zwischen 1950 und 1970. In: Herbert Zeman (Hg.): Die österreichischen Literaturen. Ihr Profil im 20. Jahrhundert. Graz 1990, S.617-683.

Frank, Manfred: ›Unendliche Annäherung‹. Die Anfänge philosophischer Frühromantik. Frankfurt a.M. 1997.

Fuchs, Peter: Moderne Kommunikation. Zur Theorie des operativen Displacements. Frankfurt a.M. 1993.

Heidegger, Martin: Sein und Zeit. 14. Aufl., Tübingen 1977.

Lyotard, François: Der Widerstreit. München 1987.

Luhmann, Niklas/Fuchs, Peter: Reden und Schweigen. Frankfurt a.M. 1989.

– Soziale Systeme. Frankfurt a.M. 1984.

– Die Gesellschaft der Gesellschaft. 2 Bde. Frankfurt a.M. 1997.

Plotin: Die erkennenden Weisheiten und das Jenseitige. In: Hans-Dieter Zimmermann: Rationalität und Mystik. Frankfurt a.M. 1983, S.235-250.

Rühm, Gerhard (Hg.): Die Wiener Gruppe. Reinbek b. Hamburg 1967.

Ranulph Glanville

Triads

I had not thought of the pairings you suggested or even the context in which you work.This is not surprising. Firstly, I am interested in the individual. For me society is a secondary matter. (This is one of the biggest differences between me and Luhmann: the other, I believe, is that I tend to be much more extreme: if my argument leads me to a place previous knowledge says is impossible, I'm inclined to say so be it, tough luck, be radical: Niklas is inclined to try to overcome the difference.) My PhD, from which most of the work you mention somehow comes, is based on the supposition that we all see differently and can never know we see the same: so what do we need to postulate as a structure we can believe can support all these differences (of view) and yet be taken tobe the same »thing«. (Thing not meaning physical item: it is the concept of Object that I tried to introduce.) It is interesting to me that I went to a Froebel kindergarten (yes, the original thing!).

This does not mean that I don't think the pairings are interesting or valuable, but they are almost a surprise to me, and so I am especially grateful to you for sending them to me. The reason I've gone on a little above is to try to mark the difference before I begin with any comments.

One further point. According to me, the great advantage of English, as a language forthinking in, is that while it can be used with precision (though perhaps not the precision of German), it is also a very slippery, oily, plastic language. I find that much of what I do needs this fluidity. So I use terms loosely and without definition to get through the »keyholes« I need to. When I've got through them, I can try to be clear and precise, and to talk about what went before and what is now. If I were so exacting while trying to slip through the keyhole, I'd never manage it!

START!

I think what I'll try to do is address the matter of 3's, and then go to some particular points in what you wrote.

In his work under the general heading of Conversation Theory, Gordon Pask (my professor) makes a requirement for the generation of new knowledge (topic) from old (even when that knowledge is already known at large). He demands that to make a topic, you must have at least 2 other topics. Call these A, B and C. C entails A and B acting together. Compare this with the more usual notion, C is implicit in, for instance, B. In this second example, there is the topic »is implicit in«, which, therefore, is Pask's topic A. We may have come to consider logic, for instance, as being a given and as existing as a field of its own: but if its operation is assumed or required within the field we are interested in, it is (also) within our field and therefore its topics are topics also within our field.

Put another way, the reason that we need 3 topics, not 2, is that unless there are 3 (or more) there is no topic to make the difference. If C were to come from B, without there being A to make a difference, C would only be B (again).

Pask also insisted that, if C entails A and B, then B entails A and C and A entails B and C. Put words to A, B and C (eg compass, rotation and circle) and you will be able to see what I mean.

In most of the accounts I've seen of Spencer Brown, and in the Laws of Form, what I see is a confusion. In spite of several long arguments, I continue to be unable to see how the mark and the value can, in themselves, be separate. If they are, this is a cognitive event that the external observer produces. In my mind, this comes about from the attempt to talk about what I observe, and what I'd like to observe it of (that is, I observe this, and then I try to give an objective being to what I observe such that I can create a world of reference: this is what I currently understand by those things I invented, called Objects, which are constructions onto which to hang (necessarily different) observations, which I then try to treat as if they had an existence also in themselves, as I treat myself as having. So if I observe me in order to believe I exist, and I observe some »thing«, then I assume that »thing« observes itself also so it can have being).

I don't want to get into this here, but in all these other accounts I've seen, this matter relates to the notion that the distinction cleaves the space into two. As I look at it, this is to disregard the distinction itself. So I have come to the conclusion that drawing a distinction involves the becoming of a triad: the distinction, the self and the other (as argued in that paper you refer to). And I also argued that there were not absolute parties in this: that the self, the other and the distinction were roles. For me, I give myself as self, and how and what I distinguish myself with and from as the distinction and the other.

In a sense, this is playing on the void. But it is not getting in to it, although I try to reduceto get »nearer«.

So I end up with another triad: self, other, distinction. A, B and C.

At the level of what I do, this is both enough and the minimum. Using the Pask notions, if I have 3 topics, I may create a fourth from either any two of them or from all three taken together. D <= A + B; or A + C; or B + C; or A + B + C (assuming the ordering is not significant).

So I look at Objects, and I find that if I look at what they offer me in a particular way, there are behaviours that are typical of certain features of memory. Likewise consciousness, etc. (Actually, in recent work I might shift this all a little. I have become very interested in the notion of the space BETWEEN. You can read about this (in German) in the book Dazwischen published a couple of months ago by the Muzeum fuer Gestaltung in Zuerich.)

Now you ask about 3 valued logics. The original criticism of Spencer Brown's Algebra was that it was »just another multi-valued logic«. It may work in the same manner, but, of course, epistemologically it was quite different, for it talked about bringing into being rather than describing what is. Thinking about it in the terms you ask about 3valued logics, perhaps Varela and Goguen's work on Spencer Brown does become 3valued with the self-reference being the distinction drawing itself? I don't remember and am not currently inclined to check this out, though I'd be interested in any comment sothers might offer. Anyhow, I suppose that what I refer to in the Self and Other paper is, ineffect, that distinction must be tripartite, and that, if distinction is taken as the base for alogic, then that logic will be tripartite. So, if what I argue there makes sense, then, if wewant logic and it is to be based on such foundations, that logic must be tripartite, too. (And, by the way, the hydraulic computers that were developed alongside electronicones, and which originally were built to control aeroplane hydraulics, were all 3valued.)

Then you bring up the matter of symmetry. I suppose (and I'd not thought about thisbefore) that what I discovered about distinctions and so on does imply a symmetry.There is the symmetry of organisation (best seen when Pask's topics A, B and C arearranged in a triangle such that, at any instant in any one form of organisation one implicitly »comes from« the other two). The symmetry in the Self and Other is both around the flucrum of the distinction, and is seen in the symmetry of assumption (my law ofreciprocity or of equal generosity): for instance, if I assume X for me, and my existing depends equally on your existence, then I must assume X (is a possibility) for you. I think the same sort of assumption is made in the Theory of Objects. So yes, I do think that symmetry is unavoidable, really.

(I'm not sure if, looking from above, you were to place the triangle so its base was not horizontal but vertical, what this would mean to me, how I would interpret it.)

Now to complexity emerging. Emergence is a term I don't like, because it assumes aprior and independent existence. Never mind! You ask about taking the 3 terms in the Memory paper and complexity automatically appearing. All I want to say about this is that this is a property of the particular system I propose, and is not a property of the world. I have set it us to do this, and it surprises me. But, then, whenever I attribute the concept of autonomy, of selfness, to anything, I must immedidately allow it is no longer in my power. Saying something is autonomous, distinct, separate, other, different is saying there is something about it I don't control (it's hidden from me, private) and therefore I cannot foresee. In other words, the moment I accept that anything is separate, in its own right, I accept that there is something that is private to it and therefore strange to me.

COMMENTS

Now I'll move to particular points in your text.

To start with, I believe you need to look at Pask's Conversation Theory. This is difficult stuff (because he wrote in a massively all-inclusive way). Gordon produced what is, Ithink, the only theory of communication that successfully allows communication without coding, and for meaning to remain internal to the participants in the conversation. I suggest you look at my piece under the heading »luminaries« on the web site www.sysval.org/isss.lumPask.html. This also has a list of publications that may help. I wrote a paper in Modern Language Journal (German Issue) a couple of years ago called »Communication without Coding: Cybernetics, Meaning and Language (How Language, becoming a System, Betrays itself)«, Invited paper in Modern Language Notes, Vol 111, no 3 (ed Wellbery, D), which deals with Pask and also my work, in amore philosophical way. It also introduces my notion of a social factor (awaiting a paperto be published in Dirk Baecker's Journal).

Second, in talking about communication and the need to be more precise about it, I'd just suggest you remember that it's origin is the same as the origin of the wordcommunion. There is a sense of being together, being one or at one. That may be very important (not that I'm a great believer in dictionaries). This is in sharp contradistinction to the Shannon-Weaver notion of communication, for instance. It may be important to keep this in mind, especially since the Shannon-Weaver version holds such way.

I agree with the notion that there has been change in the systems paradigm. The new version is known, in the English speaking world, as second order cybernetics (von Foerster etc, since, say, 1975). If you are interested in this, have a look in the last issue of Cybernetics and Human Knowing, where I write a column. There I wrote about my relationship with it. If you don't already subscribe to that journal, perhaps you should.

I'm very glad to see Guenther getting propler recognition. He is terribly hard work in English, but I find many German speakers slowly getting into his work. I have the feeling it is very good stuff. Wish I had the German.

Ok, that's it.

Barbara Kastner

Autopoiese = Semiose oder Kommunikation als mediengestützer Zeichenprozeß

Konstruktivistische Anmerkungen zur Luhmannschen Gesellschaftstheorie

Abstract

Unter Rückgriff auf zeichentheoretische Überlegungen von Charles S. Peirce wird Kommunikation in diesem Beitrag als ein gemeinsames »In-der-Sprache-Sein« (Maturana/Varela) zeichenhandelnd wirklichkeitskonstituierender Individuen erfaßt und das autopoietische System Gesellschaft wird als Zeichenprozeß reformuliert, wodurch im Diffenztheorem gründende Probleme in Luhmanns Theoriedesign konstruktiv gelöst werden.

1. (Welt-)Erkennen

> Da ist zunächst die Einsicht, daß Erkennen und Wissen nicht der Niederschlag eines passiven Empfangens sein können, sondern als Ergebnis von Handlungen eines aktiven Subjekts entstehen. Diese Handlungen sind freilich nicht ein Handhaben von ›Dingen an sich‹, d.h. von Objekten, die eben schon in einer von der Erfahrung unabhängigen Welt so beschaffen und als Dinge strukturiert gedacht werden müßten, wie sie dem Erkennenden erscheinen.[1]

Die Welt gelangt erst im Erkennenden zum ›Sein‹ – ›Wirklichkeit‹ muß als Produkt/Konstrukt einzelner »kognitiver Instanzen« verstanden werden:

> ›Da draußen‹ gibt es nämlich [...] weder Licht noch Farben, sondern lediglich elektromagnetische Wellen; ›da draußen‹ gibt es weder Klänge noch Musik, sondern lediglich periodische Druckwellen der Luft; ›da draußen‹ gibt es keine Wärme und keine Kälte, sondern nur bewegte Moleküle mit größerer oder geringerer durchschnittlicher kinetischer Energie usw.[2]

---

[1] von Glasersfeld, Ernst (1990): Einführung in den radikalen Konstruktivismus. In: Erfundene Wirklichkeit. Wie wissen wir, was wir zu wissen glauben? Beiträge zum Konstruktivismus. Hg. v. Paul Watzlawick. 6. Aufl. München/Zürich: Piper, S. 30.

[2] von Foerster, Heinz (1993): Über das Konstruieren von Wirklichkeiten. In: Wissen und Gewissen. Hg. v. Siegfried J. Schmidt. Frankfurt a.M., S. 31.

Die Frage nach dem »Wie« des erkennenden Operierens einer kognitiven Instanz kann theoretisch ›einfach‹ gelöst werden, indem man diese mit Spencer Brown als »Beobachter« deklariert, der »unterscheidet und bezeichnet«. Mir erscheint diese Lösung nicht sonderlich dazu geeignet befriedigende Antworten auf die Frage nach Wirk- und Funktionsweisen von Phänomenen wie Sprache, Schrift und anderen Medien, die doch zweifellos entscheidend menschliches Sein und Miteinander beeinflussen und modifizieren, zu geben. Erkennen soll deshalb unter Rückgriff Charles S. Peirce im folgenden abstrakt als einer zeichenbildenden Relationierungshandlung entspringend beschrieben werden.

2. Theoretischer Exkurs: Semiose

In einer zeichenbildenden triadischen Relation vermittelt ein Interpretant (=Drittes) die Korrelate Zeichenmittel/Repräsentamen (=Erstes) und Objekt (= Zweites). Das relationierende Dritte (=Interpretant) einer triadischen Relation muß, so Peirce, zugleich auch als ein vermitteltes Korrelat verstanden sein:

> Eine vollkommene triadische Relation ist diejenige, bei welcher keine zwei der drei Korrelate aufeinander bezogen sind ohne Vermittlung des dritten Korrelats.[3]

Das vermittelnde Korrelat (Drittes) selbst ist also auch durch ein anderes Drittes mit dem Zweiten der triadischen Relation verbunden, wobei es jedoch als relationiertes Erstes nicht mit dem durch ihn selbst relationierten Ersten gleichgesetzt werden kann. Ein Zeichenbildungsakt impliziert bzw. steht nach Peirce demnach immer schon in einem großen, theoretisch infiniten Zusammenhang von Relationierungen, den dieser mit dem Terminus Semiose belegt:

> A *Sign*, or *Representamen*, is a First which stands in such a genuine triadic relation to a Second, called its *Object*, as to be capable of determining a Third, called its *Interpretant*, to assume the same triadic relation to its Object in which it stands itself to the same *Object*. The triadic relation is *genuine*, that is its three members are bound together by it in a way that does not consist in any complexus of dyadic relations. That is the reason why the Interpretant, or Third, cannot stand in a mere dyadic relation to the Object, but must stand in such a relation to it as the Representamen itself does.

---

[3] Oehler, Klaus (1979): Idee und Grundriß der Peirceschen Semiotik. In: Zeitschrift für Semiotik 1, S. 16.

Nor can the triadic relation in which The Third stands be merely similar to that in which the First stands, for this would make the relation of the Third to the First a degenerate Secondness merely. The Third must indeed stand in such a relation, and thus must be capable of determinating a Third of its own; [...] All this must equally be true of the Third's Thirds and so on endlessly; and this, and more, is involved in the familiar idea of a Sign; and as the term Representamen is here used, nothing more is implied. A Sign is a Representamen with a mental Interpretant.« [4]

3. Erkennen als Ergebnis von Wahrnehmungsrelationierungen

»Man glaubt, wieder und wieder der Natur nachzufahren, und fährt doch nur der Form entlang, durch die wir sie betrachten. Ein Bild hielt uns gefangen und heraus konnten wir nicht, denn es lag in unserer Sprache, und sie schien es uns nur unerbittlich zu wiederholen.« (Ludwig Wittgenstein)

Wenn ein Zeichen laut Peirce »ein Repräsentamen« darstellt, »dessen Interpretant eine Erkenntnis des menschlichen Geistes ist«,[5] ist menschliches Erkennen, anders herum formuliert, als ein Ergebnis/Produkt von Relationierungsakten zu erfassen. Was aber wäre in diesen relationiert?

Ich vermute: Wahrnehmungen wie Bilder, Klänge, Gerüche und Empfindungen.[6] Darüber, daß seine Eltern oft genug auf einen ›Baum‹ zeigen und zugleich dazu ›Baum‹ sagen, lernt das Kind, seine Interpretation von »da draußen« existierenden elektromagnetischen Wellen – das innerlich wahrgenommene Bild eines ›Baumes‹ – mit einer Interpretation bestimmter Luftschwankungen – dem innerlich wahrgenommenen Klang ›Baum‹ – konstruktiv zu verbinden. Es kann die Vorstellung von einem »Baum« etablieren, einen »Baum« erkennen.

---

4 Peirce, Charles S.: Collected Papers, 2.274; hier zitiert nach Schönrich, Gerhard (1990): Zeichenhandeln. Untersuchungen zum Begriff einer semiotischen Vernunft im Ausgang von Ch. S. Peirce. Frankfurt a.M., S.103f.

5 Peirce, Charles S. (1983): Phänomen und Logik der Zeichen. Hg. u. übers. v. Helmut Pape. Frankfurt a.M., S. 123.

6 Diese stellen selbst das Ergebnis einer subjektinternen Verarbeitung ›da draußen‹ existenter Umweltreize dar. Auch für diesen Verarbeitungsprozeß ließe sich das Prinzip der zeichenbildenden Relationierung postulieren: Ein Nervenreiz kann einer Relationierung von energetischen Einheiten entspringend erfasst werden; eine bestimmte Wahrnehmung als aus einer Relationierung von Nervenreizen hervorgehend.

Die Fähigkeit zu erkennen wäre so gesehen eng verbunden mit dem Erlernen von Sprache, verstanden als das Erlernen der Fähigkeit, bestimmte (»sprachliche«) Klangwahrnehmungen mit bestimmten anderen Wahrnehmungen stabil, erweiterbar und immer wieder abrufbar zu verknüpfen.

Allgemein gesagt, werden Umweltreize in eine (innere) Wahrnehmung (wie ein Bild, eine Empfindung, einen Klang) übersetzt, und fungieren in einem darauf aufbauenden Relationierungsakt als Repräsentamen/Erstes, das mit einer anderen erinnerten Wahrnehmung, nämlich der eines bestimmten (inneren) Klanges (wie ›Hund‹, ›Liebe‹) als Objekt/Zweites verknüpft wird, worüber eine Vorstellung eines bestimmten »Objekts« existent wird.

›Wirklichkeit‹ erscheint als Ergebnis einer »vermittelnden Darstellung«[7] in Form einer sinnstiftenden Zeichenhandlung eines menschlichen Lebewesens. Das, was man ›Bewußtsein‹ eines Menschen nennt, könnte als eine unablässige Abfolge von vorstellungs- bzw. wirklichkeitskonstituierenden Zeichenbildungshandlungen (»Gedanken«) – und so als ein Semioseprozeß im Peirceschen Sinne – begriffen werden.[8]

4. Autopoiese = Semiose

Luhmann beschreibt Bewußtsein in Anknüpfung an die Beschreibung lebender Systeme mit den Neurobiologen Humberto R. Maturana und Francisco J. Varela als ein autopoietisches System. Der Terminus Autopoiese beschreibt eine bestimmte Organisationsform. Er fokussiert die besondere Beziehung zwischen den einzelnen Komponenten eines (lebenden) Systems, nämlich deren stete, systemetablierende und systemerhaltende Reproduktion aus sich selbst heraus (griech. autos = selbst; poiein= machen).

---

7 Peirce, Charles S. (1986): Semiotische Schriften. Bd.1. Hg. u. übers. v. C. Kloesel und H. Pape. Frankfurt a.M., S. 152.

8 Ich bin mir sicher, daß eine konstruktivistische Medientheorie durch eine intensive Auseinandersetzung mit der (Entwicklungs-)Psychologie enorm bereichert werden könnte. So hat sich beispielsweise Wilfred R. Bion (1990): Lernen durch Erfahrung. Übersetzt und eingeleitet von Erika Krejci. Frankfurt a.M., S.118ff. in der Nachfolge Melanie Kleins Gedanken über die Entwicklung des Denkens beim Kleinkind gemacht. Interessanter Weise beschreibt auch er am Beispiel eines Kindes, das das Wort »Daddy« gebrauchen lernt, Denken als eine Etablierung einer konstanten – allerdings im Verlaufe weiterer Erfahrungen modifizierbaren und auch abstrahierbaren- Verbindung zwischen bestimmten Elementen (hier: emotionale Erfahrung und bestimmter Wortklang). Für diesen Hinweis danke ich Dr. Martin Kahleyss.

Autopoietisch organisierte Systeme wie die Zelle zeichnen sich dadurch aus, »daß sie sich – buchstäblich – andauernd selbst erzeugen«,[9] indem sie als Einheiten abgeschlossene Netzwerke der Produktion von Komponenten konstituieren, in denen die produzierten Komponenten das Netzwerk der Produktion, in dem sie entstehen und dessen Ausdehnung sie spezifizieren, selbst hervorbringen.[10]

Um systemische Autopoiese theoretisch zu erklären, vollzieht Luhmann innerhalb seiner Theorie eine Umorientierung von Einheit auf Differenz als Startpunkt:

»Am Anfang ist die Differenz«[11] von System und Umwelt. Als das organisierende Prinzip eines Systems wird dessen Grenzziehung zur Umwelt hin (und nicht ein Zentrum) angenommen:

> Systeme selbst können gar nicht operieren, ohne eben dadurch Grenzen zu ziehen. Aber sie reproduzieren sich selbst, organisieren sich selbst, erzeugen mit ihren eigenen Operationen ihre eigenen Strukturen und ihre eigenen Grenzen.[12]

Ein autopoietisches System existiert, d.h. konstituiert und re-produziert sich in ereignishaften Operationen, in welchen die Erzeugung einer Differenz zu seiner Umwelt laufend kondensiert wird.

In einer Anknüpfung an das Spencer Brownsche Formenkalkül beschreibt Luhmann diese ereignishaften, grenzziehenden Operationen bzw. Elemente eines Systems als Bildungen einer markierten Zwei-Seiten-Form: als ein sich in einer Beobachtungshandlung realisierender systeminterner Vollzug einer Unterscheidung (Spencer Brown: distinction) – nämlich der von System und Umwelt, die eine Bezeichung (Spencer Brown: indication) der einen Seite der getroffenen Unterscheidung, nämlich die des Systems beinhaltet, worüber die operative Anschlußfähigkeit und damit die Identitätsbildung des Systems gewährleistet wird.[13] In dieser ›doppeldifferentiellen‹ Operationsweise allen Be-

---

9 Maturana, Humberto R./Varela Francisco J. (1987): Der Baum der Erkenntnis. Die biologischen Wurzeln menschlichen Erkennens. Bern/München, S. 50.

10 Vgl. Maturana, Humberto R. (1987): Kognition. In: Der Diskurs des Radikalen Konstruktivismus. Hg. v. Siegfried J. Schmidt. Frankfurt a.M., S. 94ff. und Varela, Francisco J. (1987): Autonomie und Autopoiese. In: Der Diskurs des Radikalen Konstruktivismus. Hg. v. Siegfried J. Schmidt. Frankfurt a.M., S.120ff.

11 Gripp-Hagelstange, Helga (1995): Niklas Luhmann. Eine systemtheoretische Einführung. München, S. 33.

12 Luhmann, Niklas (1993): Zeichen als Form. In: Probleme der Form. Hg. v. Dirk Baecker. Frankfurt a.M., S. 61.

13 »Formen sind danach nicht länger als mehr oder weniger schöne Gestalten zu sehen, sondern als Grenzlinien, als Markierungen einer Differenz, die dazu zwingt, klarzustellen, welche Seite man bezeichnet, das heißt auf welcher Seite der Form man sich befindet und wo man dementsprechend für weitere Operationen anzusetzen hat.« Luhmann, Niklas (1997): Die Gesellschaft der Gesellschaft. Bd. 1.

obachtens»[14] gründet ein – der ganzen Theorie zugrundeliegendes – unlösbares Paradox, nämlich das des infiniten Wiedereintretens (bzw. des re-entry) der Unterscheidung von System und Umwelt in das durch sie Unterschiedene.

Bewußtsein wird von Luhmann als autopoietisches System konzeptualisiert, dessen ereignishafte Elemente Gedanken bilden, die sich als rückwärtsgewandte Beobachtungen aus sich selbst heraus als »Vorstellungen von etwas« (weiter-)ereignen:

> Einen beobachteten Gedanken wollen wir als Vorstellung bezeichnen, und das Beobachten selbst kann daher auch als Vorstellen einer Vorstellung beschrieben werden. In die Form der Vorstellung gebracht, erscheint der Gedanke (für einen anderen Gedanken) als atomisiert und zugleich eingespannt in die Dimension Selbstreferenz/Fremdreferenz, die der Beobachtung als leitende Unterscheidung zugrundeliegt. Eben deshalb wird der beobachtete Gedanke zu einer ›Vorstellung von etwas‹. [...] Wenn diese Unterscheidung von Gedanke und Beobachtung (die ihrerseits schon ein neuer Gedanke ist) zutrifft, produziert das Bewußtsein voran, indem es zuruckblickt. Es operiert gleichsam mit dem Rücken zur Zukunft, nicht proflexiv, sondern reflexiv. [...] Jeder Gedanke ist als Element des autopoietischen Prozesses für sich selbst ein unbeobachtbarer Gedanke, er beobachtet nur andere Gedanken. Diese Beobachtung ist jedoch notwendig, damit das Bewußtsein distinkte Gedanken produzieren kann. Die Reproduktion der Elemente des Systems durch Elemente des Systems erfordert eine solche Beobachtung, auch wenn die Eigenqualität der Gedanken nicht durch Selbstbeobachtung produziert wird. Eben deshalb muß Bewußtsein, um sein zu können, System sein. Die basalen Elemente sind mit sich identisch dadurch, daß andere Ereignisse sie von etwas anderem unterscheiden. Sie können also gar nicht allein vorkommen.[15]

Dieser (mehr verwirrenden als einleuchtenden) Luhmannschen Beschreibung des menschlichen Bewußtseins kann deutlich entnommen werden, wozu es führt, wenn eine eigentlich dreiwertige Größe wie die der Beobachtung nicht angemessen thematisiert wird – und das, denke ich, ist das unausgesprochene Grundproblem des gesamten Luhmannschen Theoriedesigns:

Wenn Bewußtsein bzw. ein autopoietisches System beobachten kann, muß es schon *sein* und kann sich nicht erst durch eine unterscheidende Beobachtung seiner selbst von seiner Umwelt etablieren. Wenn es aber schon *ist*, warum muß es sich dann eigentlich von seiner Umwelt unterscheiden um zu existieren? Existenz/Sein kann, allgemeiner gesagt, nicht in einer Differenz

---

Frankfurt a.M., S. 60.

14 Gripp-Hagelstange, Helga (1995): Niklas Luhmann. Eine systemtheoretische Einführung. München, S. 97.

15 Luhmann, Niklas (1985): Die Autopoiesis des Bewußtseins. In: Soziale Welt 36, S. 407f.

gründen, da eine solche immer schon (unterscheidende) Existenz voraussetzt. Deshalb ist es logisch nicht möglich, autopoietische Systeme als agierende bzw. beobachtende und sich darüber zugleich selbst herstellende Objekte zu beschreiben oder zu verstehen.

Maturana/Varelas Beschreibung von lebenden Einheiten als abgeschlossene Netzwerke der Produktion, in denen die produzierten Komponenten das Netzwerk der Produktion, in dem sie entstehen und dessen Ausdehnung sie spezifizieren, selbst hervorbringen,[16] sucht meines Erachtens nach genau das zu erfassen, was Peirce mit dem »Semiose« abstrakt beschreibt.

Ein von/mit Maturana/Varela als ein ›autopoietisches System‹ beschriebene Phänomen, läßt sich auch als infiniter Zeichenbildungsprozeß im Peirceschen Sinne erklären. Die sich aus sich selbst heraus reproduzierenden ereignishaften Elemente/Komponenten eines als autopoietisches System beschriebenen Phänomens wären dabei als die – aus den aneinander anschließenden Relationierungshandlungen unablässig hervorgehenden – Zeichen erfaßt.

Als autopoietische Systeme deklarierte Phänomene könnten – allgemein formuliert – alternativ als ein Prozeß beobachtet werden, dem Existenz/Sein aus unablässigem Zeichenhandeln entspringt.

5. (In-der-) Sprache (-Sein)

Ego kann sein Empfinden für Alter, das er als solches über die Verknüpfung mit dem Klang ›Liebe‹ (er)kennen und benennen gelernt hat, über eine Schwankungserzeugung der Luft mit Hilfe seiner Sprechorgane für Alter zugänglich machen: Die von ihm erzeugten Luftschwankungen werden von diesem innerlich zum Klang ›Liebe‹ verarbeitet und in einem darauf aufbauenden Zeichenbildungsprozeß bzw. Denkakt ›verstanden‹.

Die Fähigkeit zu verstehen gründet darin, daß einer klanglichen inneren Wahrnehmung (=Erstes/Repräsentamen) in einer Wahrnehmungs-relationierungshandlung eine (erinnerte) Wahrnehmung (= Objekt/Zweites) zugeordnet werden kann.

Anders gesagt, wird für mich ein innerlich wahrgenommener Klang nur dann, wenn ich mit ihm eine bestimmte (erinnerte) Wahrnehmung verknüp-

---

16 Vgl. Maturana, Humberto R. (1987): Kognition. In: Der Diskurs des Radikalen Konstruktivismus. Hg. v. Siegfried J. Schmidt. Frankfurt a.M., S. 94ff. und Varela, Francisco J. (1987): Autonomie und Autopoiese. In: Der Diskurs des Radikalen Konstruktivismus. Hg. v. Siegfried J. Schmidt. Frankfurt a.M., S.120ff.

fen kann, bedeutungsvoll – zum ›Wort‹[17]: Weil ich mit dem (innerlich) wahrgenommenen Klang ›Liebe‹ meiner eigenen Lebensgeschichte entspringende Empfindungen verknüpfen kann (, die möglicherweise ganz verschieden sind von den Empfindungen dessen, der zu mir ›von Liebe‹ gesprochen hat), kann ich das an mich gerichtete ›Wort‹ verstehen – weiß ich, oder besser: glaube ich zu wissen, wovon der andere ›spricht‹.[18]

Die in wahrnehmungskoordinierenden Denkakten konstruierte ›Wirklichkeit‹ einzelner autonomer Individuen läßt sich über Fähigkeit, einen Umweltreiz auszusenden, der von den anderen›verstanden‹ werden kann, (indirekt) mitteilen oder korrekter ausgedrückt: zugänglich machen, da sie von anderen Individuen ja nur intern – über Wahrnehmungsrelationierungen – rekonstruiert werden kann. Maturana/Varela beschreiben diese Koordination des Erlebens (bzw. »der Wirklichkeit«) autonomer zeichenhandelnd wirklichkeitskonstruierender Individuen so:

»Sprache wurde niemals von jemanden erfunden, nur um damit eine äußere Welt zu internalisieren. Deshalb kann sie nicht als Mittel verwendet werden, mit dem sich eine solche Welt offenbar machen läßt. Es ist vielmehr so, daß der Akt des Erkennens in der Koordination des Verhaltens, welche die Sprache konstituiert, eine Welt durch das In-der-Sprache-Sein hervorbringt. Wir geben unserem Leben in der gegenseitigen sprachlichen Koppelung Gestalt – nicht, weil die Sprache uns erlaubt, uns selbst zu offenbaren, sondern weil wir in Sprache bestehen, und zwar als dauerndes Werden, das wir zusammen mit anderen hervorbringen. Wir finden uns in dieser ko-ontogenetischen Koppelung weder als ein bereits vorher existierender Bezugspunkt noch in bezug auf einen Ursprung, sondern als fortwährende Transformation im Werden der sprachlichen Welt, die wir zusammen mit anderen menschlichen Wesen erschaffen.«[19]

---

17 »Wir reden davon, daß wir das Wort ›Mensch‹ [...] aussprechen; doch nur eine Replika oder Verkörperung des Wortes wird ausgesprochen [...]. Das Wort selbst hat keine Existenz, obwohl es ein reales Sein hat, das in der Tatsache besteht, daß Existierendes ihm entsprechen wird. Es handelt sich um einen allgemeinen Modus von [...] Repräsentamen von Klängen, die nur durch die Tatsache zu einem Zeichen werden, daß eine Verhaltensweise oder ein erworbenes Gesetz dahinterstehend wirkt, daß ihre Replikas in der Bedeutung von ›ein Mensch‹ oder ›Menschen‹ interpretiert werden.« Peirce, Charles S. (1983): Phänomen und Logik der Zeichen. Hg. u. übers. v. Helmut Pape. Frankfurt a.M., S. 158f.

18 Lügen bezeichnet so gesehen die Fähigkeit, sich über die Aussendung eines bestimmten Umweltreizes, sozusagen beabsichtigt ›falsch‹ zu verstehen zu geben, sprich, nicht dem wahren inneren Erleben ›Ausdruck zu verleihen.‹

19 Maturana, Humberto R./Varela Francisco J. (1987): Der Baum der Erkenntnis. Die biologischen Wurzeln menschlichen Erkennens. Bern/München, S. 253f.

Das »In-der-Sprache-Sein« des Menschen ermöglicht die Entstehung und Koordination von unzugänglichen Einzelwirklichkeiten, stiftet zugleich bzw. in einem Zug individuelles Bewußtsein und menschliche Gemeinschaft. Das Phänomen »Sprache« kann aus konstruktivistischer Perspektive also nicht als eigenständige, unabhängige Größe, der die Fähigkeit zur Repräsentation einer ihr vorausliegenden Welt zueigen ist, erfaßt werden.[20]

6. Das autopoietische System Gesellschaft – ein Zeichenprozeß

Als Soziologe sucht Luhmann die Gesellschaft als ein autopoietisches System, dessen operative Einheiten Kommunikationen bilden, zu beschreiben:

> Gesellschaft betreibt Kommunikation, und was immer Kommunikation betreibt ist Gesellschaft. Die Gesellschaft konstituiert die elementaren Einheiten (Kommunikationen), aus denen sie besteht, und was immer so konstituiert wird, wird Gesellschaft, wird Moment des Konstitutionsprozesses selbst.[21]

Kommunikation erscheint ihm als die Synthese einer dreifachen Selektion: die einer Information (dessen, was gesagt wird), einer Mitteilung dieser Information (dessen, wie und auf welche Weise gesagt wird, was gesagt wird) und des Verstehens als Einheit der Differenz von Information und Mitteilung.

Sprache erfaßt er als feste, eigenständige Größe, als die evolutionäre Errungenschaft, die die Unwahrscheinlichkeit des Verstehens in Wahrscheinlichkeit transformiert.[22] Sie ist »das grundlegende Kommunikationsmedium, das die reguläre, mit Fortsetzung rechnende Autopoiesis der Gesellschaft garantiert«[23] und fungiert in seinem Theoriedesign zugleich als Kopplungsme-

---

20 Vgl. hierzu auch die äußerst lesenswerten Ausführungen von Jäger, Ludwig (1997): Die Medialität der Sprachzeichen. Zur Kritik des Repräsentaionsbegriffs aus der Sicht des semiologischen Konstruktivismus. In: Kunst und Kommunikation. Betrachtungen zum Medium Sprache in der Romania. Festschrift zum 60. Geburtstag von Richard Baum. Hg. v. Maria Lieber und Willi Hirdt. Tübingen, S. 199-220.

21 Luhmann (1993): Soziale Systeme. Grundriß einer allgemeinen Theorie. Frankfurt a.M., S. 555.

22 »Diejenigen evolutionären Errungenschaften, die an jenen Bruchstellen der Kommunikation ansetzen und funktionsgenau dazu dienen, unwahrscheinliches in Wahrscheinliches zu transformieren, wollen wir Medien nennen.« Ebd., S. 220. In Entsprechung zu den drei Unwahrscheinlichkeitsarten von Kommunikation – Unwahrscheinlichkeit des Verstehens, des Erreichens, des Erfolges – unterscheidet Luhmann drei Medientypen: Das Kommunikationsmedium Sprache, Speicher- und Verbreitungsmedien und symbolisch generalisierte Kommunikations- bzw. Erfolgsmedien.

23 Luhmann, Niklas (1997): Die Gesellschaft der Gesellschaft. Bd. 1. Frankfurt a.M.,

dium zwischen dem psychischen System Bewußtsein und dem sozialen System Gesellschaft, die wechselseitig füreinander konstituitve Systemumwelt darstellen[24]:

> Da [...] Systeme stets gleichzeitig mit dem jeweiligen Bezugssystem operieren, sind zunächst nur analoge (parallellaufende) Verhältnisse gegeben. Daraus können die beteiligten Systeme keine Information ziehen, denn dies setzt eine Digitalisierung voraus. Strukturelle Kopplungen müssen daher zunächst analoge in digitale Verhältnisse umformen, wenn uber sie die umwelt Einfluß auf ein System gewinnen soll Das ist [...] eine Funktion der Sprache, die ein kontinuierliches Nebeneinander in ein diskontinuierliches Nacheinander verwandelt.[25]

Was Luhmann theoriebautechnisch als (ein) psychisches System ansetzt, muß aus konstruktivistischer Perspektive als eine Vielzahl wirklichkeitskonstituierender Zeichenhandlungen bzw. Gedanken autonomer Individuen erfaßt werden und Kommunikation als intersubjektive Wirklichkeitskoordination und Verhaltensabstimmung auf der Grundlage einander bedingender bzw. aneinander anschließender mediengestützter individueller Verstehensvollzüge in Form von sinnstiftenden Zeichenhandlungen.

Daß etwas (Information) auf eine bestimmte Art und Weise (Mitteilung) geäußert wird, ist unserem Erklärungsmodell nach eine subjektintern, auf der Grundlage eines Umweltreizes konstruierte, innere (Klang)Wahrnehmung. Diese beeinflußt maßgeblich den darauf aufbauenden Vorstellungsbildungsakt durch den Hörenden, der sich vollzieht, indem der innerlich wahrgenommene Klang als Repräsentamen/Erstes auf eine gespeicherte Wahrnehmung als Objekt/Zweites bezogen und darüber ›verstanden‹ wird.[26] ›Verstehen‹ erscheint aus konstruktivistischer Perspektive also nicht als eine Einheit der Differenz von Information und Mitteilung!

S. 205.

[24] Zum Theoriebaustein der strukturellen Kopplung von Bewußtsein und Kommunikation vgl. Luhmann, Niklas (1993): Soziale Systeme. Grundriß einer allgemeinen Theorie. Frankfurt a.M., S. 367-372 und ders. (1997): Die Gesellschaft der Gesellschaft. Bd. 1. Frankfurt a.M., S. 92-119.

[25] Ebd., S. 101.

[26] Deshalb kann auch der innerlich wahrgenommene Stimmklang eines Liebenden für die Geliebte bedeutungstragend werden kann: sie hört auf den »Klang seiner Stimme« und interpretiert bzw. ›versteht‹ ihn als Ausdruck seiner Liebe, indem sie den Stimmklang (=Erstes/Repräsentamen) mit dem erinnerten Klang »Liebe« (=Zweites/Objekt) verknüpft . Fuchs, Peter (1993): Moderne Kommunikation. Zur Theorie operativer Displacements. Frankfurt a.M., S. 79-103, beschreibt dieses Phänomen, in Anschluß an Luhmanns Kommunikationsverständnis, als »romantische Kommunikation«, in welcher die Mitteilung einer Kommunikation zur Information wird, an welcher wiederum angeschlossen wird.

Luhmanns Beschreibung der Gesellschaft als ein mit einem psychischen System stukturell gekoppeltes autopoietisches Kommunikationssystem, kann als der differenztheoretisch fundierte Versuch gelesen werden, jenes sprachgestützte Aneinanderanschließen sinnbildender ›Verstehensakte‹ verschiedener autonomer Subjekte zu erfassen, das deren Wirklichkeiten koordiniert und ihr Verhalten modifiziert.

Die menschliche Gesellschaft ließe sich in diesem Sinne jedoch ›einfacher‹ als ein Semioseprozeß im Peirceschen Sinne theoretisch faßbar machen, in dem mediengestützt sinnbildende bzw. wirklichkeitskonstituierende Zeichenhandlungen (bzw. Verstehensakte) einzelner autonomer Individuen aneinander anschließen.

7. Medien – Gesellschaft

Luhmann spricht von Schrift[27] als eine »Umsetzung der Sprache in ein optisches Medium«[28] und damit als sekundäres Kommunikationsmedium. Sie

> läßt zwar den Zusammenhang der beiden Selektionen Information und Mitteilung intakt und eignet sich dehalb für Kommunikation. Aber sie ermöglicht eine Vertagung des Verstehens und dessen interaktionsfreie Realisierung irgendwann, irgendwo, durch irgendwen. Sie vergrößert als Verbreitungsmedium die Reichweite sozialer Redundanz.[29]

Meinem Modell zufolge, das Sprache und Schrift nicht als eigenständige Existenzen versteht, kann beim Wandel von der Oralität zur Literalität nicht von einer Entkoppelung der Grundelemente einer Kommunikation (in Form der Abspaltung des Verstehens) die Rede sein. Vielmehr muß die einschlägige Veränderung von Kommunikation (verstanden als intersubjektive Wirklichkeitskoordination und Verhaltensabstimmung auf der Grundlage einander bedingender bzw. aneinanderer anschließender, mediengestützter subjektinterner Verstehensvollzüge in Form von sinnstiftenden Zeichenhandlungen) auf den deutlich veränderten – weil alternativ mediengestützten – Modus des Aneinanderanschließens wirklichkeits- und verhaltenskoordinierender Verstehensakte verschiedenster Individuen zurückgeführt werden:

---

[27] Vgl. Luhmann, Niklas (1992): The Form of Writing. In: Stanford Literature Review. Vol. 9,1. S.25-42 (übers. v. Kerstin Behnke wiederabgedruckt (1994) unter dem Titel: Die Form der Schrift. In: Germanistik in der Mediengesellschaft. Hg. v. Ludwig Jäger und Bernd Switalla. München) und ders. (1997): Die Gesellschaft der Gesellschaft. Bd. 1. Frankfurt a.M., S. 249-290.

[28] Luhmann, Niklas (1997): Die Gesellschaft der Gesellschaft. Bd. 1. Frankfurt a.M., S. 256.

[29] Ebd., S. 258.

Dient im Falle der ›face-to-face‹ Kommunikation eine Schwankungserzeugung des Luftdrucks als Grundlage für sinnetablierende bzw. wirklichkeits- und verhaltenskoordinierende Zeichenhandlungsakte von Individuen (Oralität), so bilden elektromagnetische Wellen, oder anders formuliert, optische Reize in der ›schriftlichen‹ Kommunikation die Grundlage für Verstehensbildungsakte einzelner, nicht mehr notwendigerweise zugleich interagierender Subjekte (Literalität). Schreiben bezeichnet den Vorgang, optische Reize, die als Grundlage für sinnbildende Zeichenhandlungen eines Subjekts dienen können, zu erstellen. Auch das muß gelernt sein: sich sozusagen über das »Malen« von Formen und Formkomplexen auszudrücken und verständlich zu machen. Es setzt die Fähigkeit des Lesens voraus und vollzieht sich dann als Entwicklung der mechanischen Fertigkeit, die (›Schrift‹-)Bilder, die man zu lesen gelernt hat, selbst zu produzieren.

Lernt ein Kind lesen, lernt es bestimmte elektromagnetische Wellen, die es in Nervenreize und darüber in eine bildliche Wahrnehmung übersetzt, mit einer anderen gespeicherten Wahrnehmung sinnbildend zu verknüpfen. Es erwirbt die Fähigkeit – analog zum (›Wort‹-)Klang ›Liebe‹ beim Hören – mit dem innerlich wahrgenommenen (›Schrift‹-)Bild ›Liebe‹, eine bestimmte erinnerte Empfindung zu koppeln. Möglicherweise vollzieht sich der Akt des Lesen wohl deshalb auch – bei mir zumindest immer – als ein »inneres Sprechen«: Ich höre die Worte die ich lese, sozusagen gesprochen in meinem Kopf.

Ich lese einen ›Text‹, wenn ich viele optische Reize hintereinander verstehensbildend über wahrnehmungskoordinierende Zeichenhandlungsakte interpretiere und die gebildeten Vorstellungen untereinander in Beziehung setze.

Hierbei modifiziere ich notwendiger Weise rückwirkend stets sowohl einzelne der intern vollzogenen Vorstellungsbildungen (wenn beispielsweise der Hund als klein beschrieben wird, während ich ihn mir doch groß imaginiert hatte), als auch einige sich in mir auf der Grundlage der Vorstellungsbildungen etablierende Erwartungen (wenn zum Beispiel die erzählte Liebesgeschichte nun doch gänzlich anders verläuft, als ich es eigentlich erwartet hatte), was den ›Text‹ überraschend und spannend macht – wie auch sein Autor weiß. Ausführlich hat Iser[30] jene Prozedur der subjektiven bedeutungsbildenden Text-Rezeption, welche ich aus konstruktivistischer Perspektive als eigentliche Text-Entstehung deklarieren würde, unter den Schlagwörtern der Apellstruktur von sich durch Leerstellen auszeichenden Texten und der passiven Synthesenbildung durch das Subjekt im Leseakt zu erfassen versucht und beschrieben.

---

30 Iser, Wolfgang (1990): Der Akt des Lesens. Theorie ästhetischer Wirkung. 3. Aufl. München.

Die Erweiterung der Grundlagen für verstehensbildende Zeichenhandlungen von Individuen schafft eine neue Dimension interpersonaler Wirklichkeits- und Verhaltenskoordination, die in der Unabhängigkeit von realer Interaktion und damit in zeitlich und räumlich wesentlich unbeschränkteren Möglichkeit von sinnbildenden Verstehensvollzügen einer potentiell größeren Menge von Menschen begründet liegt.

Eine abstrakte Beschreibung der Gesellschaft als Prozeß von wirklichkeitskoordinierenden und verhaltensdeterminierenden Verstehensabfolgen autonomer, zeichenhandelnd sinnbildender Individuen eröffnet eine alternative Sicht auf den Zusammenhang von Geistes- (bzw. Sinnbildungs-)geschichte und gesellschaftlichem Strukturwandel. Zwischen Medien(offerten)evolution und Gesellschaftswandel muß ein enger Zusammenhang angenommen werden, und innerhalb der historischen Forschung wäre es wichtig, dem Bereich der Medien, ihrer gelenkten und gesteuerten, technisch bedingten (Re-)Produktion, Verbreitung und Rezeption zentrale Aufmerksamkeit entgegenzubringen.

8. Thesen

Mit vorliegendem Aufsatz stelle ich folgende Thesen zur Diskussion:

1. Wenn menschliches Bewußtsein in einem Theoriedesign einen so zentralen Platz einnimmt wie in der Luhmannschen Systemtheorie, muß es unbedingt genauer zu erfassen gesucht werden, als dies geschehen ist.
2. Konstruktivismus und Zeichentheorie stellen das Potential zur Verfügung, sich neu an eine Beschreibung des Phänomens Bewußtsein zu wagen – mit allen (gesellschaftstheoretischen) Konsequenzen.
   (Vielleicht kann meine Beschreibung des menschlichen Bewußtseins als unablässiger Zeichenbildungsprozeß Anregungen geben. Zumindest jedenfalls deckt sie Schwächen und deren Gründe im Luhmannschen Theoriedesign auf: Die Operation »Beobachtung« muß als ein dreiwertiger Prozeß beschrieben sein, will sie nicht in unlösbaren Paradoxien enden.)
3. Das Individuum bzw. seine Art der Wirklichkeitskonstruktion und des Welterlebens gehört in den Beobachtungsfokus einer konstruktivistischen Gesellschafts- und Medientheorie. (Ich beschreibe das Individuum als ein sich selbst konstituierendes Wesen, dessen Existenz ganz stark von der Interaktion mit anderen Individuuen abhängig und geprägt ist.)
4. Menschliche Interaktion und gesellschaftliche Sinn- und Ordnungsbildung vollzieht sich mediengestützt. Medienproduktion, -verbreitung und -rezeption determiniert die Komplexität der sinngestützten Gesellschaftsrealisation.

Werner Scheibmayr

Zeichen, Bewußtsein und Kommunikation

Abstract

Ausgehend von Peirce' Zeichenmodell läßt sich ein Zeichensystem konstituieren, das den Anforderungen von Luhmanns allgemeiner Systemtheorie genügt. Durch dieses autopoietische, Sinn prozessierende Zeichensystem läßt sich zum einen die Operationsweise psychischer Systeme erfassen und zum anderen auch Luhmanns Kommunikationsbegriff integrieren.

Einleitung

Ich möchte zu ausgewählten Punkten der Problemhorizonte, die Nina Ort (Kommunikation) und Oliver Jahraus (Bewußtsein und Kommunikation) in dieser Diskussion bereits eröffnet haben, aus semiotischer Perspektive einige Bemerkungen beitragen. Dabei lege ich meinen Überlegungen die zeichentheoretischen Entwürfe von Charles Sanders Peirce (1839–1914) zugrunde, wobei es mir nicht um eine historisch-kritische Peirce-Exegese hinsichtlich der gewählten Probleme geht, sondern lediglich um einen Beitrag, den eine Semiotik, wie sie sich von Peirce herschreibt, leisten kann. Es steht hier also nicht der Vergleich zwischen dem historisch authentischen Peirce und Luhmann zur Diskussion, sondern eine Problemexplikation und ein Lösungsangebot, das weiterführende Positionen der beiden Theoretiker selektiv aufgreifen und kombinieren soll.[1]

---

[1] Die Bedenken, die Andreas Wolf (siehe seinen Beitrag in diesem Band) äußert, Peirce' System würde dabei verfälscht, sind gegenstandslos, da ich explizit nicht mit Peirce' ursprünglichem Theoriegebäude mit all seinen umfassenden philosophischen Implikationen operiere, sondern lediglich sein triadisches Zeichenmodell formal mit Luhmanns operativ konstruktivistischem Rahmen kombiniere; an den Stellen, wo ich Theoriebausteine von Peirce übernehme, aber von seinem eigentlichen Konzept abweiche, weise ich darauf hin. Peirce selbst hätte sich sicher nicht als Konstruktivist gesehen, sondern hat sich als Realist verstanden. Für eine Darstellung von Peirce' Zeichentheorie im Kontext seines Gesamtwerks sei verwiesen auf die Überblicksdarstellungen von Corrington, R. (1993): An Introduction to C. S. Peirce: Philosopher, Semiotician and Ecstatic Naturalist, Lanham. und Oehler, Klaus (1993): Charles Sanders Peirce, München.

Daß sich aus der Orientierung an der Peirceschen Semiotik ein anderer Beobachterstandpunkt ergibt und damit auch andere Konsequenzen sichtbar werden, als wenn die Wahl wie bei Luhmann auf Saussures Zeichenbegriff fällt, ist aufgrund wesentlicher theoretischer Unterschiede der beiden Konzepte klar. Luhmann, der von der Differenztheorie kommend als Zeichen die Saussuresche Einheit der Differenz (!) von Bezeichnendem und Bezeichnetem übernimmt[2], muß die Grundlagen für die prozessualen Operationen von Zeichen und Sprache völlig anders und m.E. aufwendiger herleiten, als es Peirce' in dieser Hinsicht deutlich eleganterer und mächtigerer Entwurf ermöglicht; aber der grundsätzliche Vergleich dieser beiden semiotischen Ansätze ist ein anderes (und hier nicht mein) Thema.

Wie bei allen Operationen im Medium Sinn ist man gerade auch als Beobachter, der vergleichend zwei Supertheorien wie die System - und die Zeichentheorie beobachtet, auf Selektionen angewiesen, die einen nur sehen lassen, was man ausgehend von ihnen eben sehen kann. Folgendes »Spektrum« möchte ich anhand dieser Fragen hier eröffnen:

1. Wie läßt sich die Operationsweise psychischer Systeme als Zeichenprozeß konzipieren?
2. Welche Problemhorizonte lassen sich ausgehend von Peirce' Zeichendefinition als parallel für Zeichensysteme und andere autopoietische Systeme wie das psychische und das soziale beobachten?
3. Wie können Peirce' Zeichenbegriff und Lumanns Kommunikationsbegriff aufeinander bezogen werden?

Gedanken als Zeichen

Nach Luhmann sind die Letztelemente der Autopoiesis psychischer Systeme Gedanken, aus denen sich durch reflexive Beobachtung Vorstellungen und Bewußtsein konstituieren, d.h. unterscheiden und beobachten lassen[3]. Gedan-

---

2 Vgl. Luhmann, Niklas (1993): Zeichen als Form. In: Baecker, Dirk. (Hg.): Probleme der Form. Frankfurt a.M. S. 45-69, v.a. S. 48, Fn. 9 und Luhmann, Niklas (1997): Die Gesellschaft der Gesellschaft. Frankfurt a.M. S. 205-230, hier S. 208.

3 Luhmann, Niklas (1995): Die Autopoiesis des Bewußtseins, in: Ders., Soziologische Aufklärung 6: Die Soziologie und der Mensch. Opladen. S. 55-112; Luhmann, Niklas (1984): Soziale Systeme. Grundriß einer allgemeinen Theorie. Frankfurt a.M. S. 346ff.; Esposito, Elena (1997): in GLU = Glossar zu Niklas Luhmanns Theorie sozialer Systeme, von C. Baraldi, G. Corsi und E. Esposito. Frankfurt a.M., S. 142-144; Krause, D. (1999): Luhmann-Lexikon. Eine Einführung in das Gesamtwerk von Niklas Luhmann mit 27 Abbildungen und über 500 Stichworten. Stuttgart, S. 25f., 193f.

ken sind also die basalen Elementarereignisse, die man als Zeichen zu konzipieren hat, um die Operationsweise psychischer Systeme semiotisch rekonstruieren zu können. Eben dafür eignet sich Peirce' Semiotik besonders, da sie anders als der statisch-dyadische Zeichenbegriff Ferdinand de Saussures[4] triadisch und dynamisch-prozeßhaft angelegt ist und somit eine probate Vergleichsbasis für ein ebenfalls prozeßhaftes (und autopoietisches) System wie das psychische oder soziale an die Hand gibt.

Auf der Grundlage seiner Zeichentheorie identifiziert Peirce in seinen Schriften aus frühen bis in die späten Jahre Denken und Zeichengebrauch miteinander: ich stelle im Folgenden einschlägige Stellen vor und expliziere dann den theoretischen Zusammenhang zwischen Zeichen und Gedanken, wie er sich bei Peirce darstellt.

Schon 1868 widmet sich Peirce in den »Fragen hinsichtlich gewisser Vermögen, die man für den Menschen in Anspruch nimmt« als Frage 5 dem Problem »Ob wir ohne Zeichen denken können«[5]. Dabei kommt er zu folgendem Ergebnis: »Alles Denken muß daher ein Denken in Zeichen sein. [...] Aus der These, daß jeder Gedanke ein Zeichen ist, folgt, daß jeder Gedanke sich an einen anderen wenden muß, denn das ist das Wesen eines Zeichens. [...] Daß das Denken nicht in einem Zeitpunkt zustande kommen kann, sondern eine Zeit verlangt, heißt daher nur, daß jeder Gedanke durch einen anderen interpretiert werden muß oder daß alles Denken in Zeichen geschieht.« 1893 heißt es dann lakonisch: »Wir denken ausschließlich in Zeichen.«[6]. Im handschriftlichen Nachlaß von Peirce findet sich zu den Stichwörtern »Gedanken und Denkereignis« aus dem Jahre 1906 folgender Zusammenhang zwischen Denken und Zeichenprozeß: »Die Antwort ist, kurz gesagt, daß Gedanken (thoughts) und Denkereignisse (thinkings) ebenfalls Zeichen *sind*. Daß Gedanken sich auf Objekte beziehen [...] ist offensichtlich. Doch reicht dies nicht aus, um zu beweisen, daß alle Gedanken und Denkereignisse Zeichen sind. Denn ein Zeichen ist nicht nur etwas, was durch ein Objekt bestimmt

[4] Ein derartiger Zeichenbegriff begegnet jedenfalls in den »Grundfragen der allgemeinen Sprachwissenschaft« und wird wissenschaftsgeschichtlich seit 1916 unter dem Namen Saussures rezipiert (auch von Luhmann); zu einer kritischen Rekonstruktion des historisch authentischen Saussure siehe Jäger, L. (1975): Zu einer historischen Rekonstruktion der authentischen Sprach-Idee F. de Saussures. Diss. Düsseldorf; und Jäger, L. (1976): Ferdinand de Saussures historisch-hermeneutische Idee der Sprache. Ein Plädoyer für die Rekonstruktion des Saussureschen Denkens in seiner authentischen Gestalt. Linguistik und Didaktik 27, S. 210-244.

[5] Peirce, Charles Sanders (1991): Schriften zum Pragmatismus und Pragmatizismus. hg. v. K. - O. Apel, übers. v. G. Wartenberg. Frankfurt a.M., S. 13-39, hier S. 31; woraus auch die übrigen folgenden Stellen entnommen sind.

[6] Peirce, Charles Sanders (1986): Semiotische Schriften. Bd. 1: 1865 - 1903, hg. und übers. v. Ch. Kloesel und H. Pape. Frankfurt a.M., S. 200.

ist, sondern es ist auch etwas, durch das ein Interpretant zu einer Bezugnahme auf dasselbe Objekt bestimmt wird. Nun ist es unmittelbar einleuchtend, daß ein Gedanke oder ein Denkereignis nicht nur, um Denken zu verkörpern, sondern bereits in seiner wesentlichen Beschaffenheit als Denken, notwendigerweise an einen Interpretanten appelliert.«[7]

Peirce schreibt also dem Denken die Zeitdimension ein, indem er bereits die eben nicht selbstpräsente Einheit jedes Gedankens dahingehend aufhebt, daß er einen weiteren Gedanken braucht, der den ersten Gedanken interpretiert und der Interpretant genannt wird. Die Gedanken bzw. besser Denkereignisse (thinkings) als zeitpunktfixierte Einzelereignisse müssen also in einer weiterführenden Verweisstruktur anderer Gedanken stehen, um Denken und Bewußtsein erst entstehen zu lassen. Bereits nach diesen wenigen Ausführungen läßt Peirce' Grundkonzeption, die sich, wie ich noch zeigen werde, aus der Identifikation von Zeichen und Gedanke zwingend ergibt, deutliche Parallelen zu Luhmanns Entwurf psychischer Systeme erkennen:

1. Sowohl Luhmanns psychische Systeme als auch die mit Gedanken-Zeichen operierenden Systeme sind autopoietisch geschlossen, da sich die Gedanken / Zeichen in Vergangenheit und Zukunft als den beiden Seiten der Form von Zeit immer nur rekursiv auf Gedanken / Zeichen beziehen können und müssen.
2. Beide Systeme arbeiten mit Ereignissen als Letztelementen, sind also temporalisierte Systeme und bedürfen somit einer internen Prozeßstruktur, die sie selbst aus den Elementen (die sich wiederum den Strukturen, zu denen sie relationiert werden, verdanken) aufbauen, und die durch ihre operative Anschlußfähigkeit für weitere Elementarereignisse dem System erst Dauer verleihen kann.
3. In beiden Entwürfen ist die unmittelbare Selbstpräsenz der Ereignisse ausgeschlossen, da ein Gedanke / Zeichen das, was er / es ist, erst durch ein in der Autopoiesis angeschlossenes Folgeereignis ist: erst der in der jeweiligen Zukunft als Folgeereignis angelegte Gedanke kann reflexiv das vorhergehende Denkereignis als Gedanken beobachten, so daß Peirce' Unterscheidung von Gedanke und Denkereignis mit Luhmanns reflexivem Beobachtungskonzept von Gedanke und Vorstellung konform geht.

Der Begriff des Beobachtens ist bei Luhmann von George Spencer Brown entlehnt und terminologisch verfestigt: auf differenztheoretischer Basis bezeichnet Luhmann mit Beobachten »den Gebrauch einer Unterscheidung zum

---

[7] Peirce, Charles Sanders (1993): Semiotische Schriften, Bd. 3: 1906 - 1913. hg. und übers. v. Ch. Kloesel und H. Pape. Frankfurt a.M. (= Peirce 1993b), S. 76-105, hier S. 79f.

Zwecke der Bezeichnung der einen (und nicht der anderen) Seite«[8]. Bevor ich aber weitere Vergleiche anstellen kann, möchte ich die Herleitung, warum von Peirce Gedanken dem Zeichenbegriff subsumiert werden können, nachtragen. Dazu ist es nötig, etwas weiter auszuholen und das bisher Gesagte in Peirce' Entwurf der Fundamentalkategorien und vor allem in sein komplexes Verständnis des Zeichens allgemein einzubetten.[9]

Peirce' Fundamentalkategorien

Die 10 bzw. 12 ontologischen Fundamentalkategorien, die von Aristoteles bzw. Kant aufgestellt worden waren, reduziert Peirce auf 3 Kategorien, die er Erstheit, Zweitheit und Drittheit nennt. Der Ansatz dieser 3 universellen Kategorien ist dabei analytischer und heuristischer Natur: »Da alle drei Kategorien stets gegenwärtig sind, ist es unmöglich, eine reine Idee von irgendeiner von ihnen zu haben, die absolut von den anderen unterschieden ist.«[10] Das heißt, daß real nie reine Erst-, Zweit- oder Drittheit faßbar ist, sondern immer nur unterschiedliche Kombinationsformen, aufgrund derer aber für Peirce die Notwendigkeit der 3 Kategorien postuliert werden kann.

Peirce charakterisiert Erstheit folgendermaßen: »Sie ist, für sich genommen, in der Tat eine bloße Möglichkeit. Möglichkeit, die Seinsweise der Erstheit, ist der Embryo des Seins. Sie ist nicht Nichts. Sie ist nicht Existenz.«[11] In dieser allgemeinsten, ein Paradox umspannenden Auffassung könnte man den Bereich der Erstheit mit Luhmanns Weltbegriff vergleichen: als »Seinsweise der Qualität« bzw. »bloß logische Möglichkeit«[12] liegt der Bereich der Erstheit dem kontingent-selektiven Zugriff jedes konkreten Zeichenereignisses ebenso uneinholbar voraus wie auch die Welt die unbeobachtbare Einheit jeder Unterscheidung ist. Beide Konzepte entsprechen somit dem unmarked state Spencer Browns, der ebenfalls die abstrakte logische Bedingung der Möglichkeit darstellt, überhaupt Unterscheidungen zu treffen, Beobachtungen zu machen oder Zeichenprozesse ablaufen zu lassen.

---

8 Luhmann 1993, S. 53; dort auch weitere Literatur.

9 Als ontologische Kategorien sind Peirce' Fundamentalkategorien mit einem konstruktivistischen Rahmen nicht kompatibel, können modifiziert aber sehr wohl selbst- und fremdreferentiell als ein mögliches Beobachtungsschema verwendet werden.

10 Peirce, Charles Sanders (1993): Phänomen und Logik der Zeichen. hg. und übers. v. H. Pape. Frankfurt a.M. (= Peirce 1993a), S. 55.

11 Peirce 1993a, S. 56f.

12 Diese beiden Zitate stammen aus: Peirce, Charles Sanders (1990): Semiotische Schriften. Bd. 2: 1903 - 1906, hg. und übers. v. Ch. Kloesel und H. Pape. Frankfurt a.M., S. 157 bzw. S. 153.

In einem engeren Sinne spricht Peirce auch von Erstheit, wenn er bestimmte Qualitäten, die einem Phänomen zugeschrieben werden, unabhängig von ihrem konkreten Vorkommen abstrakt fassen und bezeichnen möchte: »Neben den Elementen der Zweitheit erkennen wir im Phänomen positive Qualitäten, wie z.B. *rot*; und ihre *Positivität* besteht darin, daß jedes so ist, wie es ist, unabhängig von irgendeinem Vergleich oder irgendeiner Relation. Dies nenne ich *Erstheit*.«[13]

Diese Vorstellungen positiver Qualitäten wie z.B. Röte sind in dieser Form als rein monadische Relationen mit Luhmanns differenztheoretischen Positionen, die mindestens dyadische Relationen erfordern, wenig vereinbar. Dennoch läßt sich mit einer Differenz, die Peirce selbst aufmacht, vielleicht ein gewisser Brückenschlag versuchen: ich meine die Differenz zwischen unmittelbarem und dynamischem Objekt.

Das Zeichen als Ganzes ist, wie ich noch näher ausführen werde, nach Peirce eine triadische Einheit von Repräsentamen, Objekt und Interpretant, wobei jedes dieser Relata nach bestimmten Gesichtspunkten subklassifiziert werden kann, und so eben auch das Objekt: 1906 greift Peirce in den »Prolegomena zu einer Apologie des Pragmatizismus« seine schon länger eingeführte Differenz zwischen unmittelbarem und dynamischem Objekt folgendermaßen auf: »Wir müssen nämlich das Unmittelbare Objekt, welches das Objekt ist, wie es das Zeichen selbst darstellt und dessen Sein also von seiner Darstellung im Zeichen abhängig ist, von dem Dynamischen Objekt unterscheiden, das die Realität ist, die Mittel und Wege findet, das Zeichen zu bestimmen, ihre Darstellung zu sein.«[14]

Das unmittelbare Objekt läßt sich unschwer mit systemtheoretischen Positionen vereinen, nämlich als konstruiertes Produkt systeminterner, Differenzen prozessierender, autopoietischer Operationen, in diesem Fall der Semiose. Die Realität, die Peirce dem dynamischen Objekt zuschreibt, dessen Sein das Zeichen transzendiert und von ihm unabhängig ist, müßte man unter Modifikation ontologischer Positionen von Peirce, auf die ich hier nicht eingehen kann, in der Umwelt des Zeichensystems situieren. Deren »Sein« ist zwar vom System nicht unabhängig, da System und Umwelt die zwei Seiten der Form ihrer Unterscheidung sind, andererseits werden die Ereignisse, durch die Systeme irritiert werden, deren jeweiligen Umwelten zugeschrieben, die ihrer-

---

[13] Peirce 1990, S. 111.

[14] Peirce 1993b, S. 145; als Einführung in die Problematik des Objekts bei Peirce siehe Corrington 1993, S. 143f. und Schönrich, Gerhard (1990): Zeichenhandeln. Untersuchungen zum Begriff einer semiotischen Vernunft im Ausgang von Ch. S. Peirce. Frankfurt a.M., S. 129-136.

seits »an sich« nicht völlig unstrukturiert im Sinne eines entropischen Chaos sein dürfen.[15]

Luhmann schreibt dazu: »Keine Frage: zu den Bedingungen der Möglichkeit kommunikativer Systembildung gehören hochkomplexe Umwelten. Vor allem müssen zwei gegenläufige Voraussetzungen sichergestellt sein: Die Welt muß einerseits dicht genug strukturiert sein, damit es nicht reiner Zufall ist, ob sich übereinstimmende Sachauffassungen herausbilden; die Kommunikation muß irgendetwas (auch wenn man nie wissen wird, was es letztlich ist) greifen können, was sich nicht beliebig auflösen oder in sich verschieben läßt. Und andererseits muß es, auf eben der gleichen Grundlage, verschiedene Beobachtungen geben, verschiedene Situierungen, die laufend ungleiche Perspektiven und inkongruentes Wissen reproduzieren.«[16]

Die Struktur der Umwelt, an die das System strukturell gekoppelt ist und die das System in gewisser, eben nicht beliebiger Weise irritiert, entspräche in dieser Leseweise den dynamischen Objekten, von denen es auch heißt, daß sie das Zeichen bestimmen können: Letzteres würde ich nicht deterministisch verstehen wollen[17], sondern durchaus in Luhmanns Verständnis der Autopoiesis als Bestimmung, die system- bzw. zeichenintern als geregelter Zusammenhang durch Fremdbeobachtung der Umwelt attribuiert werden kann. Die oben angesprochenen bestimmten Qualitäten, die Peirce als monadische Relationen in der Erstheit ansetzt, könnte man somit verstehen als Qualitäten dynamischer Objekte, die auf dieser Ebene bereits vorstrukturierte Bedingungen der Möglichkeiten systemimmanenten Komplexitätsaufbaus darstellen, der ja seinerseits Strukturen aufweisen muß. Als Möglichkeiten würden sie auch den Bereich der Erstheit in Peirce' Sinne noch nicht verlassen.

Die semioseabhängigen jeweiligen unmittelbaren Objekte, die sich auf kontingente Selektionen aus dem immer umfassenden Bereich der Erstheit zurückrechnen lassen, decken die Funktion ab, die Luhmann hinsichtlich der Inkongruenz und des Perspektivenwechsels der Beobachtungen fordert. Inso-

---

[15] Klaus Oehler weist in diesem Zusammenhang darauf hin, daß die Reihenfolge der Erkenntnis genau umgekehrt ist wie die Reihenfolge der angenommenen kausalen Kette: in ersterer wird das die Wahrnehmungsirritation auslösende Objekt, d.h. das dynamische Objekt, erst als Endprodukt einer Hypothesen bildender Semiose erschlossen, in zweiterer wird das dynamische Objekt als präexistent und unabhängig von der Semiose angesehen und so der Umwelt attribuiert. (siehe: Oehler, Klaus (1995): Sachen und Zeichen. Zur Philosophie des Pragmatismus. Frankfurt a.M., S. 61f.).

[16] Luhmann 1996, S. 236.

[17] Auch Peirce spricht sich in einem Aufsatz von 1892 (»The Doctrine of Necessity Examined«) explizit gegen einen allgemeinen Determinismus aus und vertritt evolutionstheoretisch und kosmologisch die Position des Tychismus; siehe hiezu Corrington 1993, S. 174-180 und Oehler 1993, S. 100-105.

fern sehe ich auch die Möglichkeit, ausgehend von diesem Verständnis von Erstheit und dynamischem bzw. unmittelbarem Objekt den Anforderungen von Multinegationalität oder Polykontexturalität heterarchischer Systeme im Rahmen der Zeichentheorie gerecht zu werden: die Erstheit als in nicht beliebiger, aber noch unbestimmter Weise strukturierter Bereich der logischen Möglichkeit für kontingente Selektionen läßt topologisch formuliert immer verschiedene Orte zu, von denen Semiosen starten und unterschiedliche Strukturen bzw. Hierarchien aufbauen können. Somit können verschiedenste Kontexturen emergieren, die alle in einem mehrfachen Rejektions- bzw. Negationsverhältnis zueinander stehen, wobei es keinen priveligierten Ort der Beobachtung dieser Prozesse geben kann.[18]

Wenn ich oben bereits konkrete Irritationen des Zeichensystems durch Qualitäten dynamischer Objekte eingeführt habe, so ist klar, daß durch die aktuelle Ereignishaftigkeit, die eine Irritation beinhaltet, der Bereich der Erstheit bereits zur Zweitheit überschritten ist, da die völlig allgemeinen Qualitäten als reine Möglichkeiten nicht an und für sich konkrete Existenz annehmen können. Diese fällt bereits in den Bereich der Zweitheit.

»Das Zweite ist der Begriff dessen, was relativ zu etwas anderem ist, oder der Begriff der Reaktion.«[19] Im weiteren Sinne schließt jede individuelle und aktuelle Tatsache oder Existenz Zweitheit ein, da sie eben ihre Identität einer aktuellen Differenz, nämlich von allem, was sie selbst nicht ist, verdankt: »Zu sagen, daß ein Ding *existiert*, heißt zu sagen, daß es mit den anderen Dingen im Universum reagiert, da es anders als jedes einzelne von ihnen ist. Folglich ist *Existenz* ein Begriff, von dem Zweitheit der wichtigste Bestandteil ist. [...] Eine Tatsache der Zweitheit muß *hic et nunc* sein, in jeder Hinsicht absolut bestimmt.«[20]

Ausgehend von diesem Baustein in Peirce' Theoriebau ließen sich einerseits Verbindungen zu differenztheoretischen Positionen, wie sie Luhmann von Spencer Brown übernommen hat, herstellen, da Differenzen für den Begriff der Zweitheit konstitutiv sind. Da andererseits die individuellen Tatsa-

[18] Derartige Konsequenzen sind Peirce' erkenntnistheoretischen Positionen konträr; er vertritt eine Konsenstheorie der Erkenntnis und der Wahrheit, gemäß deren regulativer Idee sich »in the long run« vormals heterarchische Ansätze letztlich doch hierarchisch in wahrer Erkenntnis bündeln lassen müssen. Dieser Konsens ist in Peirce' pansemiotischem Entwurf zugleich konvergenztheoretisch zu verstehen, da sich für alle im ultimativen Interpretanten das wahre Sein des Universums selbst repräsentieren würde und es somit keinen Raum für Abweichungen von diesem Konsens mehr gäbe; siehe hierzu Oehler 1993, S. 75-78; für eine Darstellung der Peirceschen Erkenntnistheorie siehe: Baltzer, Ulrich (1994): Erkenntnis als Kategoriengeflecht: Kategorien bei Charles S. Peirce. Paderborn u.a.

[19] Peirce 1991, S. 284.

[20] Peirce 1990, S. 110f.

chen der Zweitheit immer eine eindeutige und exakte Existenz in Raum und Zeit haben müssen und somit nicht wie die Qualitäten der Erstheit verallgemeinert werden können, sind die der Zweitheit zugerechneten Elemente als zeitpunktfixierte Ereignisse zu konzipieren, so daß basale Elemente von ereignisbasierten temporalisierten Systemen wie Gedanken, Kommunikationen oder (bestimmte) Zeichen demnach bei Peirce der Zweitheit zuzuordnen wären.

All die Ereignisse der Zweitheit in diesem Sinne bedürfen der operativen Anschlußfähigkeit, damit die Autopoiesis des Systems nicht zum Erliegen kommt: die Anschlüsse sind aber weder aus der Erstheit, die nur die Bedingungen der Möglichkeiten stellt, noch aus der Zweitheit, deren Elemente keine Dauer haben, allein zu gewährleisten, sondern es muß ein Drittes geben, das im Sinne einer Struktur, die sich aus den Elementarereignissen aufbaut, die Elemente nach Maßgabe der Erstheit relationiert. Diese Drittheit stellt den jeweiligen Anschluß her, indem sie zwischen zwei Einzelereignissen selbst eine Zweitheit erzeugt, d.h. sie in Relation zueinander setzt. »Das Dritte ist der Begriff der Vermittlung, wodurch ein Erstes und ein Zweites miteinander in Verbindung gebracht werden«[21]: hier besteht die Zweitheit nicht mehr nur zwischen zwei Einheiten für sich allein, sondern für ein Drittes, das die Zweitheit entweder zum Gegenstand hat, sie also repräsentiert, oder sie überhaupt erst konstituiert und somit den nötigen Anschluß bereits realisiert hat.

Um den Bezug zum eingangs gestellten Problem des Denkens als Zeichenprozeß herzustellen: Wenn Gedanken als basale Elemente des Denkens und des Bewußtseins zeitpunktfixierte Ereignisse sind, Denken selbst sich aber nur prozessual in der Zeit vollziehen kann, muß die Operation psychischer Systeme in Peirce' Drittheit fallen, die allein die autopoietische Reproduktion des Systems leisten kann: »Kurzum, wo immer es Denken gibt, gibt es Drittheit. Es ist die genuine Drittheit, die dem Denken sein Wesen verleiht, obwohl Drittheit in nichts anderem besteht als daß eine Entität zwei andere Entitäten in eine Zweitheit zueinander bringt.«[22] Die letztgenannte Definition der Drittheit leitet nun unmittelbar von den Fundamentalkategorien zu Peirce' Zeichenmodell über, da bei Peirce das Zeichen geradezu als Paradebeispiel der Drittheit fungiert, wobei eben Denken und Semiose bzw. Zeichen und Gedanken im Rahmen der Drittheit definitorisch in eins fallen.

---

[21] Peirce 1991, S. 284.
[22] Peirce 1993a, S. 58.

Peirce' Zeichendefinition

»Ein Zeichen oder Repräsentamen ist ein Erstes, das in einer solchen genuinen triadischen Relation zu einem Zweiten, das sein Objekt genannt wird, steht, daß es fähig ist, ein Drittes, das sein Interpretant genannt wird, zu bestimmen und zwar dahingehend, dieselbe triadische Relation zu seinem Objekt anzunehmen, in der es selbst zu diesem selben Objekt steht. [...] Aber daneben muß es [das Dritte bzw. der Interpretant, meine Anm.] eine zweite triadische Relation besitzen, in der das Repräsentamen, oder eher dessen Relation zum Objekt, sein eigenes (des Dritten) Objekt sein wird, und es muß fähig sein, ein Drittes zu dieser Relation zu bestimmen. All dies muß gleichermaßen vom Dritten des Dritten ebenso gelten und so fort ohne Ende.«[23]

Wenn die drei Komponenten eines Zeichens, nämlich das Repräsentamen, das Objekt und der Interpretant, in einer genuin triadischen Relation zueinander stehen sollen, bedeutet das, daß die drei Zeichenbestandteile immer gleichzeitig und ausschließlich in einem konkreten, dynamischen Zeichenprozeß existieren, indem (und in dem) sie sich gegenseitig definieren bzw. als kategoriale Relata konstituieren, woraus folgt, daß das Zeichen als Ganzes kategorial unhintergehbar zur Drittheit gehört.

An die angeführte Zeichendefinition will ich noch eine Reihe von Beobachtungen anschließen, die für das Zeichen als Entsprechung eines Gedankens aber auch allgemein als Element eines autopoietischen Systems aufschlußreich sein können:

Erstens ist durch die Doppelfunktion, die der Interpretant des Zeichen zugewiesen bekommt, nämlich Interpretant der ersten Triade und Repräsentamen der zweiten Triade zu sein, das Problem des Anschlusses von Einzelereignissen temporalisierter Systeme elegant gelöst: das Probelm stellt sich in dieser Form nämlich gar nicht, sondern ist definitorisch bereits konstitutiv in die implizite Zeitdimension des Zeichens einbezogen. Dadurch, daß sich die vorhergehende Triade über ihren Interpretanten der folgenden Triade öffnet, sind die Probleme der unmittelbaren Selbstpräsenz etwa des Bewußtseins oder auch der Semiose vermieden, da die Identität der einzelnen, ereignishaften

[23] Schönrich 1990 bietet Peirce' englische Originaldefinition von 1903 auf S. 103f. und schließt dann eine eigene Übersetzung an, die sich zusammen mit Schönrichs Interpretationen über die Seiten 104 bis 118 erstreckt; daraus habe ich oben die Teile der Übersetzung, die für meine Zwecke einschlägig sind, im Zusammenhang zitiert. Wie man aus der Definition ersehen kann, schwankt Peirce terminologisch, indem er manchmal die gesamte Triade »Zeichen« nennt, manchmal aber nur das materielle Zeichenmittel, das er auch »Repräsentamen« nennt, mit »Zeichen« meint.

Triade nicht als Gegenwart, sondern nur als Einheit ihrer Vergangenheit und ihrer Zukunft beobachtet werden kann.[24]

Jedes Zeichen trägt die Möglichkeit des Anschlusses bereits in sich, da die notwendige Selbstrepräsentativität des Zeichens nur erreicht werden kann, wenn der Interpretant^{1} einer Triade^{1} die Relation zwischen deren Repräsentamen^{1} und Objekt^{1} nicht nur herstellt, sondern zugleich mitrepräsentiert, daß er eben das tut: dies kann er nur, wenn er im Anschlußzeichen als Repräsentamen^{2} fungiert, das eben die Relation zwischen dem Repräsentamen^{1} und Objekt^{1} zu seinem eigenen Objekt (= Objekt^{2}) hat. Eben dieser Zusammenhang kann aber nur durch einen weiteren Interpretanten (= Interpretant^{2}) hergestellt werden, für den dieselbe Doppelfunktion anzusetzten ist, wie für Interpretant^{1}. Da dies für jede Triade ad infinitum gilt, ist die für den Erhalt autopoietischer Systeme erforderliche operative Anschlußfähigkeit stabil bereits in die Grundkonzeption des Zeichens integriert.

Die Selbstrepräsentativität des Zeichens erfüllt auch eine Forderung, die Luhmann, allerdings mit weiterreichenden Implikationen, für seinen Kommunikationsbegriff erhebt: »Jede Kommunikation muß zugleich kommunizieren, daß sie ein Kommunikation ist [...]«[25]. Ferner folgt aus Peirce' Entwurf auch gleich, daß es sich bei seinem Zeichensystem um ein autopoietisches System handelt, da die Triaden als die basalen Elemente des Zeichensystems aus der operativen Verknüpfung eben dieser Elemente erst entstehen.

Somit ist auch die problematische Bezugsgröße des Subjekts des Zeichenprozesses, des Denkens oder der Kommunikation ausgeblendet, da im autopoietischen Zeichensystem keinesfalls Interpretant und Interpret, verstanden z.B. als Mensch in seiner individuellen organisch-psychischen Verfaßtheit, in eins gesetzt werden dürfen: wie bei Luhmanns sozialen Systemen ist auch in der Semiose der Mensch nur (notwendiger) Teil der Umwelt, zumindest solange man wie ich in diesem Zusammenhang von Semiose in Bezug auf psychische oder soziale Systeme spricht.[26]

---

[24] Die dem Zeichen und damit der Semiose bereits eingeschriebene Zeitdimension und Prozessualität verhindert die Reduktion der Triaden auf Dyaden, da der jeweilige Interpretant rekursiv den funktionalen Wechsel zum Repräsentamen der Folgetriade in der Zeit vollzieht, mit ihm also nie zusammenfällt. Diesen Zusammenhang übersieht Oliver Jahraus (in diesem Band) in seiner Stellungnahme zu den Beiträgen von Barbara Kastner und mir, was Nina Ort in ihrer Erwiderung (in diesem Band) klar bemerkt und zu Recht kritisiert.

[25] Luhmann 1997, S. 86.

[26] Im Rahmen von Peirce' pansemiotischem Synechismus wird auch der Mensch selbst vermittels seiner Teilhabe an psychischen und kommunikativen Semiosen zum Zeichen; siehe Peirce 1991, S. 79 und dazu Corrington 1993, S. 91f., Fairbanks, M. (1976): Peirce on Man as a Language: A Textual Interpretation. Transactions of the Charles S. Peirce Society 12, S. 18-32. Die Bedenken, die Oliver

Überdies umgeht Peirce mit der bereits angesprochenen Doppelfunktion des Interpretanten auch die Schwierigkeiten, die sich aus einer strikten Trennung von *operator* und *operandum* ergeben, da in der Semiose diese Funktionen wechseln und nicht ein exakt fixierbarer *operator* das *operandum* relationiert, sondern die Semiose selbst ab der zweiten Triade Relationen relationiert, womit das Zeichensystem nicht nur eine operative Grenze zu seiner Umwelt, sondern auch eine Binnenstruktur aufbauen kann.

Operative Grenze

Die operative Grenze entsteht durch die Selbstreferenz des Zeichensystems, insofern es rekursiv nur Zeichen reproduzieren kann und nur durch diese Zeichen sich selbst und seine Umwelt beobachten kann. Es kann also kein operativer Übergriff vom Zeichensystem in seine Umwelt stattfinden, obwohl systemintern zwischen Selbst- und Fremdreferenz differenziert werden kann. Die für Systeme aller Art konstitutive Differenz zwischen System und Umwelt muß auf der Systemseite dieser Form als re-entry noch einmal eingeführt werden und kann dann vom System entsprechend als Selbstreferenz und Fremdreferenz der Operationen unterschiedlich beobachtet werden[27].

Um zeigen zu können, wie man von Peirce ausgehend über den einfachen Objektbezug (s.o.) hinaus die Fremdreferenz im Zeichenprozeß verstehen kann, möchte ich grundlegende Zeichensubklassifikationen von Peirce vorstellen, wobei manche Zeichenklassen wie z.B. Rhema, Dicent oder Argument, die hier nicht sonderlich einschlägig sind, zwar in der Tabelle aufgeführt, aber nicht besprochen werden.

Das Zeichen ist ja als genuin triadische Einheit der Komponenten Repräsentamen, Objekt und Interpretant definiert und gehört daher immer in den Bereich der Drittheit. Unabhängig von dieser nicht auflösbaren Drittheit im Ganzen kann man die Zeichen subklassifizieren, indem man die drei Fundamentalkategorien Erst-, Zweit- und Drittheit jeweils mit den Zeichenkom-

---

Jahraus am Ende seiner Entgegnung auf die Beiträge von Barbara Kastner und mir äußert, nämlich daß eine in Anlehnung an Peirce konzipierte Zeichentheorie zu stark am Menschen als Subjekt der Semiose orientiert sein könnte, sind damit hinfällig, da sich gerade bei Peirce psychische Systeme erst als abgeleitetes Phänomen aus einer im wörtlichen Sinne universalen Semiose ausdifferenzieren, dieser also nie als Subjekt in Jahraus' Sinne zugrunde liegen können; siehe hierzu auch Corrington 1993, S. 75-116 (= Kap. II: »The Sign-Using Self ans Its Communities«).

27 Vgl. Luhmann 1993, S. 51.

ponenten Repräsentamen, Interpretant und Objekt in Beziehung setzt[28] (siehe folgende Tabelle):

Kategorie	Repräsentamen-bezug	Objekt-bezug	Interpretanten-bezug
Erstheit	Qualizeichen	Ikon	Rhema
Zweitheit	Sinzeichen	Index	Dicent
Drittheit	Legizeichen	Symbol	Argument

Von diesen Zeichenklassen bespreche ich unter dem Gesichtspunkt der System-/Umwelt-Unterscheidung und der Fremdreferenz nur die hierfür einschlägigen Qualizeichen, Sinzeichen, Ikon und Index; Legizeichen und Symbol sind dann bei der Frage nach dem Aufbau einer Binnenstruktur des Zeichensystems und dem Problem der Bedeutungs- bzw Sinnbildung zu erörtern.

Das Qualizeichen liegt auf der Stufe der Erstheit: »Ein Qualizeichen ist eine Qualität, die ein Zeichen ist. Es kann nicht wirklich als Zeichen fungieren, ehe es nicht verkörpert ist, doch die Verkörperung hat mit seinem Zeichencharakter nichts zu tun.«[29] Die Qualität kann also nicht in ihrer abstrakten Erstheit ein Repräsentamen sein, sondern muß in einem aktuellen Vorkommen, also einem Sinzeichen (s.u.) verkörpert werden, wobei aber die Umstände des Vorkommens keinen Einfluß auf die Bedeutung haben, die allein von der positiven Qualität des Repräsentamens bestimmt wird. Wie das zu verstehen ist, kann ich erst nach der Besprechung des Sinzeichens zeigen.

Ein Repräsentamen auf der Stufe der Zweitheit nennt Pierce Sinzeichen, wobei die Vorsilbe Sin- auf lateinisch singuli oder simplex zurückgeht, also auf ein einzelnes, u.U. sogar einmaliges Auftreten verweist. »Ein Sinzeichen [...] ist ein aktual existierendes Ding oder Ereignis, das ein Zeichen ist.«[30] Da also ein Sinzeichen ein konkretes Ereignis ist, das entweder nur ein einziges Mal oder zumindest eindeutig fixierbar existiert, muß seine Bedeutung von den Umständen in Raum und Zeit, unter denen es aktuell existiert und interpretiert wird, abhängen, damit es in den Bereich der Zweitheit fallen kann. Alle ereignishaften und damit zeitpunktfixierten Elemente der Operationen temporalisierter Systeme, ob es sich dabei nun um Gedanken, Kommunikationen oder Zeichen handelt, schließen aus dieser Perspektive beobachtet Sinzeichen notwendig ein.

---

[28] Bei der Übernahme dieser Kreuzklassifikation in einen konstruktivistischen Rahmen müssen Peirce' ontologische Implikationen ausgeblendet werden; ich bespreche die Abweichungen jeweils suo loco.

[29] Peirce 1993a, S. 123.

[30] Peirce 1993a, S. 123.

Das Sinzeichen ist ja eine Subklassifikation nur des Repräsentamens der gesamten Zeichentriade, so daß es zuviel wäre, Zeichen, Gedanken oder Kommunikationen in ihrer jeweiligen Gesamtheit mit dem Sinzeichen gleichzusetzten. Dennoch wirkt sich die zeitpunktfixierte Ereignishaftigkeit des Sinzeichens als Repräsentamen auch auf die anderen Relata der Triade aus, da das spezifische unmittelbare Objekt genau dieser Triade als kategoriales Relatum nur unter denselben Bedingungen auftreten kann wie sein Repräsentamen; für den Interpretanten gilt dies ohnehin, da er im Prozeß der Semiose ja auch als das Anschlußrepräsentamen der Folgetriade fungiert und als solches dann selbst ein Sinzeichen darstellt.

Nun aber zurück zum Qualizeichen: Wenn oben gesagt wurde, daß das Qualizeichen konkret nur als Sinzeichen auftreten kann, aber kategorial durch den Unterschied zwischen Erst- und Zweitheit nicht mit ihm zusammenfallen darf, kann dies nur bedeuten, daß ein Sinzeichen in der folgenden Semiose rückwirkend als »Qualizeichen (z.B. eine »Rot«-Empfindung)«[31] beobachtet wird.

Die allgemeinen Schwierigkeiten, die sich aus der Peirceschen Vorstellung einer für sich bestehenden, positiven Qualtiät als monadische Relation für das systemtheoretische Beobachtungskonzept ergeben, sind oben unter dem Gesichtspunkt der Erstheit, der das Qualizeichen ja zugehört, bzw. des unmittelbaren und dynamischen Objekts bereits besprochen. In der systemtheoretischen Konzeption findet die Irritation eines psychischen Systems durch ein Umweltereignis als Wahrnehmung statt, die sich im Rahmen des operativen Konstruktivismus allerdings nicht auf präexistente Objekte der Außenwelt richten kann. Vielmehr wird die interne Eigenkomplexität des psychischen Systems genutzt, um aufgrund der Irritation ein Bild der Umwelt zu konstruieren und somit die primär unspezifizierte Irritation als Wahrnehmung der Umwelt interpretieren zu können.

Bezogen auf das Quali- und Sinzeichen könnte eine allerdings von Peirce' Realismus abweichende Konzeption also etwa lauten: Das Ereignis, durch das das Zeichensystem, das hier einem psychischen System gleichgesetzt werden soll, irritiert wird, kann nach den obigen Ausführungen nur ein Sinzeichen sein, dessen Ursprung in diesem Falle der Umwelt zugerechnet wird, das aber eben als Sinzeichen operativ bereits Bestandteil der Semiose ist, was für die Autopoiesis des Zeichenprozesses auch entscheidend ist. Dieses Sinzeichen soll nun im weiteren Zeichenprozeß als Qualizeichen beobachtet werden, z.B. als »Rot-Empfindung« (s.o.). Die Bestimmung dieser Qualität als »rot« kann nur aufgrund systeminterner Prozesse, hier Zeichenprozesse, stattfinden und nicht als unabhängig davon in der Umwelt angesetzt werden, zumal ja auch

[31] Peirce 1993a, S. 128.

das Qualizeichen als Klassifikation der Repräsentamens bereits Teil der Semiose sein muß. Dennoch wird die Qualität, die aufgrund der Erstheit ja allgemein sein muß, im Laufe der Semiose nicht dem System und seinen Operationen zugerechnet, sondern im obigen Sinne der Umwelt, bzw. einem bestimmten dynamischen Objekt als monadisch für sich gegebene Möglichkeit attribuiert.

Diese Zuschreibung der Qualität auf ein dynamisches Objekt erklärt auch die Allgemeinheit des Qualizeichens, da das dynamische Objekt zeichenimmanent ja als zeichentranszendent, also als dauerhaft in der Umwelt des Zeichensystems existierend beobachtet wird, so daß immer »dieselben« Eigenschaften und Irritationen von ihm erwartet werden können. Die Irritationen sind als Sinzeichen nie dieselben, aber die Konzeption des Qualizeichens erlaubt es dem System, die verschiedenen Sinzeichen auf eine als Möglichkeit gleichbleibende Qualität hin zu beobachten und diese gleichzeitig der Umwelt zuzuschreiben: So kann die operative Grenze zur Umwelt aufrechterhalten, systemeigene Komplexität auf- und Umweltkomplexität abgebaut werden. Wie diese Zuschreibungen und Erwartungen systemintern zustande kommen und auf Dauer gestellt werden können, bespreche ich unter dem Stichwort der Binnenstruktur des Zeichensystems.

Die Subklassifikation, in der Ikon und Index stehen, sind darauf gerichtet, wie der Objektbezug des Repräsentamens im Interpretanten jeweils dargestellt wird. »Ein Ikon ist ein Zeichen, das sich auf das von ihm denotierte Objekt lediglich aufgrund von Eigenschaften bezieht, die es selbst besitzt. [...] Jede beliebige Entität - Qualität, existierendes Individuum oder Gesetz - ist ein Ikon von was auch immer, wenn es diesem ähnelt und als Zeichen für es verwendet wird.«[32] Wenn also die Objektrelation des Ikons in dessen Interpretanten durch Eigenschaften, die seinem Repräsentamen inhärent sind, realisiert wird, muß das Ikon ein Qualizeichen einschließen, was Peirce auch explizit sagt: »Es ist offensichtlich, daß ein Qualizeichen nur ein Ikon sein kann.«[33]

Daß bei einer Verbindung von zeichen- und systemtheoretischen Positionen die Eigenschaften, die bei Peirce das Ikon via Qualizeichen selbst hat, in Abweichung von Peirce als systemintern erzeugte und der Umwelt nur zugeschriebene Qualitäten angesehen werden müssen, dürfte nach der Besprechung von Erstheit, dynamischen Objekt und Qualizeichen nunmehr klar sein. Aus der automatischen Kopplung von Ikon und Qualizeichen folgt, daß ein Ikon an sich »nicht eindeutig für dieses oder jenes existierende Ding«[34] steht, was ja auch in der obigen Definition in der Formulierung »ein Ikon von

---

32 Peirce 1993a, S. 124.
33 Peirce 1990, S. 273.
34 Peirce 1993b, S. 136.

was auch immer« impliziert ist. Ein ikonisches Qualizeichen kann ja noch kein spezifisches Objekt haben, da es kategorial auf der Stufe der Erstheit klassifiziert ist, was bedeutet, daß es selbst wie sein Objekt nur eine »logische Möglichkeit« (s.o.) sein kann. Das reine Ikon am Beginn einer Semiose stellt also aufgrund der ihm zugeschriebenen Qualitäten nur ein Potential zur Ähnlichkeitsbildung dar, behauptet diese Ähnlichkeit aber nicht bereits hinsichtlich konkreter Objekte.

Die Bedingung der Möglichkeit von Ähnlichkeitsbeziehungen innerhalb von Zeichenprozessen überhaupt ist aber genau der Ansatzpunkt, über den ein Zeichensystem Kategorien konstituieren kann, die sich dann für die Beobachtung der Umwelt und die Klassifikationen der Umweltirritationen verwenden lassen. Dabei ist Peirce keinesfalls eine naive Vorstellung, die Ähnlichkeit einfach als objektiv gegeben ansieht, zu unterstellen, sondern es ist ihm völlig klar, daß Ähnlichkeit im Zeichenprozeß konstituiert wird, wie er in Bezug auf Porträts als Beispiele von Ikonen sagt: »Nebenbei bemerkt, ich weiß, daß Porträts nicht die leiseste Ähnlichkeit mit ihrem Original haben, außer in bestimmten konventionellen Hinsichten und nach einer konventionellen Werteskala und so weiter.«[35]

Die einzige »externe Motivation«, die man einem Ikon zubilligen könnte, liegt in den Qualitäten, die das dem Ikon implizite Qualizeichen im obigen Sinne hat und mit denen der Zeichenprozeß an eine zwar nicht näher bestimmte, aber auch als vom Zeichenprozeß unabhängig gedachte Umwelt gebunden ist. Wenn dieser Umwelt bestimmte Qualitäten nicht völlig beliebig, sondern in irgendwie strukturierter Komplexität zugeschrieben werden können und wohl müssen (s.o.), ist ebenfalls der Qualizeichenbestandteil des Ikons die Stelle, über die diese Bündelungen aus der Umwelt in die Semiose integriert werden können, innerhalb derer dann sinnvolle Ähnlichkeitsklassen gebildet werden können. Diese erlauben eine über das reine Qualizeichen hinausgehende Komplexitätsbildung im System, die zwangsläufig auch hier mit Reduktion von Umweltkomplexität Hand in Hand geht, da die konstituierte Ähnlichkeit ja in die Umwelt projiziert wird. Wie die Konvention, von der Peirce (loc. cit.) spricht und die die Spezifikation bestimmter Objekte der Ähnlichkeit zu leisten hat, zeichentheoretisch zu verstehen ist, wird ebenfalls bei der Besprechung der Binnenstruktur expliziert. Hier sei zumindest soviel gesagt, daß die Kombination von gewissen Motivations- und Konventionselementen nach Peirce insofern unproblematisch ist, als das Ikon ja gleichzeitig der Erstheit, nämlich aufgrund der Subklassifikation, und der Drittheit, nämlich als Relatum einer Zeichentriade, zugehört.

---

[35] Peirce 1986, S. 391.

Der Index ist eine weitere Möglichkeit, wie das Zeichensystem die Umwelt durch eine spezielle Fremdreferenz in seine Operationen einbeziehen kann, wobei der als Zweitheit im Objektbezug klassifizierte Index nicht mehr nur das nicht aktualisierte Potential des Qualizeichens oder des Ikons sein kann, derer er aber dennoch als Voraussetzung seiner selbst bedarf. »Ein Index ist ein Zeichen, dessen zeichenkonstitutive Beschaffenheit in einer Zweitheit oder einer existentiellen Relation zu seinem Objekt liegt.«[36]

Wegen der nötigen existenziellen Relation des Repräsentamens zu seinem Objekt muß die Relation im Interpretanten so dargestellt werden, daß es aufgrund einer Zweitheit einen faktischen, z.B. kausalen Zusammenhang zwischen den beiden Komponenten gibt. Beispiele für Indices wären die Anzeigen eines Thermo- oder Barometers, die als Repräsentamen die Veränderung ihrer jeweiligen Objekte, also Temperatur und Druck, anzeigen. Die an Indices orientierten Beobachtungen der Umwelt lassen sich in Form von Experimenten wiederholen, und wenn sich im Rahmen der gewählten Beobachterperspektive immer dasselbe Ergebnis einstellt, kann dieses (systemabhängig konstituierte) Ergebnis als regelmäßiger Zusammenhang im Sinne der Fremdreferenz der Umwelt zugerechnet werden[37]: dadurch kann die vorher unbestimmte Umweltkomplexität in eine bestimmte überführt und systemintern weiterbehandelt werden, wobei ereignishafte Irritationen klassifiziert und mit anderen Größen in einen geregelten Zusammenhang gebracht werden können.

Wenn z.B. bestimmte Indices als Krankheitssymptome klassifiziert sind, ermöglicht diese gesteigerte Systemkomplexität bestimmte Anschlüsse, die in diesem Beispiel als Handlungen unter die Funktion des medizinischen Systems fielen. Diese Reduktion der Umweltkomplexität sagt aber über die Umwelt nicht mehr aus als über die gemachte Beobachtung, oder, wie Luhmann bezüglich der Technik sagt: »Daß es funktioniert, wenn es funktioniert, ist auch hier der einzige Anhaltspunkt dafür, daß die Realität so etwas toleriert.«[38] Wie der Index als Tatsache der Zweitheit zeichenintern nur in Abhängigkeit von einem Interpretanten relationiert werden kann, gilt die »Erkenntnis eines Gesetzes« in der Umwelt nur in Abhängigkeit von einer systemrelativen Beobachtung, ist also konstruiert.

Wenn ich von Wiederholungen, Gesetzen und geregelten Zusammenhängen spreche, ist der Bereich der Zweitheit, in dem der Index als Einzelzeichen

---

[36] Peirce 1993a, S. 65.

[37] Gemäß Peirce' Realismus und abweichend von konstruktivistischen Positionen wäre die dyadische Relation zwischen dem Repräsentamen und dem Objekt des Index auch unabhängig von einem sie systemrelativ repräsentierenden Interpretanten existent.

[38] Luhmann 1990, S. 263.

angesetzt wird, bereits zur Drittheit als der Kategorie des Regel- und Gesetzmäßigen verlassen, was nun zur Besprechung der Binnenstruktur eines Zeichensystems überleitet, die sich nicht mit der Erstheit und Zweitheit und deren Subzeichenklassen allein erklären läßt.

Binnenstruktur

Neben der operativen Grenze zu seiner Umwelt benötigt ein autopoietisches System, wie wir es bei psychischen und sozialen Systemen und Zeichensystemen vor uns haben, eine Binnenstruktur, da sonst die jeweiligen Anschlüsse der Elementarereignisse aneinander völliger Kontingenz unterlägen, die Komplexität des Systems unbestimmt bliebe und die Operationen des Systems nicht kontrolliert werden könnten.

Ein autopoietisches System muß sich also selbst organisieren, indem es eine selektive Begrenzung der im System zugelassenen Möglichkeiten zur Relationierung der Elemente einführt: »Als selektive Einschränkung der Relationierungsmöglichkeiten hebt Strukturbildung die Gleichwahrscheinlichkeit jedes Zusammenhangs einzelner Elemente (Entropie) auf.«[39] Diese Selektion von Einschränkungen konditioniert die möglichen Relationierungen von Elementen und von Relationen, wodurch ein Systemeigenwert konstituiert wird, der im Vergleich zu den zeitpunktfixierten Elementen von relativer Dauer ist, so daß durch rekursive Operationen die nötige bestimmte Eigenkomplexität aufgebaut werden kann.

Diese Form von Selbstorganisation, Konditionierung und Strukturaufbau braucht auch das Zeichensystem aus mehreren Gründen: Das Qualizeichen und das Ikon als zwei Subzeichenklassen der Erstheit brauchen geregelte Zusammenhänge, nach denen im einen Fall z.B. einem dynamischen Objekt stabile Qualitäten zugeschrieben und im anderen Fall dauerhafte Kategorien der Ähnlichkeit konstituiert werden können. Auf der Stufe der Zweitheit braucht das Sinzeichen eine Ordnung, die trotz der Unwiederholbarkeit desselben doch den Aufbau der Identität des Gleichen und damit Wiederholbarkeit und Wiedererkennbarkeit ermöglicht. Für die Formulierung von Gesetzen, die auf der Beobachtung von Indices aufbauen und die Form »Immer wenn A, dann auch B« haben, muß eben diese Regelhaftigkeit irgendwo festgehalten werden, wozu der Index als Subzeichen der Zweitheit nicht in der Lage ist.

Bei der Besprechung der Zeichendfinition habe ich bereits ausgeführt, daß die für die Autopoiesis notwendige Anschlußfähigkeit bereits in den Aufbau

---

[39] Luhmann 1984, S. 386.

des Zeichens integriert ist. Eben daraus ergibt sich aber auch ein hier einschlägiges Problem, das ich bisher noch ausgeklammert habe: Es gibt laut oben angeführter Definition für Zeichenprozesse allgemein keine logische Grenze, die Semiose ist also theoretisch unbegrenzt, da jeder Interpretant gleichzeitig ein Repräsentamen ist und somit ad infinitum weitere Triaden eröffnet werden können. Wie kann also die Semiose insgesamt in eine gewisse Richtung oder zu einem zumindest vorläufigen Ende gebracht werden, was für den eben problematisierten Stukturaufbau und für die Konstitution von Bedeutung bzw. Sinn im Zeichenprozeß unerläßlich ist?

Bei der Behandlung dieses Problems kann eine weitere Differenzierung helfen, nach der Peirce drei Interpretantenarten unterscheidet, die er unmittelbare, dynamische und finale Interpretanten nennt: »Der *Unmittelbare Interpretant* ist die unmittelbar relevante, mögliche Wirkung in ihrer unanalysierten, elementaren Ganzheit.« »Der *Dynamische Interpretant* ist die tatsächliche Wirkung, die in einem gegebenen Interpreten bei einem gegebenen Anlaß bei einer gegebenen Phase seiner Erwägung des Zeichens erzeugt wird.« »Der *Finale Interpretant* ist die Gewohnheit, in deren Hervorbringung sich die Funktion des Zeichens erschöpft.«[40]

Wie den Definitionen aus der Betonung der Möglichkeit, Tatsächlichkeit und Gewohnheit unschwer zu entnehmen ist, können die drei Interpretantenarten – allerdings nur innerhalb der umfassenden Drittheit des Zeichens als Ganzen – wieder den Stufen der Erst-, Zweit- und Drittheit zugordnet werden. Wie zu erwarten war, können wieder die Stufen der Erst- und Zweitheit zur Lösung unseres Problems nicht beitragen, der finale Interpretant aber sehr wohl: er wird einer »Gewohnheit«, d.h. einem geregelten Zusammenhang gleichgesetzt, in der sich das Zeichen »erschöpft«, d.h. sein Ende findet.

Der finale Interpretant muß zwar gemäß der allgemeinen Zeichendefinition wiederum ein Repräsentamen sein können, woraus folgt, daß auch dieses in einem potentiellen späteren Zeichenprozeß weiterentwickelt werden kann, so daß in der aktuellen Semiose zwar pragmatisch ein Ende durch den finalen Interpretanten erreicht werden muß, aber eben nur ein vorläufiges, was ja auch den Anschlußerfordernissen der Autopoiesis entspricht. In dem je aktuellen Zeichenprozeß aber kann der finale Interpretant nicht mehr als Repräsentamen fungieren, da er ja der letzte gewohnheitsmäßige Effekt des Prozesses sein soll, woraus folgt, daß seine Wirkung eine andere sein muß, als das Eröffnen weiterer Zeichentriaden.

Diese andere Wirkung besteht nun in der »*Änderung einer Verhaltensgewohnheit* [...]. Die Änderung der Verhaltensgewohnheit besteht oft darin, daß

---

[40] Alle drei Zitate aus Peirce 1993b, S. 224f.

die Stärke einer Verhaltensgewohnheit steigt oder fällt.«[41] Der finale Interpretant stellt also den geregelten bzw. strukturierten Zusammenhang der Zeicheninterpretation her, die in ihm ihr (vorläufiges) Ende durch die Konstitution von Bedeutung bzw. Sinn findet. Der finale Interpretant als »Verhaltensgewohnheit« muß mit Peirce' pragmatisch-pragmatizistischem Hintergrund gelesen werden, darf nicht psychologisch verstanden, sondern soll mit Theorieelementen aus Peirce' Zeichentheorie selbst semiotisch gedeutet werden. Diese Theoriebausteine sind die aus der Besprechung bisher ausgesparten Subklassen des Legizeichens und des Symbols (s.o.), die kategorial wie der finale Interpretant der Drittheit zugehören, die allein strukturelle Regel- oder Gesetzmäßigkeiten repräsentieren und somit Gewohnheiten konstituieren kann.

Das Repräsentamen ist auf der Stufe der Drittheit als Legizeichen klassifiziert: »Ein Legizeichen ist ein Gesetz, das ein Zeichen ist.«[42] Da ein Legizeichen als Gesetz nur etwas Allgemeines sein kann, kann das Legizeichen in seiner Abstraktheit wie auch die Qualität des Qualizeichens nicht aktuell existieren, sondern bedarf der Aktualisierung seiner Gesetzmäßigkeit in einem jeweiligen Sinzeichen; diese spezielle Art von Sinzeichen nennt Peirce auch Replika: »Jedes Legizeichen bedeutet etwas mittels eines Falls seiner Anwendung, der als eine Replika von ihm bezeichnet werden kann.« (loc. cit.)

Sowohl das Sinzeichen im allgemeinen als auch die Replika im speziellen sind, wie oben hergeleitet, die ereignishaften und zeitpunktfixierten Elemente des Zeichensystems und -prozesses. Der bedeutende Unterschied zwischen einem »normalen« Sinzeichen, das wirklich singulär und nur ein einzigesmal auftritt, und einem als Replika beobachtbaren Sinzeichen ist, daß letzteres zwar auch nie mehrfach als dasselbe Ereignis auftritt, aber immer als das Gleiche, nämlich die konkrete wiederholbare Verkörperung seines abstrakten Legizeichens, beobachtet werden kann. Das Legizeichen ermöglicht also die Identität seiner Replika-Sinzeichen trotz deren ereignishaften Verschiedenheit in der Zeit, womit es zur Stukturbildung im System beiträgt, da es die Kondensierung und Konfirmierung der einzelnen Sinzeichen zu sinnvollen Identitäten mit gerichteter Anschlußmöglichkeit leistet.

Daneben ist das Legizeichen auch in der Lage, Regelhaftigkeiten zu repräsentieren, nach denen über Qualizeichen der Umwelt im Sinne der Fremdbeobachtungen dauerhaft Qualitäten zugeschrieben werden können oder über Ikone die Komplexität der Umwelt als eine geordnete beobachtet werden kann, indem vermittels konventionell geregelter Ähnlichkeitsklassen entsprechende Kategorien projiziert werden können. Ebenfalls über Legizeichen las-

---

[41] Peirce 1991, S. 513f.
[42] Peirce 1993a, S. 124.

sen sich Ereignisse, die als indexikalische Zusammenhänge beobachtet werden, semiotisch als Gesetze repräsentieren und für Wiederholungen entsprechend im Gedächtnis des Zeichensystems präsent halten.

Die in dieser Weise geregelten Qualizeichen, Ikone und Indices stellen differenzierte Modi dar, die dem System zur fremdreferentiellen Bearbeitung von Irritationen zur Verfügung stehen, oder besser, die für diese Funktion systemintern ausdifferenziert wurden, dar;[43] das Symbol (s.u.) ist dagegen eine besondere Form der Selbstreferenz, in der das System die Art des eigenen Operierens beobachten kann, d.h. auch ohne Irritation von außen durch die Bearbeitung der beobachteten Eigenkomplexität seine Autopoiesis am Laufen halten kann.

Das Symbol ist eine unter dem Aspekt des Objektbezugs näher spezifizierte Art von Legizeichen, da es mit seinem Objekt allein über eine Regel oder Drittheit verbunden ist: »Unter einem Symbol verstehe ich ein Zeichen, dessen Verbindung mit seinem Objekt einfach in der Tatsache besteht, daß es so interpretiert wird, daß es sich auf dieses Objekt bezieht, und nicht darin besteht, daß es irgendeine tatsächliche Verbindung mit seinem Objekt hat oder ihm ähnlich ist.«[44] Eben diese Tatsache, die diese Interpretation im Interpretanten hervorbringt, ist eine Regel: »Ein Symbol ist ein Repräsentamen, dessen repräsentierende Eigenschaft genau darin besteht, eine Regel zu sein, die seinen Interpretanten bestimmen wird. Alle Wörter, Sätze, Bücher und sonstige konventionellen Zeichen sind Symbole.«[45] Genau daraus folgt: »Es [das Symbol, meine Anm.] ist also selbst ein allgemeiner Typus oder ein Gesetz, das heißt, es ist ein Legizeichen.«[46]

Das symbolische Legizeichen regelt also den ansonsten willkürlichen Bezug auf sein Objekt, so daß sich in ihm, wie auch Luhmann für das Zeichen fordert,[47] Willkür und Tradition, verstanden als kondensierende und konfirmierende Entwicklungsgeschichte der entsprechenden, an sich kontingenten Regel, notwendig vereinen. Diese Regelung leistet eine selektive Begrenzung des Objektbezugs und konditioniert die als Anschluß möglichen Relationierungsmöglichkeiten im System. Indem symbolische Legizeichen wie auch die übrigen Legizeichen in Sinzeichen als Replikas auftreten müssen, können sie als solche im Medium der Sprache und weiter auch der Schrift externalisiert und in der Form stabiler Sinneinheiten auf Dauer gestellt werden.

---

[43] Dies ist meine konstruktivistisch orientierte, von Peirce' realistischem Ansatz abweichende Interpretation dieser Subzeichenklassen.

[44] Peirce 1990, S. 267.

[45] Peirce 1993a, S. 158.

[46] Peirce 1993a, S. 125.

[47] Luhmann 1993, S. 56.

Über die Drittheit des finalen Interpretanten, des Legizeichens und des Symbols kann also die nötige Binnenstruktur aufgebaut und damit das Unwahrscheinliche wahrscheinlich gemacht werden, indem in die primär ungerichtete und potentiell unendliche Semiose des Zeichensystems die nötige bestimmte Eigenkomplexität eingeführt wird.

Als Medium für die Formbildungen all dieser Art im Zeichensystem dient die eigene semiotische Systemvergangenheit, die sich selbst in der Form von Strukturen als Systemeigenwert auf Dauer stellen und gedächtnishaft präsent halten kann: Die in der Vergangenheit des Zeichensystems gebildeten Formen werden dann selbst wieder zum Medium für neue Formbildungen, wenn eine Irritation aus der Umwelt oder auch die Eigenkomplexität des Systems bearbeitet wird. Die dafür nötige Rekursivität, durch die die Ergebnisse füherer Operationen, also in Strukturen fixierte Formen, als Basis, also Medium, anschließender Operationen, also neuer Formbildungen, dienen, ist durch die schon erläuterte Doppelfunktion des Interpretanten bereits in die Grundkonzeption des Zeichens einbezogen und damit gesichert.

Sinn

Nach der Herleitung von operativer Grenze und Binnenstruktur eines Zeichensystems möchte ich mich nun dem Problem der semiotischen Sinnproduktion im Vergleich zu Luhmanns Sinnbegriff zuwenden. Sinn ist nach Luhmann unnegierbar und wird als »Differenz von gerade Aktuellem und Möglichkeitshorizont«[48] konzipiert: die Selektion einer bestimmten Möglichkeit, die dadurch aktuell und sinnhaft wird, eröffnet simultan einen Bereich anderer Möglichkeiten, die einerseits erst durch diese bestimmte Selektion entstehen, andererseits aber auch durch dieselbe Selektion virtualisiert werden. Da die gewählte Möglichkeit nur auf dem Hintergrund der nicht gewählten Sinn hat, ist in diesem differenztheoretischen Entwurf Sinn nicht stabil, sondern einer endogenen Unruhe unterworfen.

Auch in Peirce' Zeichenprozeß ist die Bildung von Bedeutung bzw. Sinn unvermeidlich, da der Interpretant, und sei es auch nur als vager unmittelbarer Interpretant, immer eine »bedeutungstragende Wirkung«[49] des Zeichens ist: findet also überhaupt ein Zeichenprozeß statt, ist auch Bedeutung bzw. Sinn in diesem Sinne unnegierbar, da ohne den Interpretanten als kategoriales Relatum die Zeichentriade gar nicht existieren könnte. Daß Sinn auch in Zeichenprozessen ein selektives »Prozessieren der jeweiligen Aktualität ent-

[48] Luhmann 1984, S. 100.
[49] Peirce 1991, S. 512.

lang von Möglichkeitsanzeigen«[50] ist, zeigt sich bereits aus einer relativ einfachen Zeichendefinition von Peirce:

»Ein Zeichen oder *Repräsentamen* ist etwas, das für jemanden in einer gewissen Hinsicht oder Fähigkeit für etwas steht.«[51] Daß das Zeichen »für etwas« steht, heißt differenztheoretisch betrachtet, daß dieses eine »Etwas« selegiert wurde unter Virtualisierung alles anderen, so daß hiermit gleich der Doppelhorizont der Luhmannschen Sachdimension des Sinnes miterfaßt ist. Daß es »für jemanden« steht, läßt sich beziehen auf die Sozialdimension, da aufgrund der Problematik der doppelten Kontingenz und semiotisch aufgrund der potentiell unbegrenzten Semiose nicht gewährleistet ist, daß das Zeichen von Ego den gleichen Sinn wie von Alter zugeschrieben bekommt. Und daß zuletzt das Zeichen »in einer gewissen Hinsicht oder Fähigkeit« steht, bezeichnet die unhintergehbare Selektivität, die auch jede semiotische Operation im Medium des Sinns auszeichnet.

Zu diesen drei Aspekten der Selektivität von Sinn kommt noch die Zeitdimension, die aus der zuletzt zitierten, etwas statisch klingenden Zeichendefinition nicht folgt. Aber wenn man sich die Gründe für die potentielle Unendlichkeit und damit Prozessualität der Semiose in Erinnerung ruft, ist klar, daß die Zeitdimension mit dem Doppelhorizont vorher / nachher als weiterer Selektionsbereich ohnehin der Semiose inhärent ist. All diese auch dem Zeichensystem zukommenden Ebenen der Selektivität zeigen, daß das jeweilige Zeichenereignis der »Differenz von *aktual Gegebenem* und auf Grund dieser Gegebenheit *Möglichem*«[52] seinen Sinn verdankt, nicht zuletzt auch deshalb, weil der Interpretant, der ja zum Repräsentamen der sich anschließenden Triade wird, eben selbst erst durch die selegierten Gegebenheiten seiner eigenen Triade und der vorhergehenden Triaden als Möglichkeit gegeben ist.

Zeichen und Kommunikation

Wenn also sowohl Zeichensysteme als auch soziale und psychische Systeme in ihren autopoietischen Operationen unnegierbar Sinn prozessieren, und wenn oben schon der Versuch unternommen wurde, Gedanken als basale Elemente psychischer Systeme zeichentheoretisch zu rekonstruieren, ist nun noch der Vergleich zwischen Zeichen und Kommunikation als Letztelement sozialer Systeme zu ziehen.

Sowohl Kommunikationen als auch Zeichen operieren in den Prozessen ihrer Systeme formbildend im Medium Sinn, wobei hier für beide Sprache als

---

[50] Luhmann 1984, S. 100.
[51] Zitiert nach Nöth 1985, S. 36.
[52] Luhmann 1984, S. 111.

Medium bzw. Klasse bestimmter Zeichen mit ihren speziellen Leistungsmerkmalen ein hervorgehobene Rolle spielt. Über diese Gemeinsamkeiten hinaus sollen Kommunikationen und Zeichen nun noch in ihrem Binnenaufbau verglichen werden: die Binnenstruktur des Peirceschen Zeichens ist oben ja schon als Triade dreier kategorialer Relata, nämlich Repräsentamen, Objekt und Interpretant, vorgestellt worden. Luhmann entwirft Kommunikation auch als dreistelligen Komplex, nämlich als »Synthese dreier Selektionen, als Einheit aus Information, Mitteilung und Verstehen«.[53] Es bietet sich nun an zu prüfen, inwieweit diese Komponenten miteinander vergleichbar sind.

Die Information als Umwelt- und Fremdreferenz ist als Selektion, daß eben dies und nicht jenes thematisiert wird, mit dem Objekt insofern kompatibel, als auch das (unmittelbare) Objekt als ein bestimmtes und damit als kein anderes und damit notwendig selektiv konstituiert wird und in der Semiose gemessen am entsprechenden dynamischen Objekt ebenfalls nur selektiv weiterbearbeitet werden kann.

»Ferner muß jemand ein Verhalten wählen, das diese Information mitteilt.«[54] Faßt man also die Mitteilung als die Tatsache, daß etwas gesagt wird, und als die Art und Weise auf, in der dies geschieht, nämlich so und nicht anders, kann man auch Mitteilung und Repräsentamen durchaus als ähnlich ansehen: Dafür, daß überhaupt ein semiotischer Objektbezug stattfindet, ist ein Repräsentamen als kategoriales Relatum ohnehin unverzichtbar, womit aber die Frage nach dem Wie des Bezugs noch nicht beantwortet ist. Da aber auch unter dem Aspekt des Qualizeichens ein bestimmtes Repräsentamen selegiert werden muß, durch das dann der Objektbezug als Information im obigen Sinne realisiert wird und eben nicht durch ein anderes, fallen aufgrund der unvermeidlichen Selektion die Tatsache an sich und die Wahl einer bestimmten Weise zusammen.

Wenn man Verstehen als Einheit der Differenz von Information und Mitteilung auf die Zeichentriade projizieren will, bietet sich als Pendant der Interpretant an, der insofern die Einheit der Differenz zwischen Repräsentamen^1 und Objekt^1 repräsentiert, als er selbst als Repräsentamen^2 eben diese in sich differente Relation zum Objekt^2 hat. Diese Repräsentation muß ebenso wie das Verstehen selektiv sein, da sie den Objektbezug dieser Relation immer nur in einer bestimmten und dann eben in keiner anderen Weise darstellen kann, nämlich jeweils nur z.B. als Ikon, Index oder Symbol.

»Mit Verstehen bzw. Mißverstehen wird eine Kommunikationseinheit abgeschlossen ohne Rücksicht auf die prinzipiell endlose Möglichkeit weiter zu klären, *was* verstanden worden ist.«[55] In dieser Formulierung Luhmanns wird

[53] Luhmann 1984, S. 203.
[54] Luhmann 1984, S. 195.
[55] Luhmann 1997, S. 83.

dem Verstehen eine Leistung zugesprochen, die bei Peirce ebenfalls ein Interpretant, nämlich der finale Interpretant erfüllt: auch der finale Interpretant bringt eine aktuelle Semiose an ihr Ende, das gemäß dem Prinzip der potentiell unendlichen Semiose immer nur vorläufig sein kann, da auch der finale Interpretant das Potential, als Repräsentamen eine neue Triade zu eröffnen, zwar hat, dieses Potential aber aktuell nicht nutzt. Die Wirkung des finalen Interpretanten hatte Peirce ja als »Änderung einer Verhaltensgewohnheit« umschrieben und auch hier drängt sich eine funktionale Parallele zum Verstehen auf: »Wenn wir sagen, daß Kommunikation eine Zustandsänderung des Adressaten bezweckt und bewirkt, so ist damit nur das Verstehen ihres Sinnes gemeint.«[56]

Allerdings kommen hier durch den Adressaten und das Bezwecken zwei Momente bei Luhmann ins Spiel, die keine direkte Entsprechung in Peirce' Entwurf zu haben und letztlich die gesamte Gegenüberstellung von Information, Mitteilung, Verstehen und Objekt, Repräsentamen, Interpretant fraglich zu machen scheinen, da im Luhmannschen Dreierkomplex u.U. mehr impliziert ist, als in der Peirceschen Triade.

Die größere Implikation liegt auf den ersten Blick darin, daß Kommunikation als Letztelement sozialer Systeme konzipiert und somit selbst genuin sozial ist: »Sie [die Kommunikation, meine Anm.] ist genuin sozial insofern, als sie zwar eine Mehrheit von mitwirkenden Bewußtseinssystemen voraussetzt, aber (eben deshalb) als Einheit keinem Einzelbewußtsein zugerechnet werden kann.«[57] Die notwendige Beteiligung von mindestens zwei psychischen Systemen, die nach Luhmann als Alter und Ego bezeichnet werden können, an der Kommunikation ist ein wesentlicher Unterschied zu einer Semiose, die durchaus ohne jede Einschränkung der Selektivität, die oben den drei Relata zugesprochen wurde, im psychischen System nur eines Interpreten, also nach Luhmann in der Umwelt des Kommunikationssystems, ablaufen kann.

Durch die nach Luhmann zwangsläufige Einführung von Ego und Alter entsteht ein Beobachtungsverhältnis, das den gesamten Dreierkomplex von Information, Mitteilung und Verstehen durchzieht: »Die Differenz liegt zunächst in der Beobachtung des Alter durch Ego. Ego ist in der Lage, das Mitteilungsverhalten von dem zu unterscheiden, was es mitteilt.«[58] Dadurch also, daß die der Kommunikation inhärente dreifache Selektion immer durch Ego und Alter als Beobachtungsinstanzen verdoppelt wird, ergeben sich zum einen Erwartungen und Erwartungserwartungen, da jede Selektion des einen im Hinblick auf den anderen erfolgt. Zum anderen lassen sich so Handeln und

---

[56] Luhmann 1984, S. 203.
[57] Luhmann 1997, S. 81.
[58] Luhmann 1984, S. 198.

Erleben aus der Kommunikation ableiten, je nachdem, ob Ego bzw. Alter sich selbst oder dem jeweils anderen die Selektionen zuschreibt. D.h. wenn Ego sich als handelnd beobachtet, schreibt er sich die Selektionen der Kommunikation selbst zu, aber eben im Hinblick auf Alter. Und wenn Ego sich als erlebend beobachtet, schreibt er die Selektionen und entsprechende Intentionen, Motive u.ä. Alter zu, so daß in beiden Fällen aufgrund des genuin sozialen Charakters der Kommunikation immer Ego und Alter gegeben sein müssen. Alle kommunikativen Selektionen sind also nicht für sich allein, sondern als Attributionen von Ego an Alter oder umgekehrt zu verstehen, je nachdem welche Beobachterposition bezogen wird.

Diese Doppelung und die beachtlichen Konsequenzen, die sich daraus ergeben, sind so bei Peirce nicht bindend angelegt, können aber in seinem weiten Zeichenkonzept erfaßt werden, wie ein abschließender Blick auf eine weitere Definition des Symbols zeigen soll: »Ein *Symbol* ist ein Zeichen, dessen zeichenkonstitutive Beschaffenheit ausschließlich in der Tatsache besteht, daß es so interpretiert werden wird. [...] Was aber den täglichen Gebrauch betrifft, ist der einzige Grund dafür, daß das Wort die Idee zu vermitteln in der Lage ist, der, daß sich der Sprecher *gewiß ist, daß es so interpretiert werden wird*. Dies gilt in der gleichen Weise für jedes Wort und jeden Satz der Sprache. Nun ist die *Gewißheit, daß etwas so und so sein wird*, von der Art dessen, was wir in der Physik ein Gesetz nennen.«[59]

Die angesprochene Gewißheit des Sprechers (= handelnder Ego), daß das Symbol in bestimmter Weise interpretiert werden wird, kann sich ja nur auf einen Adressaten (= erlebender Alter) des Symbols richten, so daß hier die beiden Beobachterpositionen integriert werden könnten. Aus systemtheoretischer Sicht wäre man aber sicher vorsichtiger und würde statt einer bis zur physikalischen Gesetzmäßigkeit gehenden Gewißheit nur von Erwartung bzw. Erwartungserwartung sprechen, aufgrund derer einerseits Ego von Alter erwartet, daß er die mitgeteilte Information der Kommunikation in der bezweckten Weise verstehen kann, und andererseits Alter erwarten kann, daß eben dies von ihm erwartet wird. Somit sind in einem kommunikativen Zeichenprozeß Ego und Alter nur Zurechnungsrollen einer Semiose auf der Ebene der Drittheit, die beide Positionen integriert und keinesfalls auf eine der beiden reduziert werden kann.[60]

---

[59] Peirce 1993a, S. 65f.

[60] Berücksichtigt man zudem, daß Peirce Erkenntnis, Wissen und die jeweils gültige Konstitution dessen, was als Realität zu gelten hat, nicht psychischen Systemen von Einzelsubjekten zurechnet, sondern einer umfassenden Kommunikationsgemeinschaft, dürften Oliver Jahraus' Befürchtungen bezüglich einer Überschätzung des Einzelsubjektes endgültig ausgeräumt sein; vgl. Corrington 1993, S. 90-92 und meine Anm. 26.

Luhmanns dreistelliger Kommunikationsbegriff kann also ebenfalls in Peirce' umfassendem Zeichensystem semiotisch reformuliert werden.

Resümee

Peirce' hinsichtlich konstruktivistischer Positionen modifiziertes Zeichensystem ist mächtig genug, um die sinnhafte Operationsweise psychischer und sozialer Systeme erfassen zu können. Außerdem bietet es v.a. über den Theoriebaustein des dynamischen Objekts ein überzeugendes Konzept der strukturellen Kopplung des Zeichensystems an seine Umwelt. Indem bei Oliver Jahraus gerade dieser Zusammenhang durch die auch von Luhmann abweichende einseitige Privilegierung der Kopplung von Bewußtsein und Kommunikation zu stark aus dem Blick gerät, läuft sein »Steckenpferd« Gefahr, zu einem Schaukelpferd zu werden, das aufgrund seiner nur dyadischen Oszillation emergente Phänomene, Neuerungen oder Evolution kaum erklären kann, was auch Nina Ort mit Verweis auf die von Peirce begründete Abduktionslogik zu Recht kritisch anmerkt.

Ob das Zeichensystem in Analogie zu Luhmanns operativem Konstruktivismus ateleologisch seine Autopoiesis fortsetzt oder ob seine Dynamik gemäß Peirce' optimistischem Realismus in den Konsens eines ultimativen Interpretanten konvergiert, wird sich vielleicht zeigen – *in the long run.*

Literaturverzeichnis

Baltzer, Ulrich: Erkenntnis als Kategoriengeflecht: Kategorien bei Charles S. Peirce, Paderborn u.a. 1994.

Corrington, Robert: An Introduction to C. S. Peirce: Philosopher, Semiotician and Ecstatic Naturalist, Lanham 1993.

Fairbanks, M. C.: Peirce on Man as a Language: A Textual Interpretation, Transactions of the Charles S. Peirce Society 12, 1976, 18-32.

GLU = Glossar zu Niklas Luhmanns Theorie sozialer Systeme, von C. Baraldi, G. Corsi und E. Esposito, Frankfurt a.M. ^{2}1998 (^{1}1997).

Jäger, Ludwig: Zu einer historischen Rekonstruktion der authentischen Sprach-Idee F. de Saussures, Diss. Düsseldorf 1975.

– Ferdinand de Saussures historisch-hermeneutische Idee der Sprache. Ein Plädoyer für die Rekonstruktion des Saussureschen Denkens in seiner authentischen Gestalt, Linguistik und Didaktik 27, 1976, 210-244.

Krause, Detlef: Luhmann-Lexikon. Eine Einführung in das Gesamtwerk von Niklas Luhmann mit 27 Abbildungen und über 500 Stichworten, Stuttgart ^{2}1999.

Luhmann, Niklas: Die Wissenschaft der Gesellschaft, Frankfurt a.M. 1990.

– Zeichen als Form, in: Baecker, D. (Hg.), Probleme der Form, Frankfurt a.M. 1993, 45-69.
– Die Autopoiesis des Bewußtseins, in: Ders., Soziologische Aufklärung 6: Die Soziologie und der Mensch, Opladen 1995, 55-112.
– Soziale Systeme. Grundriß einer allgemeinen Theorie, Frankfurt a.M. [6]1996 ([1]1984).
– Die Gesellschaft der Gesellschaft, Frankfurt a.M. 1997.
Nöth, Winfried: Handbuch der Semiotik, Stuttgart 1985.
Oehler, Klaus: Charles Sanders Peirce, München 1993.
– Sachen und Zeichen. Zur Philosophie des Pragmatismus, Frankfurt a.M. 1995.
Peirce, Charles S.: Semiotische Schriften, Bd. 1: 1865 - 1903, hg. u. übers. von Ch. Kloesel und H. Pape, Frankfurt a.M. 1986.
– Semiotische Schriften, Bd. 2: 1903 - 1906, hg. u. übers. von Ch. Kloesel und H. Pape, Frankfurt a.M.1990.
– Naturordnung und Zeichenprozeß. Schriften über Semiotik und Naturphilosophie, mit einem Vorwort von I. Prigogine, hg. u. eingeleitet von H. Pape, übers. von B. Kienzle, Frankfurt a.M. 1991. (= Peirce 1991a)
– Schriften zum Pragmatismus und Pragmatizismus, herausgegeben von K. - O. Apel, übers. von G. Wartenberg, Frankfurt a.M. 1991. (= Peirce 1991b)
– Phänomen und Logik der Zeichen, hg. u. übers. von H. Pape, Frankfurt a.M. [2]1993 ([1]1983). (= Peirce 1993a)
– Semiotische Schriften, Bd. 3: 1906 - 1913, hg. u. übers. von Ch. Kloesel und H. Pape, Frankfurt a.M.1993. (= Peirce 1993b)
Schönrich, Gerhard: Zeichenhandeln. Untersuchungen zum Begriff einer semiotischen Vernunft im Ausgang von Ch. S. Peirce, Frankfurt a.M. 1990.

Simon Bunke

Das Subjekt und die Naturpartitur

Möglichkeit und Grenzen einer Biosemiotik am Beispiel Jakob v. Uexkülls

Abstract

»Das Subjekt ist der neue Naturfaktor, den die Biologie in die Naturwissenschaft einführt«[1], denn Lebewesen sind keine Maschinen: Mit diesem Satz könnte man die Position zusammenfassen, die der estnische Biologe und Umweltforscher Jakob v. Uexküll (1864–1944) stets vehement verteidigt hat. Durch die Einführung des »Subjekts« in eine damit subjektbezogene Biologie kann er die je als einseitig verworfenen maschinistischen und vitalistischen Positionen überwinden. Vermittelt über den Subjektbegriff rückt zugleich eine Auffassung von Biologie ins Zentrum, die alle Vorgänge in der belebten Natur als ›bedeutungsvoll‹ begreift. Nicht die Aufdeckung kausal erklärbarer Zusammenhänge ist die Aufgabe des Biologen, sondern das Nachvollziehen und Nachkonstruieren der Subjekt-Umwelt-Prozesse.

Die biologisch fundierte Theorie Jakob von Uexkülls kann in einem semiotischen Kontext vor allem deshalb Interesse beanspruchen, da sie implizit die Zeichenhaftigkeit aller Lebensvorgänge in der Natur voraussetzt: Sowohl ›einfache‹ Körperzellen wie auch Gehirnzellen scheinen durch ihre ›Ich-Töne‹ Zeichen zu verarbeiten; Tiere und Menschen konstituieren im Funktionskreis bedeutungshafte Objekte mit Zeichencharakter; und auch Pflanzen werden mit der ›Bedeutsamkeit‹ konfrontiert.

---

[1] Jakob von Uexküll: Kompositionslehre der Natur. Hg. v. Thure von Uexküll, Frankfurt a.M. 1980, S. 353 ff.
Die Texte Jakob von Uexkülls werden im folgenden mit folgenden Siglen zitiert:
<BdU> = Die Bedeutung der Umweltforschung für die Erkenntnis des Lebens (1935). In: KLN, S. 363-382.
<BL> = Bedeutungslehre. In: ders./Georg Kriszat [Zeichnungen]: Streifzüge durch die Umwelten von Tieren und Menschen. Bedeutungslehre. Hamburg 1956, S. 103-161.
<KLN> = Kompositionslehre der Natur. Hg. v. Thure von Uexküll. Frankfurt a.M. 1980.
<OU> = Der Organismus und die Umwelt (1931). In: KLN, S. 305-343.
<RSB> = Die Rolle des Subjekts in der Biologie (1931). In: KLN, S. 343-356.
<SU> = Streifzüge durch die Umwelten von Tieren und Menschen. In: ders./Georg Kriszat [Zeichnungen]: Streifzüge durch die Umwelten von Tieren und Menschen. Bedeutungslehre. Hamburg: Rowohlt, 1956, S. 19-101.

Also wird v. Uexkülls Theorie in zweifacher Hinsicht für die Semiotik bedenkenswert: Zum einen lassen sich hier modellhaft die Möglichkeit und auch die Grenzen einer Biosemiotik in verschiedenen Teilbereichen diskutieren; zum anderen erweist sich diese Theorie als eine der zentralen Bezugsgrößen für die gegenwärtige Biosemiotik[2], welche die bei Uexküll noch übergreifend reflektierten Teilbereiche (Tiere, Gehirnzellen, Zellen, Pflanzen) ausdifferenziert hat.

Näherhin werden v. Uexkülls Überlegungen mit einem an Peirce orientierten Zeichenbegriff befragt; unter ›Zeichen‹ soll also im folgenden eine genuin triadische Relation von Repräsentamen, Objekt und Interpretant verstanden werden:

> A *Sign*, or *Representamen*, is a First which stands in such a genuine triadic relation to a Second, called its *Object*, as to be capable of determining a Third, called its *Interpretant*, to assume the same triadic relation to its Object in which it stands itself to the same *Object*. The triadic relation is *genuine*, that is its three members are bound together by it in a way that does not consist in any complexus of dyadic relations. That is the reason the Interpretant, or Third, cannot stand in a mere dyadic relation to the Object, but must stand in such a relation to it as the Representamen itself does.[3]

Mit dieser Vorentscheidung zugunsten eines triadischen Zeichenbegriffs wird zugleich schon der Problemhorizont angedeutet, vor dem sich jene Biotheorie bewähren muß. Vor allem die ›Drittheit‹ ist es, die einerseits Peirces Zeichenbegriff so mächtig werden läßt, aber andererseits bei den zu untersuchenden biologischen Konzepten Schwierigkeiten aufwirft: Wie noch deutlich werden wird, kann hier die Position des Interpretanten nicht auf allen Ebenen angemessen besetzt werden.

---

2 Zur Biosemiotik allgemein vgl. u.a. zuletzt: Myrdene Anderson/ Floyd Merrell (Hg.): On semiotic modeling. Berlin, New York 1991; Thomas A. Sebeok/ Jean Umiker-Sebeok/ Evan P. Young (Hg.): Biosemiotics. Berlin, New York 1992; Semiotica 127 (1999): Special Edition: Biosemiotica; Zeitschrift für Semiotik 15 (1993); sowie die entsprechenden Beiträge in Roland Posner/ Klaus Robering/ Thomas A. Sebeok (Hg.): Semiotik: Ein Handbuch zu den zeichentheoretischen Grundlagen von Natur und Kultur. Berlin, New York, 1. Teilband 1997, 2. Teilband 1998.

3 Charles S. Peirce: Collected Papers. Ed. by Charles Hartshorne/ Paul Weiss, Cambridge [4]1978, Vol. 2, S. 156 (=CP 2.274).

Zur Biologiekonzeption Jakob v. Uexkülls

Jakob v. Uexkülls Theorie ist in einen Kontext eingebettet, der sich zwischen den Extremen der ›Mechanistik‹ und des ›Vitalismus‹ entfaltet hat[4]. Von den Mechanisten wurden alle Tierhandlungen auf kausale Ursache-Wirkung-Schemata zurückgeführt, so daß ein subjektiver Freiraum des Lebewesens kaum möglich war; es ging um die »Bestimmung der Wirklichkeit des Organischen im Sinne bloß mechanistisch-physikalischer Abläufe und ›Komplexionen‹«[5]. Demgegenüber betonten die ›Vitalisten‹, daß zwischen »die kausalen Ursachen, die aus der Außenwelt auf das Tier einwirken, und die Handlungen, mit denen das Tier darauf antwortet, seelische Vorgänge eingeschaltet seien«[6]; zugleich brachten sie die »Idee der ›reinen Planmäßigkeit‹«[7] ein, die dann verändert auch bei Jakob v. Uexküll wiederkehrt.

Indem dieser nun den Begriff der ›Bedeutung‹ einführt und in eine zentrale Stellung rückt, kann er in jener Diskussion eine vermittelnde Rolle einnehmen: Zwar akzeptiert er das Vorhandensein kausaler Abläufe in der Natur und wehrt sich gegen eine allzu spekulative Tierpsychologie, betont zugleich aber auch, daß Lebewesen nicht wie Mechanismen rein kausal von ihrer Umgebung abhängig sind; der Auffassung einer bloßen Kausalität setzt er die Konzepte des ›Subjekts‹ und der ›Bedeutung‹ entgegen.

Denn jedes Lebewesen ist wesentlich ein »Subjekt«[8], das zu autonomen Handlungen fähig ist und nicht nur *re*-agieren kann: So beantwortet schon »die lebende Gewebszelle alle äußeren Einwirkungen als ein individuelles Ganzes mit ihrer spezifischen Gegenwirkung« (RSB, S. 346); erst recht sind die komplexeren, auf diesen Zellen aufbauenden Lebewesen als Subjekte zu verstehen.

Wird das Lebewesen derart zum Subjekt ›promoviert‹, kehrt sich auch das mechanistische Programm einer äußeren Determination des Lebewesens um, da das Subjekt nun seinerseits eine individuelle Prägung oder individuelle Konstruktion der ›Welt‹ vornimmt: »Die Gegenstände unserer Umwelt erfahren in den Umwelten der Tiere die mannigfachsten Umwandlungen: In der Hundewelt gibt es nur Hundedinge, in der Libellenwelt gibt es nur Libellendinge[...]« (RSB, S. 355). Jedes Lebewesen schafft sich also nach Maßgabe

---

4 Vgl. zum folgenden: Thure von Uexküll: Einleitung. Plädoyer für eine sinndeutende Biologie. In: KLN, S. 17-86; hier S. 20ff.; sowie: Rudolf Langthaler: Organismus und Umwelt. Die biologische Umweltlehre im Spiegel traditioneller Naturphilosophie. Hildesheim, Zürich, New York 1992, S. 49-53.

5 Langthaler: Organismus (s. Anm. 4), S. 49.

6 Thure von Uexküll: Plädoyer (s. Anm. 4), S. 20.

7 Langthaler: Organismus (s. Anm. 4), S. 49.

8 Zu diesem Begriff vgl.: Jakob von Uexküll: Die Rolle des Subjekts in der Biologie. In: KLN, S. 343-356.

seiner subjektiven Bedürfnisse eine individuelle Umwelt aus denjenigen Dingen seiner Umgebung, die für es lebenswichtig sind. Es gibt keine einheitliche Welt für alle Tiere, sondern nur eine Pluralität von subjektiv bedeutungsvollen Um-Welten, Welten um Subjekte herum.

Biologie ist somit ›Umweltlehre‹. Der Begriff »Umwelt« umfaßt den subjektiven Lebensraum eines jeden Lebewesens, das diesen Raum für sich konstituiert und konstruiert. Daher ist die Welt – es sei noch einmal betont – nie ›objektiv‹[9] gegeben, sondern immer beobachterabhängig[10] zu denken und wird (in dieser konstruktivistischen Perspektive) vom Subjekt entsprechend seiner Bedürfnisse geschaffen. Es ›existieren‹ ebenso viele Umwelten wie es Subjekte gibt. Mit Recht ist deshalb diese Biologiekonzeption als »systemisch« bezeichnet worden.[11]

Der Konstruktionsprozeß einer Umwelt durch und für das Subjekt wird theoretisch mit der Bezeichnung »Funktionskreis«[12] markiert: Dieser beschreibt die Bezugnahmen des Subjekts auf Objekte in seiner Umwelt als Akte des ›Merkens‹ und ›Wirkens‹; die semiotische Grundierung dieser Vorgänge deutet sich schon in der Zuordnung entsprechender ›Merkzeichen‹ und ›Wirkzeichen‹ an.

Der typische Funktionskreis läßt sich modellhaft durch folgendes graphisches Schema[13] veranschaulichen:

---

[9] Jedoch muß man gleich hinzufügen, daß von Uexküll in diesem Punkt nicht konsequent ist, da er hinter allen Naturerscheinungen einen umfassenden ›Naturplan‹, eine Bedeutungshaftigkeit alles Seienden als metaphysisches Prinzip postuliert. Vgl. z.B. RSB, S. 355 passim, sowie in dieser Arbeit unten den Abschnitt über die Drittheit.

[10] Diese Beobachterabhängigkeit aller Weltkonsitution wird noch bei den verschiedenen semiotischen Ebenen Relevanz erlangen: zum einen bei der Frage, ob Semiosen bei Pflanzen einen externen Beobachter voraussetzen, zum anderen bei der theoretischen Modellierung von Biosemiosen als Zeichenprozesse zwischen Mensch und Tieren/Pflanzen. – Beide Aspekte, die auch in der biosemiotischen Forschung als Theoriebestandteile anzutreffen sind, werden hier zugunsten eines strengeren Begriffs von Biosemiotik wegen ihrer problematischen Implikationen ausgeschlossen.

[11] So Thure v. Uexküll: Jakob von Uexkülls Umweltlehre. In: Posner/Robering/ Sebeok (Hg.): Semiotik (s. Anm. 2), 2. Teilband 1998, S. 2183-2191; hier S. 2183. – Vgl. auch Igamberdievs Überlegungen zur Organisation von Biosystemen, u.a. mit Bezug auf v. Uexkülls Konzept der »Umwelt«: Abir U. Igamberdiev: Organization of Biosystems: A Semiotic Approach. In: Sebeok/ Umiker-Sebeok/ Young (Hg.): Biosemiotics. (s. Anm. 2), S. 125-145.

[12] Vgl. dazu v.a. Jakob v. Uexkülls Ausführungen in KLN, S. 226-291, bes. S. 281f.

[13] Das Schema, das von Uexküll in mehreren Texten verwendet hat, stammt hier aus: BdU, S. 372 (vereinfacht wiedergegeben).

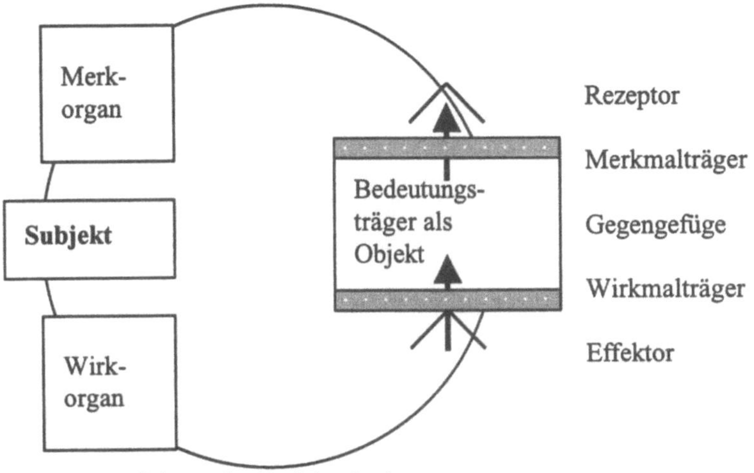

Schema des Funktionskreises

Dieses Schema erläutert Jakob v. Uexküll folgendermaßen:

> Von bestimmten Eigenschaften des Objektes, die ich als Merkmalsträger bezeichne, gehen Reize aus, die von den Sinnesorganen (auch Rezeptoren genannt) des Subjektes aufgenommen werden. In den Rezeptoren werden die Reize in Nervenerregungen verwandelt, die dem Merkorgan zueilen. Im Merkorgan klingen, wie wir das von uns selbst wissen[14], Sinnesempfindungen an, die wir ganz allgemein Merkzeichen nennen wollen. Die Merkzeichen werden vom Subjekt hinausverlegt und verwandeln sich, je nachdem, welchem Sinneskreis sie angehören, bald in optische, bald in akustische oder taktile Eigenschaften des Objekts. Diese Eigenschaften bilden die Merkmale des Subjektes.
>
> [...] Vom Merkorgan wird das Wirkorgan beeinflußt. In diesem werden bestimmte Impulsfolgen ausgelöst, die sich in nervösen Erregungsrhythmen auswirken. Wenn diese die Muskeln der ausführenden Organe der Effektoren treffen, werden diese zu ganz bestimmten Bewegungsfolgen veranlaßt, die sich als Leistung des Tieres äußern. [...]
>
> Die von den Bewegungsfolgen erzielte Leistung besteht immer darin, daß dem Objekt ein *Wirkmal* erteilt wird. Die von Wirkmal betroffenen Eigenschaften des Objekts werden als *Wirkmalträger* bezeichnet. [...] Durch diese Verbindung [von Wirkmal- und Merkmalträger] ist dafür gesorgt, daß jede Handlung zu ihrem natürlichen Abschluß kommt, der immer darin besteht, daß das *Merkmal vom Wirkmal* ausgelöscht wird. Dadurch ist der Funktionskreis geschlossen. (BdU, S. 371f.)

---

[14] Dieser Punkt ist problematisch, da v. Uexküll hier anthropogene Vorstellungen in die Natur hineinprojiziert; es handelt sich wohl um einen Rückgriff auf Argumentationsschemata der vitalisitischen Tierpsychologie.

Während das Objekt als Reizquelle auf das Subjekt einwirkt, wird in diesem durch die Stimulierung des Rezeptors seinem Merkorgan – dem »reizaufnehmenden Teil des Gehirns« (SU, S. 26) – bestimmte Impulse zugeführt. Dabei entsprechen bestimmte Zellgruppen im Gehirn bestimmten Reizquellen in der Umwelt:

> Um ein geordnetes Zusammenarbeiten zu ermöglichen, bedient sich der Organismus der Gehirnzellen [...] und gruppiert die eine Hälfte als ›Merkzellen‹ im reizaufnehmenden Teil des Gehirns, dem ›Merkorgan‹, in kleinere oder größere Verbände. Diese Verbände [von Gehirnzellen] entsprechen äußeren Reizgruppen, welche als Fragen an das Tiersubjekt herantreten. (SU, S. 26)

Jede dieser Gehirnzellen wird als ›Subjekt‹ bezeichnet, da jede »ein Maschinist ist, der merkt und wirkt und daher ihm eigentümliche (spezifische) Merkzeichen und Impulse oder ›Wirkzeichen‹ besitzt« (SU, S. 25).[15] Demnach kommen auf zellulärer Ebene nicht nur Subjekte, sondern auch Zeichen vor.

Das Merken löst zudem einen Wirk-Prozeß zunächst im Gehirn aus, der sich dann außen als Handlung fortsetzt und an dem Objekt als »Wirkmal« manifestiert. Diese Handlung schließt also den Funktionskreis, indem »das Merkmal vom Wirkmal ausgelöscht wird« (BdU, S. 371): So wird z.B. bei einem Raubtier das Merkmal »Beute« durch das Wirkmal »Genickbiß« getilgt. Merken und Wirken sind mithin komplementäre und nicht voneinander abtrennbare Vorgänge des Funktionskreises, die zusammen den ›Umweltbezug‹ des Subjekts konstituieren.

Ausgehend von diesen Vorüberlegungen zur Biologie v. Uexkülls lassen sich zeichenhafte Prozesse vor allem in Verbindung mit dem Funktionskreis erkennen: zum einen, da hier explizit von einer Verarbeitung von Merk- und Wirkzeichen die Rede ist, zum anderen wegen der dort auftretenden ›Bedeutsamkeit‹. Da allerdings diese Zeichen selbst durch das Zusammenspiel einzelner Zellen im Funktionskreis erzeugt werden, muß zunächst die Möglichkeit von zellulären Semiosen untersucht werden. Darüber hinaus wird zu fragen sein, ob der Funktionskreis eine notwendige Bedingung von Semiosen – sei es bei einzelnen Zellen oder bei Tieren/Menschen – darstellt; dies kann paradigmatisch bei Pflanzen geschehen, da diese als ohne Funktionskreis lebend gedacht werden. Somit soll nun in drei Annäherungen diese biologische Theorie auf je verschiedener Ebene mit semiotischen Ansätzen gelesen werden: auf zellulärer Ebene, im Funktionskreis sowie in der nicht-tierischen Natur, d.h. hier bei Pflanzen.

---

[15] In der Kombination »Maschinist, der merkt und wirkt« wird nochmals ein Reflex auf die eingangs angesprochene Debatte um Mechanistik und Vitalismus sichtbar.

Zeichenprozesse bei Zellen

Es wurde bereits erwähnt, daß v. Uexküll Zellen als lebende Subjekte mit einem je individuellen Reaktionspotential interpretiert; so stellt er fest, daß jede Nervenzelle im Gehirn »nur über ein Merk- und ein Wirkzeichen verfügt« (SU, S. 25). Dies kann man nun dahingehend generalisieren, daß eine jede Zelle mit einem spezifischen »Ich-Ton« (BL, S. 112) ausgestattet ist, der die Reaktion der Zelle auf eine Reizung steuert: So besitzt eine Muskelzelle als ›Ich-Ton‹ ihre Kontraktion und eine Gehirnzelle etwa die Sinnesempfindung ›blau‹.

Dieses Postulat hat seine Wurzeln in der Biologie von Johannes Müller, der Anfang des 19. Jahrhunderts die Theorie einer ›spezifischen Energie‹ formuliert hat[16]: Sie besagt,

> daß organische (Nerven-)Zellen auf Reizungen, welcher Art auch immer, als Ganzheit antworten, indem sie eine ihrem Bau und ihrer Aufgabe gemäße spezifische Reaktion zeigen. Spezifisch ist diese Reaktion, weil sie von einer Reaktion abhängt, die nur dem jeweiligen Organismus eigen ist. Man kann demnach davon sprechen, daß organische Gebilde autonom (eigengesetzlich) und nicht heteronom sind.[17]

Jakob v. Uexküll zieht hierfür auch das Beispiel einer Glocke heran, um lebende Zellen gegen mechanische Abläufe abzugrenzen[18]:

> Ein jeder Maschinenteil, wie z.B. der Klöppel einer Glocke, arbeitet nur dann maschinenmäßig, wenn er in bestimmter Weise hin und her geschwungen wird. Alle anderen Eingriffe, wie Kälte, Wärme, Säuren, Alkalien, elektrische Ströme werden von ihm wie von einem beliebigen Stück Metall beantwortet. Nun wissen wir aber seit JOH. MÜLLER[...], daß ein Muskel sich durchaus anders benimmt. Alles äußeren Eingriffe beantwortet er in der gleichen Weise: durch Zusammenziehen. Jeder äußere Eingriff wird von ihm in den gleichen Reiz verwandelt und mit dem glei-

---

16 Vgl. dazu Johannes Müller: Zur vergleichen Physiologie des Gesichtssinnes des Menschen und der Thiere, nebst einem Versuch über die Bewegung der Augen und über den Menschlichen Blick. Leipzig 1826; Jutta Schmidt: Die Umweltlehre Jakob von Uexkülls in ihrer Bedeutung für die Entwicklung der vergleichenden Verhaltensforschung. Diss. Marburg/Lahn 1990, S. 53ff. – Zum weiteren biologischen Theorieumfeld der Goethezeit vgl. die Textsammlung: Adolf Meyer-Abich (Hg.): Biologie der Goethezeit. Stuttgart 1949.

17 Thomas Dau: Die Biologie von Jakob von Uexküll. In: Biologisches Zentralblatt 113 (1994), S. 219-226; hier S. 221.

18 Das Negativbeispiel der Glocke hat ihr Pendant in dem Gebrauch von Musikmetaphern für die Beschreibung von Lebewesen, so etwa deren Bezeichnung als »tönende[s] Glockenspiel« (BL, S. 154) oder eben auch der ›Ich-Ton‹ von Zellen. Hieran wird deutlich, wie stark der metaphorische Subtext in v. Uexkülls Texten auf die inhaltliche Ebene durchschlägt und diese prägt.

chen Impuls beantwortet, der seinen Zellkörper zum Zusammenziehen veranlaßt. (SU, S. 25)

Dies läßt vereinfacht für Zellen folgenden Ablauf erkennen: Jede Zelle besitzt einen ›Ich-Ton‹, der als untrennbar mit ihr verbunden gedacht wird (vgl. OU, S. 326f.); bei Reizung der Zelle ›antwortet‹ sie gemäß dieses ›Ich-Tons‹ mit ihrem spezifischen Impuls ab.

Allerdings ist es schwierig, diesen Prozeß ohne weitere Differenzierung als Semiose zu bezeichnen, vor allem, da sich die Theorie im Hinblick auf die Vorgänge des Merkens und Wirkens als inkonsistent erweist. Einerseits werden zwar an machen Stellen für jede Zelle Vorgänge des Merkens und Wirkens angenommen[19], andererseits führt v. Uexküll in dem 1931 erschienen Aufsatz *Die Rolle des Subjekts in der Biologie* die wichtige Unterscheidung zwischen Sinneszellen einerseits und den übrigen Zellen andererseits in seine Theorie ein.

Dieser Unterscheidung zufolge besitzen nur die im Großhirn lokalisierten Sinneszellen die Fähigkeit des Merkens, da ihre Ich-Töne den Sinnesempfindungen entsprechen: »Wir nennen diesen Vorgang [des Hinausverlegens] Merken und bezeichnen die als Sinnesempfindungen auftretenden Ich-Töne, ihrer Aufgabe nach, als Merkzeichen. Die hinausverlegten Merkzeichen werden zu objektiven Merkmalen unserer Umwelt«. (RSB, S. 351) Die anderen Zellen, etwa im Reflexbogen, verfahren nur nach dem Schema, daß sie eine beliebige Einwirkung von außen als Reiz aufnehmen und mit einem an die nächste Zelle abgegebenen Impuls beantworten.

Wenn auch diese Unterdifferenzierung der Zellen plausibler erscheint als die pauschale Ausweitung der Begriffe ›Merken‹/›Wirken‹ auf alle Zellen – vor allem wegen Abläufen wie dem Reflexbogen, der ja ohne solche Vorgänge auskommt –, bleibt immer noch unklar, was die spezifische Eigenheit des Ich-Tons von Gehirnzellen ist, die ihnen das Merken erlaubt. In seinen Ausführungen geht v. Uexküll darauf nicht näher ein, wie er auch sonst den zellulären ›Ich-Ton‹ nur vage bestimmt.

Aus dieser Zweiteilung der Zellen ergibt sich nun hypothetisch die Möglichkeit zwei verschiedener Arten zellulärer Zeichenprozesse. Die eine Art bestünde im Reiz-Impuls-Schema, das den meisten Zellprozessen zugrunde liegt: Eine Zelle hat einen spezifischen ›Ich-Ton‹, durch den sie jede bzw. fast jede äußere Einwirkung, welcher Art auch immer, stets in den gleichen Reiz verwandelt und mit immer dem gleichen Impuls antwortet. In diesem Sinne

---

[19] vgl. z.B.: »Denn alle einzelnen Zellen des Reflexbogens arbeiten nicht mit Bewegungsübertragung, sondern mit Reizübertragung. Ein Reiz muß aber von einem Subjekt gemerkt werden und kommt bei Objekten überhaupt nicht vor.[...] d.h. unsere Sehsinneszellen antworten mit den gleichen ›Merkzeichen‹.[...] daß jede lebende Zelle ein Maschinist ist, der merkt und wirkt[...]« (SU, S. 25).

beschreibt v. Uexküll einen Reflexbogen als eine Kette von Reiz-Wirkung-Reaktionen:[20]

Abbildung: Schema eines Reflexbogens
A, B, C, D: die 4 Zellsubjekte
A = Sinneszelle mit Tasthaar
B = sensorische Zelle
C = motorische Zelle
D = Muskelzelle mit Knochen verbunden

> Eine mechanische Bewegung der Außenwelt wirkt auf die Tastborste. Diese wirkt auf das Subjekt A [die Sinneszelle], das die mechanische Wirkung in einen subjektiven Reiz verwandelt und mit einem Impuls beantwortet, der eine elektrische Schwankungswelle im Nervenfortsatz der Zelle erzeugt. Die elektrische Welle dient Subjekt B [der sensorischen Zelle] als Reiz. Reiz und Impuls wiederholen sich [bei der motorischen Zelle C], bis Subjekt D [die Muskelzelle] gereizt wird, dessen Impuls infolge seiner spezifischen Dynamik eine Verkürzung erzeugt. (RSB, S. 349f.)

Es fällt schwer, diesen Vorgang als Semiose zu beschreiben. Denn diese müßte ja dort lokalisiert werden, wo eine Einwirkung von außen oder ein Impuls in einen Reiz verwandelt wird: Jede Einwirkung, die auf die Zelle trifft, erscheint für diese Zelle nicht als solche, sondern nur als derjenige spezifische Reiz, den die Zelle gemäß ihres Ich-Tons benötigt. Die Zelle müßte also mit anderen Worten die Einwirkung mit dem Reiz verknüpfen, das Repräsentamen auf das Objekt beziehen.

Weitaus plausibler ist jedoch vielmehr eine andere, näherliegende Deutung. Denn die Einwirkung steht ja strenggenommen nicht als Repräsentamen für den Reiz als Objekt, sondern wird von der Zelle in diesen »verwandelt«, so etwa durch eine Tastzelle, die »die mechanische Wirkung in einen subjektiven Reiz verwandelt und mit einem Impuls beantwortet« (RSB, S. 349) oder eine Muskelzelle. Es liegt also mehr ein Prozeß der Transformation zwischen dem Zelläußeren und dem Zellinneren vor denn ein Zeichenprozeß. Ähnlich wie Eco Signalreaktionen noch unterhalb der semiotischen Schwelle ansiedelt[21], könnte man auch hier von einem sub-semiotischen Vorgang sprechen.

---

[20] Das Schema stammt aus: RSB, S. 350 (vereinfacht wiedergegeben).

[21] Umberto Eco: Einführung in die Semiotik. München 1972, S. 31f.; wobei natürlich Eco diese Schwelle mit dem Kommunikationsbegriff verbindet, was in dem vorliegenden Kontext nicht von Belang ist.

Somit verbleiben auf Zellebene nur die Gehirnzellen als möglicher Ort von Semiosen, vor allem, da sie eine konstitutive Funktion im Merkvorgang erfüllen: »Entsinnen wir uns, daß der sensorische Teil des Großhirns, den wir als *Merkorgan* bezeichnen wollen, aus lauter Zellsubjekten besteht, deren Ich-Töne als Merkzeichen dienen« (RSB, S. 352).

Bei Gehirnzellen sind also die Ich-Töne identisch mit den Merkzeichen dieser Zellen und führen zudem zu bestimmten Sinnesempfindungen: Man kann »die als Sinnesempfindungen auftretenden Ich-Töne, ihrer Aufgabe nach, als Merkzeichen« (RSB, S. 351) bezeichnen. Unter »Ich-Tönen« versteht v. Uexküll hier bestimmte Sinneswahrnehmungen wie Farben, Gerüche, Laute usw., die dann den Objekten zugeschrieben werden.

Zeichenprozesse bei Gehirnzellen sind in etwa so denkbar, daß jede Zelle genau einen Ich-Ton besitzt (z.B. ›hellblau‹), der einer bestimmten, abgegrenzten Objekteigenschaft in der Umwelt zugeordnet werden kann und durch die Weiterleitung eines äußeren Reizes dieses Objekts aktiviert wird. Damit wäre das Merkzeichen der Zelle eine Veränderung des inneren Zustandes der Zelle, der durch einen genau bestimmten äußeren Reiz bewirkt wird. Nimmt man die Zelle als Zeichenträger an, dann ist die innere Zustandsänderung als Repräsentamen zu sehen, das auf den äußeren Reiz verweist.

Dabei gilt es jedoch zu beachten, daß mit diesem »äußeren Reiz« nicht die Reizquelle in der Umwelt des Tieres gemeint sein kann, da diese der Gehirnzelle unzugänglich ist. Vielmehr handelt es sich um den Impuls, den die Gehirnzelle von den zuführenden Nervenzellen erhält, und der selbst durch weitere Reiz-Impuls-Schemata in anderen, vorgeschalteten Zellen erzeugt wurde. Somit hat diese Semiose als ihr ›Objekt‹ lediglich einen Reiz innerhalb des Zellsystems des Körpers.

Als Interpretanten ließe sich zum einen den ›Ich-Ton‹ der Zelle ansehen, da dieser festlegt, auf welchen Reiz die Zelle reagiert und von welcher Art diese Reaktion ist; daher würde der ›Ich-Ton‹ zur Instanz, die Merkzeichen (als Repräsentamen) und Reiz (als Objekt) miteinander verbindet.

Zum anderen könnte man jedoch auch eine übergeordnete Regel an diese Position setzen, da ja v. Uexküll ›Ich-Ton‹ und ›Merkzeichen‹ teilweise als identisch anzusehen scheint (vgl. das Zitat oben). Diese Deutung erweist sich gestützt durch die Präzisierung, daß bei den Zellen die »Ich-Töne als Merkzeichen dienen« (RSB, S. 352), was eine Instanz impliziert, der ›gedient‹ wird, und die nicht mit den ›Ich-Tönen‹ als Dienenden identisch sein kann. Dies würde zugleich den Status des Ich-Tons dahingehend modifizieren, daß nicht mehr die Zustandsänderung der Zelle, sondern der immer schon vorhandene Ich-Ton selbst als ein Repräsentamen anzusehen wäre, der durch Vermittlung einer übergreifenden Instanz mit dem ›Objekt‹ verbunden wird. Diese regulative Instanz wäre dann entweder in dem »subjektiven Bauplan«

(BL, S. 114) des Lebewesens zu sehen, dank dem das lebende Subjekt optimal Reize aus seiner Umwelt bedeutungshaft verarbeiten kann, um so überhaupt überleben zu können.

Oder man nimmt gleich den alles übergreifenden Plan der Natur, die »Weltpartitur« (BL, S. 153), die »überzeitliche und überräumliche Bedeutungssymphonie« (BL, S. 159) der Natur, als Drittheit an. Der Bauplan des Subjekts würde dann garantieren, daß das Tier auch auf Zellebene optimal und harmonisch arbeitet, während durch die »Weltpartitur« ein harmonisches Einfügen in ein geordnetes Ganzes gewährleistet wird; beide Instanzen stehen auch und vor allem dafür ein, daß den ›Ich-Tönen‹ immer schon ein Objekt entspricht, daß also die ›Ich-Töne‹ sozusagen nicht ins Leere verweisen.

In beiden Fällen kommt man jedoch von der Semiotik weg auf Gebiete der Metaphysik: Denn die genannten Instanzen werden als immer schon und objektiv ›gegeben‹ vorausgesetzt; vor allem der ›Naturplan‹ wirkt als sinnstiftende und harmonisierende Letztinstanz bei allen Naturvorgängen. Dieser Aspekt der Theorie wird im Zusammenhang mit dem Problem des Dritten noch in einem gesonderten Abschnitt behandelt werden.

Zeichenprozesse im Funktionskreis

Impliziert der Vorgang des Merkens schon auf zellulärer Ebene Zeichenprozesse, so kann ein zweiter semiotischer Ansatzpunkt ausgemacht werden, wenn man Merken und Wirken als notwendige Bestandteile des bereits erläuterten Funktionskreis betrachtet. Denn gerade dieser Funktionskreis erweist sich bei Tieren als der eigentliche, hauptsächliche Ort für Zeichenprozesse. Zwar bauen die Funktionskreise als »Bedeutungskreise« (BL, S. 114) auf den eben skizzierten zellulären Vorgängen auf, bringen aber zugleich eine neue Qualität ins Spiel: die »Bedeutung (BL, S. 106 passim) sowie die von ihr abhängigen »Bedeutungsträger« (BL, S. 109), »Bedeutungsempfänger« (BL, S. 132) und »Bedeutungsverwerter« (BL, S. 120); für Abläufe ohne Funktionskreis wird der Terminus »Bedeutungsfaktor« (BL, S. 113) eingeführt.

Bedeutung impliziert eine Stufe von Sinnprozessierung, die den Horizont der einzelnen Zelle überschreitet. Sie basiert zwar auf der Produktion von Merkzeichen in den Sinneszellen, doch wird die Bedeutung den Merkzeichen übergeordnet. Denn erst das Bedürfnis des Lebewesens verleiht dem an sich neutralen Ich-Ton seine ›Bedeutung‹ für das Subjekt.

Grundsätzlich erscheint Bedeutung immer als Bedeutung *für* ein Lebewesen im Rahmen von dessen Umwelt: »Jede Umwelt bildet eine in sich geschlossene Einheit, die in all ihren Teilen durch die Bedeutung für das Subjekt beherrscht wird« (BL, S. 109). Da jedes Lebewesen seine eigene Umwelt besitzt, haben auch alle Dinge darin eine je individuelle Bedeutung, die von

Tier zu Tier sich ändert; das gleiche Objekt kann also zugleich von mehreren Subjekten mit je anderer Bedeutung besetzt werden.

Die Bedeutung ist somit immer auch an bestimmte »Bedeutungsträger« gebunden; es werden diejenigen Dinge in der Umgebung des Lebewesens, die wichtig für seine Bedürfnisse sind, durch diese Bedeutungszuschreibung zu Bedeutungsträgern: »Alles und jedes, das in den Bann einer Umwelt gerät, wird umgestimmt und umgeformt, bis es zu einem brauchbaren Bedeutungsträger geworden ist, oder es wird völlig vernachlässigt« (BL, S. 109). Diese Bedeutungskonstitution wird über sog. »Schemata«[22] codiert, die das für die Subjekte ›Wesentliche‹ im Umweltbezug bestimmen und daher eine ähnliche Funktion wie die ›Ich-Töne‹ auf Zellebene erfüllen.

Zugleich setzt v. Uexküll eine gemeinsame Struktur aller Bedeutungsträger voraus: So verschieden sie auch inhaltlich sind, »so völlig gleichen sie sich in ihrer Bauart. Ein Teil ihrer Eigenschaften dient stets dem Subjekt als Merkmalträger, ein anderer als Wirkmalträger« (BL, S. 109).

Unklar bleibt freilich, wem die Priorität zugeschrieben werden kann: Schafft das als ›Merkmal‹ hinausverlegte Merkzeichen einen Gegenstand in einen Bedeutungsträger um oder können die Sinnesorgane von vornherein nur diejenigen Objekte in der Umwelt als Merkmalsträger erkennen, die für sie von Bedeutung sind. Jakob v. Uexküll ist auch hier in seiner Theorie nicht eindeutig und schwankt zwischen beiden Optionen: So schreibt er an manchen Stellen dem Subjekt die Priorität zu[23], an anderen der Natur[24]; manchmal gerät er auch in Zirkelschlüsse[25].

Berücksichtigt man jedoch auch die Möglichkeit von Lernprozessen des Subjekts, von Anpassungen an neue Umgebungen, so scheint die erste, die konstruktivistische Variante plausibler zu sein; jedoch steht dem eine gegenläufige Tendenz entgegen, die sich etwa in der Annahme einer harmonisch strukturierten Welt sowie in der Einführung artspezifisch gegebener »Sche-

---

[22] Vgl. zu diesem (sich von Kant herschreibenden) Begriff Langthaler: Organismus (s. Anm. 4), S. 126-136; sowie OU, S. 322-324.

[23] Vgl. z.B.: »Die meisten Bedeutungsträger werden vom Tier aus seiner unserem Auge wahrnehmbaren Umgebung übernommen und in seine Umwelt übertragen, wobei sie durch subjektive Merkmale für den Bedarf des Tieres zurechtgestutzt und in vielen Fällen mit dem Leistungston abgestempelt werden« (BdU, S. 375).

[24] Sie »sorgt durch Ausschalten von Sinnesorganen dafür, daß immer nur eine beschränkte Anzahl von Merkmalen in der Umwelt auftreten« (BdU, S. 375).

[25] Etwa wenn er schreibt: »Von bestimmten Eigenschaften des Objekts, die ich als Merkmalsträger bezeichne, gehen Reize aus«, die über Sinnesorgane und Nervenzellen ins Gehirns gelangen und »verwandeln sich [dort], je nachdem, welchem Sinneskreis sie angehören, bald in optische, bald in akustische oder taktile Eigenschaften des Objekts. Diese Eigenschaften bilden die Merkmale des Subjektes« (BdU, S. 371f.). Die Objekteigenschaften werden zugleich vorausgesetzt und als Subjekterzeugnis gesehen.

mata« zeigt. (vgl. z.B. OU, S. 337) Man könnte vorgreifend sagen, daß für die Stellen des Repräsentamens und des Objekts eine konstruktivistische Haltung, für die Drittheit oft jedoch ein Denken in vorgegebenen Harmonien beobachtbar ist.

Diesen skizzierten Kontext des Begriffs der »Bedeutung« faßt v. Uexküll noch einmal in dem folgenden Zitat zusammen: »So prägt jede Handlung, die aus Merken und Wirken besteht, dem bedeutungslosen Objekt ihre Bedeutung auf und macht es dadurch zum subjektbezogenen Bedeutungsträger in der jeweiligen Umwelt« (BL, S. 110).

Auf dieser Grundlage läßt sich nun der Funktionskreis als Zeichenprozeß[26] reformulieren, wobei durch den Ausdruck »subjektbezogene[r] Bedeutungsträger« bereits *in nuce* eine triadische Semiose umrissen wird: Das Subjekt, also ein Lebewesen, schreibt einem neutralen Objekt eine bestimmte Bedeutung[27] zu (z.B. ›Feind‹), wodurch das Objekt nun zum Träger dieser Bedeutung wird und damit auf diese verweist. Der Gegenstand oder Tier (Zeichen; das Repräsentamen) steht als Bedeutungsträger in Beziehung zu einer anderen Sache (Bedeutung; das Peirce'sche Objekt) für eine dritte Instanz (hier: das handelnde Subjekt; der Interpretant). Man könnte also sagen, daß der Bedeutungsträger als Repräsentamen für die Bedeutung als Objekt steht und beide durch die regulative Instanz des Subjekts miteinander verknüpft werden; das Subjekt wird durch das Repräsentamen in eine Beziehung zu dem Objekt gesetzt.

Aufschlußreich sind die Unterschiede zu den Zeichenprozessen bei Gehirnzellen: Während bei diesen das Zeichen in seinem Objektbezug nur für einen Reiz steht,[28] der in dem entsprechenden Merkzeichen repräsentiert wird, nimmt v. Uexküll für den Funktionskreis eine reale Beziehung[29] des Subjekts zu dem Bedeutungsträger an. Zwar basiert auch diese Beziehung auf dem Reiz-Merkzeichen-Schema, doch definiert sich die »Bedeutung« grundsätz-

---

26 Vgl. dazu (mit anderer Akzentuierung) auch Thure v. Uexküll: Umweltlehre (s. Anm. 11), S. 2185-2188.

27 Diese Bedeutung interpretiert Thure v. Uexküll unter dem Aspekt der Temporalisierung als eine auf die Zukunft gerichtete Erfüllung des Bedürfnisses. (vgl. ebd., S. 2185).

28 Vgl. aber auch: »Von Uexküll betont zwar die Autonomie der einzelnen Zellen, möchte in ihnen aber keine Subjekte mit davon abhängigen Objekten sehen; jedoch ist die Zelle eine autonome Betriebseinheit.« (Charlotte Helbach: Die Umweltlehre Jakob von Uexkülls: Ein Beispiel für die Genese von Theorien in der Biologie zu Beginn des 20. Jahrhunderts. Diss. phil., Aachen 1989, S. 47).

29 Wobei natürlich nicht vergessen werden darf, daß diese ›reale Beziehung‹ teilweise auf einem konstruktivistischen Modell der Realität aufruht: Das, was real für ein Subjekt ist, wird erst von diesem geschaffen; zugleich wird aber auch die Beziehung von Subjekt und Objekt als eine harmonisch gegebene aufgefaßt.

lich über reale Bedürfnisse des Tieres, wie z.B. Hunger oder Bedrohung durch einen Feind.

Da dieses Bedürfnis zudem auf seine Befriedigung durch ›Wirken‹ zielt, ergibt sich eine weitere bemerkenswerte Differenz zu Zellsemiosen: Der Prozeß, der die Bedeutung konstituiert, ist in sich zweiteilig, er besteht aus Merken und Wirken. Erst wenn beide im Funktionskreis durchlaufen sind, ist der Bedeutungsträger endgültig mit seiner Bedeutung versehen; ohne die erfolgte Einwirkung auf das Umwelt-Objekt bleibt der Bedeutungsvorgang defizitär. Zwar gewinnt das Objekt in der Umwelt des Tieres schon selbst eine eigenständige ›Bedeutung‹ für das Tier, etwa als ›Bedrohung‹, doch kann diese erste ›Bedeutung‹ ihr inhärentes Potential erst realisieren, wenn eine ihr entsprechende Reaktion auf das Objekt zurück erfolgt ist

Somit ist der Zeichenprozeß im Funktionskreis zweiteilig: Er besteht nicht nur darin, daß einem Gegenstand oder Tier durch ein Subjekt Zeichenqualität verliehen wird, sondern auch darin, daß das Subjekt dadurch zu einer Handlung im Hinblick auf den Zeichenträger veranlaßt wird, »daß das Merkmal vom Wirkmal ausgelöscht wird« (BdU, S. 371):

So wird z.B. bei einem Raubtier das Merkmal ›Beute‹ durch das Wirkmal ›Genickbiß‹ ausgelöscht. Indem das Subjekt auf das Merkmal reagiert, wird dieses vom Wirkmal verdrängt. Erst wenn der Genickbiß das Merkmal ›Beute‹ löscht, hat das Objekt seine Bedeutung für das Subjekt konstituiert. Paradoxerweise verschwindet also in der Löschung die Bedeutungshaftigkeit des Objekts genau in dem Augenblick, da sich die Bedeutung vollständig konstituiert hat; der Bedeutungsträger bleibt also in der Semiose nicht konstant.[30]

Ob jedoch dieser Vorgang in seiner Zweiteligkeit mit Thure v. Uexküll als eine ›zyklische Semiose‹ gedeutet werden kann, sei dahingestellt: »Peirce's theory of signs is triadic, Saussure's is dyadic, and Uexküll's is conceived as a cyclic process«.[31] Zumindest darf er nicht als ein potentiell unendlicher oder zirkulärer Ablauf gesehen werden, da dies die Position des emphatisch neu definierten Subjektbegriffs einschränken würde.

Denn dieses Subjekt (bzw. dessen »Schemata«) nimmt im Funktionskreis die Position der Drittheit ein, da der Gegenstand nur im Hinblick auf das Lebewesen seine Bedeutung besitzt und diese Bedeutung nur von ihm zugeschrieben wird. Auch ist nur das Subjekt in der Lage, die dem Merkzeichen erforderliche Handlung (wie z.B. Flucht) auszuführen und damit den Bedeutungskreis zu schließen. Die Zweiteiligkeit des Zeichenprozesses zieht auch eine Veränderung an der Position des Interpretanten nach sich: Die Bedeutung des Objekts impliziert die Befriedigung des Bedürfnisses, die Bedeutung

---

[30] Vgl. dazu Thure v. Uexküll: Umweltlehre (s. Anm. 11), S. 2187.

[31] Thure von Uexküll: Introduction: The sign theory of Jakob von Uexküll. In: Semiotica 89, H. 4 (1992), S. 279-315; hier S. 308.

geht in der Befriedigung auf. Somit wird der Interpretant vollständig erst in der Handlung des Subjekts konstituiert; es handelt sich sozusagen um ein zeitliches Aufschieben des Interpretanten.

Zugleich kann man auch hier wieder die von Jakob v. Uexküll postulierte ›Planmäßigkeit‹ in der Natur heranziehen, dank der die nur diejenigen Elemente der Umgebung eines Lebewesens den ›Filter‹ von dessen Sinnesorganen passieren können, die für das Lebewesen von Bedeutung sind. Damit würde jedoch das Subjekt seinen genuinen Status als regulative Drittheit verlieren und in Abhängigkeit von dem ›Naturplan‹ geraten, während dieser Plan dann die Funktion des Dritten übernimmt.

Zeichenprozesse bei Pflanzen?

Nachdem bisher die Möglichkeit von Semiosen im Zusammenhang mit dem Funktionskreis – sei es auf der Ebene von Zellen oder Tieren – untersucht wurde, soll nun ein kleiner Seitenblick auf die Möglichkeit von zeichenhaften Prozessen bei Pflanzen geworfen werden. Da diese keinen Funktionskreis besitzen, können sie auch nicht über Merken und Wirken den Objekten in ihrer Umgebung Bedeutung zuschreiben und sie so zu Bedeutungsträgern machen (vgl. BL, S. 111).

Dennoch gibt es in der Umgebung von Pflanzen bestimmte »lebenswichtige Reize, die sich als Bedeutungsfaktoren aus den Wirkungen hervorheben, die von allen Seiten auf die Pflanze eindringen« (BL, S. 111). Also setzt v. Uexküll auch bei Pflanzen die Differenz bedeutungsvoll/bedeutungslos voraus, da auch für sie, ähnlich wie für Tiere, nach Maßgabe ihres ›individuellen Subjekt-Status‹ nur Bruchteile aller Einwirkungen ›wichtig‹ oder ›bedeutsam‹ werden. Für eine kälteempfindliche Pflanze ist die Anzahl der Frost-Nächte bedeutsam, während eine andere Pflanze vor allem auf den Bedeutungsfaktor Regen ›ausgerichtet‹ ist.

Diese Selektionsleistung der Pflanze erfolgt über ihre Zellhaut: »Die Pflanze begegnet den äußeren Wirkungen nicht mit Hilfe von rezeptorischen oder effektorischen Organen, aber dank einer lebenden Zellenschicht ist sie befähigt, aus ihrer Wohnhülle die Reizauswahl zu treffen« (BL, S. 111). Diese »Zellenschicht« tritt somit bei der Pflanze an die Stelle des Funktionskreises.

Doch erweist sich der Ablauf der Bedeutungskonstitution als problematisch: Offenbar muß hier die ›Zellhaut‹ diejenige Leistung erbringen, die bei Tieren der Funktionskreis erfüllt, nämlich die ›Auswahl‹ des für die individuelle Pflanze Bedeutsamen. Zunächst umgeht v. Uexküll eine nähere Darstellung dieses Vorganges und weicht in einen historischen Exkurs über Johannes Müller aus, um danach die Metaphorik eines »Glockenspiels« (BL, S.

112) in die theoretische Schwachstelle einzusetzen. Erst das Schleimpilz-Beispiel am Kapitelende eröffnet eine Perspektive, die sich schon an der oben zitierten Stelle über Reize als »Bedeutungsfaktoren« andeutete:

> Der fertige Pilz aber ist eine Pflanze, die keine tierische Umwelt besitzt, sondern von einer Wohnhülle umgeben ist, die aus Bedeutungsfaktoren besteht. Der alles beherrschende Bedeutungsfaktor des erwachsenen Schleimpilzes ist der Wind, dem der Pilz mit erstaunlicher Sicherheit entgegenwächst [...] sind doch die Samenkapseln des Pilzes eine leicht zu tragende Beute des Windes, die einer weiten Verbreitung sicher ist. (BL, S.113)

Statt dem Funktionskreis wird also hier der Begriff des »Bedeutungsfaktor[s]« ins Zentrum gerückt; er tritt genaugenommen bei Pflanzen an die Stelle des »Bedeutungsträgers«: Denn das (vorgebliche) Pflanzen-Subjekt besitzt – im Gegensatz zu Tieren – keine aktive Rolle bei der Konstitution eines »Bedeutungsträgers«, sondern bleibt ein passives Objekt, auf das der »Bedeutungsfaktor« – etwa der Wind oder die Sonne – einwirkt. Anders gesagt, wird die Umwelt der Pflanze deutlich aufgewertet, wenn nicht gar als dominant gesetzt.

Somit kann im Bereich der Pflanzen keine originäre Semiose mehr ablaufen, da nur noch ein extern wirksamer »Faktor« vorhanden ist, der die Pflanze zu seinem Objekt macht. Wie oben gezeigt, besteht dem gegenüber die Semiose im Funktionskreis ja gerade darin, daß das Lebewesen aktiv aus seiner Umgebung bestimmte Objekte selektiert und ihnen gemäß des eigenen ›Bedürfnisses‹ eine Bedeutung zuweist; erst so wird die Sache zum Repräsentamen für ein ›Objekt‹. Hingegen fehlt diese Bedeutung, auf die von dem Objekt verwiesen wird, bei Pflanzen in dem Sinne, daß die Pflanze diese Bedeutung aktiv konstruieren würde.

Dies läßt sich exemplarisch an v. Uexkülls eigenem Beispiel des Eichenblatts zeigen (vgl. BL, S. 131ff): Zum einen gibt es ein Eichenblatt als »Bedeutungsempfänger« (BL, S. 132), zum anderen den Regen als Bedeutungsfaktor. Beide werden durch die »Bedeutungsregel« miteinander verknüpft: »Auffangen und Verteilung der Flüssigkeit auf die Wurzelspitzen« (BL, S. 132). Diese »Bedeutungsregel« ist dahingehend zu verstehen, daß sie den Zweck vorgibt, dem die Bildung von Blättern und die Formung von Regentropfen gehorchen müssen. Sie garantiert, daß die Blätter sowohl dachziegelförmig angeordnet wie auch mit Rinnen versehen sind; sie garantiert zugleich, daß die Regentropfen in ihrem physikalischen Verhalten genau dazu passen.

Die Pflanze wird hier also nicht mehr als aktives Subjekt, sondern gleich zweifach heteronom gedacht: Sie ist zum einen in Form und Gestalt das Produkt eines ihr unverfügbaren Bauplans, der ihre Plan- und Zweckmäßigkeit garantiert; zum anderen ist sie das Objekt des auf sie einwirkenden »Bedeutungsfaktors«. Es scheint daher schwer möglich, zwischen Pflanze und »Bedeutungsfaktor« ein Verhältnis von Zeichen und Objekt zu formulieren, da *für die Pflanze selbst* der Regen nicht als Repräsentamen gilt.[32]

Dieses Dilemma versucht Jakob v. Uexküll aufzulösen, indem er die Ebene der Beobachtung einbezieht: Während die Semiose im Funktionskreis aus einer internen Perspektive des Subjekts heraus gedacht ist und als ein Zeichenprozeß *von* dem Subjekt *für* das Subjekt beschrieben wird, kann v. Uexküll diese Perspektive für Pflanzen nicht mehr aufrecht erhalten.

Vielmehr springt er nun auf die Ebene eines *externen Beobachters*, der die Einwirkung des »Bedeutungsfaktors« auf die Pflanze *von außen* dahingehend interpretiert, daß diese Einwirkung von Bedeutung für die Pflanze ist; erst so kann die Bedeutsamkeit konstituiert werden.[33] Dieser Ebenenwechsel setzt zudem die Einführung eines externen Dritten voraus, der die Bedeutung herstellt und die ›Semiose‹ steuert. Wie im folgenden noch ausgeführt werden wird, ist dieser externe Interpretant der »Plan der Natur« (synonym auch als »Klaviatur« usw. bezeichnet). Diese Stelle der Theorie eröffnet nicht nur einen Einstiegspunkt für eine Kritik an v. Uexkülls Bedeutungslehre der Pflanzen, sondern verweist nochmals auf das bereits mehrfach erwähnte, zentrale Problem seiner ›Biologie der Bedeutung‹: die Position der Drittheit.

Die Position der Drittheit als Theorieproblem

Diese Drittheit ist für jede semiotische Theoriebildung insofern unabdingbar, da nur diese die Verbindung von Zeichen und Bezeichnetem, von Repräsenta-

---

32 In anderem Kontext spricht v. Uexküll von einem »Urbild« (BL, S. 122), das von jedem Tier oder Pflanze existiert; auch hier ist also ein deutlich metaphysischer Hintergrund, diesmal mit platonischer Provenienz.

33 Eine ähnliche Bewegung wie v. Uexküll vollzieht auch Martin Krampen bei seinem Versuch, die Phytosemiotik als eine Zeichentheorie der Pflanzen theoretisch zu begründen: Er geht weniger auf Semiosen ein, die von den Pflanzen gesteuert werden – als Beispiele werden Warnsignale und parasitäre Beziehungen zwischen Pflanzen genannt –, sondern vor allem auf Pflanzen als Objekt von Semiosen, etwa als Speisen oder Lernobjekte für Menschen oder als Gegenstand von Kunst. Sind unter semiotischen Aspekt letztere Beispiele plausibler als die zwischenpflanzlichen Vorgänge, so stellen sie jedoch keine genuine Phytosemiotik mehr dar: Eine gedichtete Pflanze ist bestenfalls als Bedeutung sprachlicher Zeichen zu sehen. Es wird also eine externe Beobachterposition vorausgesetzt bzw. eine der triadischen Positionen mit einem externen Bezugspunkt besetzt. Dies jedoch eliminiert gerade das Charakteristikum von biosemiotischen Vorgängen, ihre interne Systemreferenz; Lern- oder Malprozesse kann der Mensch auch bei gemusterten Steinen durchlaufen. – Vgl. Martin Krampen: Phytosemiotics. In: Semiotica 36 (1981), S. 187-209; sowie ders.: Phytosemiosis. In: Posner/Robering/Sebeok (Hg.): Semiotik (s. Anm. 2), 1. Teilband 1997, S. 507-522.

men und Objekt gewährleisten kann; es muß immer eine Regel geben, die beide Stellen miteinander verbindet. Während de Saussures Theorie diese Regel zumindest nur eingeschränkt theorieintern besetzen kann[34], erscheint Peirces Konzeption komplexer und erklärungsmächtiger: Denn hier wird nicht nur die Drittheit berücksichtigt und als »Interpretant« eingeführt, sondern diese Drittheit muß zugleich wieder als Zeichen begriffen werden, was eine infinite Sequenz von Triaden nach sich zieht.

Jakob v. Uexkülls Theorie kennt nun durchaus vergleichbare Ansätze zu einer Drittheit, die sich für jeden der oben diskutierten Bereiche der Semiose formulieren läßt: Zu nennen wären das »Vorhandensein einer allgemeinen Planmäßigkeit in der Natur« (BdU, S. 277), die »Bedeutungsregel« (z.B. BL, S. 132 passim), das Subjekt als »Bedeutungsverwerter« (z.B. BL, S. 128 passim) sowie der »Ich-Ton« der Sinneszellen.

Vergleichsweise unproblematisch sind dabei die Instanzen des Subjekts und des Ich-Tons, da beide von sich aus eine Triade komplettieren können: Das Subjekt kann nach Maßgabe seiner Bedürfnisse durch Merken und Wirken selbständig Objekten eine Bedeutung verleihen,[35] der Ich-Ton von Sinneszellen legt deren Reaktion auf externe Reize fest. Somit ist hier ohne weiteres eine genuine Triade möglich. Hingegen scheint für die übrigen Zellen sowie für Pflanzen immer eine äußere oder übergeordnete Garantieinstanz notwendig zu werden, um dennoch die Möglichkeit von Semiosen offenzuhalten.

Allen diesen Instanzen ist gemeinsam, daß sie nicht wie Peirces Interpretant als offen im Hinblick auf weitere Triaden gedacht sind, daß sie also nicht selbst wieder in eine zweite Triade eintreten. Vielmehr setzen sie immer einen Schlußpunkt unter den einzelnen Zeichenvorgang: So schließt das Subjekt durch das Wirkmal den Bedeutungskreis ab[36], während der Ich-Ton der einzelnen Nervenzelle nur dann und auch nur *ein einziges* Merkzeichen produziert, wenn die Zelle stimuliert wird; weitere Semiosen müssen sich nicht zwingend anschließen.[37]

---

[34] Dagegen setzt Schönrich im Anschluß an Stetter auch für de Saussure die Position der Drittheit an. Vgl. Gerhard Schönrich: Zeichenhandeln. Frankfurt a.M. 1990, S. 287f. sowie Ch. Stetter: Peirce und Saussure. In: Kodikas 1 (1979), S. 124-149 – Ob jedoch das ›Zeichen‹ (signe) als Ganzes die Funktion einer Drittheit für Signifikant und Signifikat einnehmen kann, scheint fragwürdig, zumal es Signifikant und Signifikat enthält.

[35] Hier wäre jedoch wieder nach der Rolle der artspezifischen Schemata als Mittlerinstanz zu fragen.

[36] Langthaler spricht von einem ›komplementären, geschlossenen Ganzen‹, von »unteilbaren und in sich geschlossenen Kreisläufe[n]« (Langthaler: Organismus (s. Anm. 4), S. 131f.).

[37] Zwar eröffnet die Löschung des Merkmals durch das Wirkmal die Möglichkeit ei-

Problematisch ist nun ferner, daß diese regulativen Instanzen nicht nur den Endpunkt der Zeichenprozesse markieren, sondern daß ihnen auch eine Existenz vor jeder Semiose zugesprochen wird: Auch ohne Reizung ist jeder lebenden Zelle ein Ich-Ton nicht nur inhärent, sondern sogar Konstitutionsbedingung für ihren Subjekt-Status.

Diese Präexistenz gilt natürlich auch für den Naturplan, doch verschärft gerade dieser – aufgrund seiner Sonderstellung im Rahmen der Theorie[38] – noch die Probleme: Denn er existiert nicht nur vor jedem Zeichenprozeß, sondern ist sogar diejenige Instanz, die diese Prozesse in der Natur erst ermöglicht. An dieser Stelle stößt man auf das metaphysische Substrat der Biologiekonzeption Jakob v. Uexkülls: Die Natur ist ganz von einer harmonischen Planmäßigkeit durchdrungen ist, sie ordnet alle Lebewesen und Dinge sinnvoll einander zu und begeht keine Experimente oder Zwecklosigkeiten, sondern ordnet alles Irdische in eine ewig wohlklingende »Bedeutungssymphonie« ein.[39] Sie garantiert, daß das Subjekt immer schon zu den Objekten ›paßt‹:

> So stark wir auch den Einfluß des Subjektes bei der Umgestaltung des Objektes in allen Funktionskreisen betonen mögen, so muß doch immer ein geeignetes Objekt vorhanden sein, um einen Funktionskreis zustande kommen zu lassen. Das Objekt muß Eigenschaften besitzen, die einerseits als Merkmalträger, andererseits als Wirkmalträger dem Subjekt dienen können. Es muß unter allen Umständen eine Bedingung erfüllt sein, die man als ›prästabilisierte Harmonie‹ bezeichnen könnte. (OU, S. 337)

Der Naturplan steht letztlich hinter all diesen anderen Drittheiten wie »Subjekt« oder »Ich-Ton« als ultimativer Bedeutungsgeber, als sinnstiftende Letzt-

---

ner neuen Semiose, etwa wenn der Hunger wieder das Nahrungsbedürfnis aktiviert; daran können sich neue Semiosen anschließen. Jedoch liegt keine Verkettung der einzelnen Zeichenprozesse untereinander im Sinne einer unendlichen Reihe vor; auch wenn das Subjekt in allen Zeichenprozessen als Drittheit auftritt, beginnt jeder der Zeichenprozesse von neuem.

38 Zu den naturphilosophischen Traditionen dieses Konzepts sowie zur philosophiegeschichtlichen Einbettung der Biotheorie v. Uexkülls allgemein vgl. nochmals: Langthaler: Organismus (s. Anm. 4).

39 Diese Annahme »Harmonie« in der Weltordnung und vor allem der Terminus »Bedeutungssymphonie« verweisen auf die metaphorischen Strukturen in vielen Texten v. Uexkülls, die mit Bildern aus der Musik operieren; genauer: mit Musikmetaphern, die auf Traditionen des 19. Jahrhunderts basieren (z.B. Beethoven, Mahler) und daher um 1940 als anachronistisch gelten können. (z.B. »Harmonie« und »Kontrapunkt«, BL, S. 131). Dies entspricht der ablehnenden Haltung v. Uexkülls gegenüber der Evolutionsbiologie (vgl. BL, S. 149f.) oder der Relativitätstheorie (vgl. BL, S. 121).

instanz. Jakob v. Uexküll baut also seine biologische Theorie letztlich auf einer Instanz auf, die zwar Ähnlichkeit mit Peirces finalem Interpretanten aufweist, aber ebensogut auch als ›Gott‹ oder »Gottnatur« (BL, S. 146) bezeichnet werden kann. Im Gegensatz jedoch zu Peirce wird diese Letztinstanz immer schon als erreicht und gegeben, als etwas Präexistentes vorausgesetzt, und nicht als ein hypothetischer Semiosehorizont:

> Uexkülls Kategorie der ›Planmäßigkeit‹ scheint [...] auf den Sachverhalt abzuzielen, daß die ›Substanzialität‹ der natürlichen Individuen ohne ihr ›Über-sich-hinaus-vermittelt-sein‹ gar nicht zu begreifen ist, jedoch auch dieses wiederum den ›Substanzcharakter‹ der natürlichen Erscheinungen notwendigerweise voraussetzen muß.[40]

Dadurch kann aber diese Drittheit nun nicht mehr im Rahmen der Theorie selbst erklärt werden, sie unterhöhlt – wie eingangs angedeutet – das Postulat einer stets nur subjektiv möglichen Weltsicht: Denn nur wenn dieser Naturplan als identisch für die gesamte belebte und unbelebte Natur gedacht wird, kann durch ihn die scheinbare Bedeutungsharmonie in jener Natur erklärt werden.

Zwar läßt sich dieser problematische Theoriebestandteil relativ mühelos für Semiosen im Funktionskreis eliminieren und damit zugleich den konstruktivistischen Anteil der Theorie betonen; hingegen wird durch einen derartigen Schnitt die Möglichkeit von Zeichenprozessen im Zusammenhang mit dem Ich-Ton der Nervenzellen fragwürdig. Hier scheint erst die immer schon gegebenen Entsprechung von Ich-Ton und externem Reiz die Semiose zu ermöglichen.

Verschärft stellt sich das Problem des Dritten bei Pflanzen (und in der unbelebten Natur): Denn fehlt den Pflanzen der Funktionskreis, dann können sie auch nicht selbst einen möglichen Zeichenprozeß steuern; somit bleibt die Position der Drittheit intern unbesetzt. Wie gezeigt, versucht v. Uexküll dieses Problem durch einen Sprung auf einen externen Beobachter-Standpunkt zu umgehen, aber dies löst natürlich das Problem nicht. Ähnliches gilt auch für die Momente von Martin Krampens Ansatz, die die Semiosen *zwischen* Mensch und Pflanze betonen.[41]

Für diese Probleme, die sich *mutatis mutandis* auch in der unbelebten Natur stellen, hat John Deely einen zwar originellen, aber dennoch nicht überzeugenden Lösungsvorschlag formuliert. Grundsätzlich dehnt er den Geltungsbereich der Semiose auf die gesamte Natur aus, indem er die Unterscheidung zwischen virtueller und aktualisierter Drittheit einführt: In der unbelebten Natur etwa finden zwar keine Zeichenprozesse mit einer aktualisierten Drittheit statt, aber dennoch lassen sich Regelhaftigkeiten ausmachen,

---

[40] Langthaler: Organismus (s. Anm. 4), S. 75.

[41] Vgl. Anm. 33.

die den Status einer »virtual thirdness«[42] besitzen und nur noch aktualisiert werden müssen. Alle Vorgänge in der Natur sind somit mindestens eine »virtual semiosis prior to any cognitive life«[43]. Dies würde dann auch Semiosen bei Pflanzen ermöglichen und v. Uexkülls Beobachtersprung legitimieren.

Ob jedoch dieses Konzept eines virtuellen Dritten trägt, ist sehr fragwürdig: Vor allem scheint dieser virtuelle Dritte in einem triadischen Schema gar nicht möglich zu sein, da der virtuelle Status erst aus einer nachträglichen Perspektive festgestellt werden kann, d.h. erst während bzw. nach dem Ablaufen eines Zeichenprozesses. Erst nachdem beispielsweise ein Wissenschaftler bestimme Vorgänge in der Natur beobachtet hat und damit den Interpretanten aktualisiert hat, wird dieser also solcher feststellbar.

Dieser Ansatz scheitert somit an der prinzipiellen Unhintergehbarkeit des Zeichenprozesses, daran, daß das Erkennen von Virtualität bereits Aktualität der Semiose voraussetzt. Erst wenn etwas als Zeichen erkannt wurde, kann gesagt werden, daß es vorher noch nicht den Zeichenstatus hatte, daß es noch nicht als Zeichen erkannt war. Aber diese Feststellung ist immer nur *in* der Semiose möglich. Man könnte hierin auch wiederum das Problem des Beobachters und seiner Position sehen, das schon v. Uexkülls Theorie im Kontext der pflanzlichen Semiosen aufgeworfen hatte.

Während die schon erwähnten Überlegungen zu Zeichenprozessen zwischen Mensch/Tier und Pflanzen wegen der Einführung einer externen Beobachter*position*, über die dann die Semiose definiert wird, nicht überzeugen können, mangelt es Deelys Lösungsvorschlag an der *zeitlichen* Nachträglichkeit, dem ›Zu-spät‹ des Beobachtens. Ihnen ist mithin gemeinsam, daß sie die Semiose nur über die Einführung oder Stärkung eines externen Beobachters aufrechterhalten können.

Biologie als Lektüre im Buch der Natur

Dies läßt jedoch die Möglichkeit einer umfassenden Biosemiotik im Rahmen der Umweltlehre v. Uexkülls schwinden. Er selbst wirkt dem – als Konsequenz aus der metaphysischen Besetzung des Interpretanten – entgegen, indem er einer allzu starken, experimentorientierten Analytik distanziert gegenübersteht:

Anstatt sich der »unzureichenden Mathematik« (BL, S.146) und der modernen Technik zu bedienen, soll man lieber versuchen, »sich eine Anschauung darüber zu verschaffen, welche Wege die Natur einschlägt, um ihre Geschöpfe [...] aus dem undifferenzierten Keim hervorzulocken« (BL, S.146f.).

---

[42] John Deely: Basics of semiotics. Bloomington/Indianapolis 1990, S. 88.

[43] Ebd., S. 91.

Durch den Begriff »Anschauung« wird das adäquate Verhältnis des Forschers zur »Gottnatur« (BL, S.146) in der Bedeutungslehre angedeutet: Der Wissenschaftler soll in eine kontemplative, ›den Naturharmonien lauschende‹ Rolle schlüpfen[44]. Man könnte wohl auch noch weiter gehen und hier Momente der alten Vorstellung vom ›Buch der Natur‹ sehen, das nur gelesen werden muß. Da die Natur immer schon sinnhaft strukturiert ist, genügt ein kontemplatives Lesen ihrer mit Sinn gefüllten Zeichen vollauf.

Diese Folgerung Uexkülls muß freilich nicht mitvollzogen werden; für ihn jedenfalls ist sie notwendig, um seine Umweltlehre als Globalmodell aufrecht erhalten zu können. Sieht man von einer alles umfassenden Harmonie in der Natur oder einem alles bestimmenden Naturplan ab, dann lassen sich – nun befreit von diesem Theorieballast – zumindest Vorgänge im Funktionskreis und bei Gehirnzellen gut als semiotische Prozesse beschreiben. Hingegen dürfte eine Phytosemiotik wie auch eine allgemeine Zell-Semiotik nur schwer im Anschluß an v. Uexkülls Überlegungen modellierbar sein.

Literatur

Dau, Thomas: Die Biologie von Jakob v. Uexküll. In: Biologisches Zentralblatt 113 (1994), S. 219-226.

Deely, John: Basics of semiotics. Bloomington/Indianapolis 1990.

Eco, Umberto: Einführung in die Semiotik. München 1972

Helbach, Charlotte: Die Umweltlehre Jakob v. Uexkülls: Ein Beispiel für die Genese von Theorien in der Biologie zu Beginn des 20. Jahrhunderts. Diss. phil., Aachen 1989.

Hoffmeyer, Jesper: Signs of meaning in the universe. Bloomington/Indianapolis 1996.

Igamberdiev, Abir U.: Organization of Biosystems: A Semiotic Approach. In: Thomas A. Sebeok/ Jean Umiker-Sebeok/ Evan P. Young (Hg.): Biosemiotics. Berlin, New York 1992, S. 125-145.

Krampen, Martin: Phytosemiosis. In: Roland Posner/Klaus Robering/Thomas A. Sebeok (Hg.): Semiotik: ein Handbuch zu den zeichentheoretischen Grundlagen von Natur und Kultur. Berlin, New York 1997, 1. Teilband, S. 507-522.

– Phytosemiotics. In: Semiotica 36 (1981), S. 187-209.

Langthaler, Rudolf: Organismus und Umwelt. Die biologische Umweltlehre im Spiegel traditioneller Naturphilosophie. Hildesheim, Zürich, New York 1992.

Meyer-Abich, Adolf (Hg.): Biologie der Goethezeit. Stuttgart 1949.

[44] Vgl. auch: »Dieser Vorgang [des Schleimpilz-Wachstums] ist für uns ebenso unbegreiflich wie der Wechsel der Motive in einer Sonate von BEETHOVEN. Aber unsere Aufgabe ist es nicht, eine Natursonate zu komponieren [d.h. die Natur zu manipulieren und experimentell umzuschaffen], sondern nur ihre Partitur niederzuschreiben« (BL, S. 147).

Müller, Johannes: Zur vergleichen Physiologie des Gesichtssinnes des Menschen und der Thiere, nebst einem Versuch über die Bewegung der Augen und über den Menschlichen Blick. Leipzig 1826.

Nöth, Winfried: Handbuch der Semiotik. Stuttgart 2000.

Peirce, Charles S.: Collected Papers. Ed. by Charles Hartshorne/ Paul Weiss, Cambridge [4]1978, Vol. 2: Elements of Logic.

Pobojewska, Aldona: Die Subjektlehre Jacob v. Uexkülls. In: Sudhoffs Archiv 77, H. 1 (1993), S. 54-71.

Schmidt, Jutta: Die Umweltlehre Jakob von Uexkülls in ihrer Bedeutung für die Entwicklung der vergleichenden Verhaltensforschung. Diss. Marburg/Lahn 1990.

Schönrich, Gerhard: Zeichenhandeln. Frankfurt a.M. 1990.

Stetter, Christian: Peirce und Saussure. In: Kodikas 1 (1979), S. 124-149.

Uexküll, Jakob von: Bedeutungslehre. In: ders./Georg Kriszat [Zeichnungen]: Streifzüge durch die Umwelten von Tieren und Menschen. Bedeutungslehre. Hamburg 1956, S. 103-161.

– Kompositionslehre der Natur. Hg. v. Thure v. Uexküll. Frankfurt a.M. 1980.

– [Text]/Georg Kriszat [Zeichnungen]: Streifzüge durch die Umwelten von Tieren und Menschen. In: diess.: Streifzüge durch die Umwelten von Tieren und Menschen. Bedeutungslehre. Hamburg 1956, S. 19-101.

Uexküll, Thure von: Biosemiose. In: Roland Posner/ Klaus Robering/ Thomas A. Sebeok (Hg.): Semiotik: Ein Handbuch zu den zeichentheoretischen Grundlagen von Natur und Kultur. Berlin, New York 1997, 1. Teilband, S. 447-457.

– Einleitung. Plädoyer für eine sinndeutende Biologie. In: Jakob v. Uexküll: Kompositionslehre der Natur. Hg. v. Thure von Uexküll. Frankfurt a.M. 1980, S. 17-86.

– Introduction: The sign theory of Jakob v. Uexküll. In: Semiotica 89, H. 4 (1992), S. 279-315.

– Jakob von Uexkülls Umweltlehre. In: Roland Posner/ Klaus Robering/ Thomas A. Sebeok (Hg.): Semiotik: Ein Handbuch zu den zeichentheoretischen Grundlagen von Natur und Kultur. Berlin, New York 1998, 2. Teilband, S. 2183-2191.

– Die Zeichentheorie Jacob v. Uexkülls. In: Semiotik 1 (1979), S. 37-47.

Andreas Wolf

Der Wahrheitsbegriff in der Zeichentheorie von Ch. S. Peirce

Abstract

Es soll gezeigt werden, daß die Zeichentheorie von Peirce einen Wahrheitsbegriff beinhaltet, der im wesentlichen mit einer Korrespondenztheorie der Wahrheit in Einklang gebracht werden kann. Daraus folgt, daß Peirce von der Existenz einer Außenwelt ausgeht, die von dem Prozeß der Semiose unabhängig ist und diesen erst ermöglicht. Peirce' Ontologie ist also reicher als vielfach angenommen: Sie enthält mehr als nur Zeichen.

Einleitung

Werner Scheibmayr hat in seinem Beitrag »Semiotische Bemerkungen zum Problemfeld ›Kommunikation und Bewußtsein‹ in der Luhmannschen Systemtheorie« den Versuch gemacht, eine Brücke zwischen Systemtheorie und Peirce' Zeichentheorie zu schlagen. Ein solcher Versuch ist sicherlich legitim und Scheibmayr gelingt es auf überzeugende Weise, die Verwandtschaft zwischen beiden Theorien aufzuzeigen. In einem Punkt jedoch scheint es mir unmöglich, beide Systeme zur Deckung zu bringen, ohne eines von beiden entscheidend zu verfälschen: Es ist das Problem einer zeichenunabhängigen Realität. Eine solche wird von Luhmann geleugnet; bei ihm bedingen und konstruieren sich Kommunikation und Umwelt wechselseitig. Scheibmayr ist sich des Problems durchaus bewußt, wenn er schreibt, daß Systemtheorie und Peircesche Zeichentheorie nur »unter Modifikation gewisser ontologischer Positionen von Peirce« kompatibel gemacht werden können. Mein Grundgedanke ist nun der, daß jede umfassende Theorie bezüglich Sprache, Zeichen und Kommunikation sich auch mit dem Begriff der Wahrheit auseinandersetzen muß und daß zweitens eine Klärung des Wahrheitsbegriffs nicht ohne eine explizite Ontologie auskommen kann, da Wahrheit (wenn überhaupt) nur als Relation zwischen Sprache und Welt im weitesten Sinne verstanden werden kann. Eine ausführliche Darstellung seiner ontologischen Positionen finden wir bei Peirce leider nicht. Dennoch glaube ich, daß es möglich ist, sich diesem Problem über den Umweg des Wahrheitsbegriffs zu nähern. Die These, die ich hier zu belegen versuche, ist kurz gesagt die, daß es möglich ist, aus Peirce' Zeichentheorie einen Wahrheitsbegriff herauszudestillieren, der die Realität zeichen- und subjektunabhängiger Objekte voraussetzt. Meine Vorgehensweise wird dabei die folgende sein: Im ersten Abschnitt werde ich versuchen, einen groben Überblick über das Zeichenmodell von Peirce zu geben. Dies gibt mir die Möglichkeit, Begriffe, die im Verlauf der Untersuchung von Wichtigkeit sind, im Kontext der gesamten Theorie einzuführen. Eine nachträgliche Definition dieser Begriffe würde den Gedankengang des Hauptteils stören. Im Hauptteil werde ich zunächst versuchen, Peirce' allgemeine Auffassung von Realität darzustellen. Daran schliessen sich ausführliche Analysen des Verhältnisses von unmittelbarem und dynamischem Objekt sowie des Dicizeichens an. Im abschliessenden Kapitel wird zu zeigen sein, daß die so gewonnenen Erkenntnisse den Schluß nahelegen, daß Peirce eine besondere Form des Korrespondenzbegriffs der Wahrheit vertritt.

Der Zeichenprozeß nach Peirce

Nach einer der vielen Definitionen, die Peirce für den Begriff des Zeichens gibt, ist ein Zeichen

> alles, was etwas anderes (seinen *Interpretanten*) bestimmt, sich auf ein Objekt zu beziehen, auf das es sich selbst (als sein *Objekt*) auf die gleiche Weise bezieht, wodurch der Interpretant seinerseits zu einem Zeichen wird, und so weiter *ad infinitum.*[1]

Das Zeichen wird also dadurch konstituiert, daß es Bestandteil dieser dreistelligen Relation zwischen Zeichen, Objekt und Interpretant ist, die sich nach Peirce nicht als Kompositum aus zweistelligen Relationen darstellen lässt, sondern die genuin dreistellig ist. Jedes dieser drei Relate fällt dabei unter eine der universalen Kategorien der Erstheit, Zweitheit und Drittheit, die bestimmend für Peirce' ganzes Denken sind. Erstheit kennzeichnet dabei das blosse Sosein eines Dinges, vor jeder möglichen Differenzierung oder Analyse. Sie wird im Zeichenmodell durch das Zeichen selbst repräsentiert. Zweitheit ist die wechselseitige Wirkung zweier Dinge aufeinander. Jede dyadische Relation ist eine Zweitheit. Das Objekt des Zeichenprozesses fällt unter die Kategorie der Zweitheit hinsichtlich der Beziehung in der es zum Zeichen steht, das durch es bestimmt ist und seinerseits, sozusagen als Reaktion darauf, das Objekt für den Interpretanten bestimmt. Der Interpretant selbst repräsentiert die Kategorie der Drittheit. Drittheit besteht nach Peirce darin, »daß eine Entität zwei andere Entitäten in eine Zweitheit zueinander

---

[1] Peirce, Charles Sanders (1986): Semiotische Schriften. Bd.1. Frankfurt a.M., S. 375.

bringt.«[2] Der Zeichenprozeß muß also strenggenommen vom Interpretanten her gedacht werden, da dieser erst Zeichen und Objekt in Beziehung zueinander setzt. Hieraus erklärt sich auch die oben festgestellte genuine Dreistelligkeit der Zeichenrelation.

Eine genauere Differenzierung der verschiedenen Erscheinungsformen von Zeichen erreicht Peirce nun dadurch, daß er auf jedes Relatum des Zeichenmodells wiederum seine drei universalen Kategorien anwendet. Ich werde das Ergebnis dieser Anwendung hier nur kurz konstatieren und nähere Erläuterungen nur da anbringen, wo es mir für den weiteren Verlauf der Arbeit sinnvoll erscheint.

Im Hinblick auf die Beschaffenheit des Zeichens selbst ergeben sich die Kategorien des Quali- Sin- und Legizeichens. Das Qualizeichen bezeichnet hierbei eine reine Qualität, deren Fähigkeit, ein Objekt zu bezeichnen, eine blosse Möglichkeit darstellt. Das Sinzeichen ist ein aktual gegebenes Zeichen. Das Legizeichen zeichnet sich durch seine gesetzmässige Gegebenheit aus. Im Hinblick auf die Beziehung zwischen Zeichen und Objekt ergibt sich die Unterteilung in Ikon, Index und Symbol. Das Ikon bezeichnet sein Objekt mittels einer Eigenschaft, die es mit ihm teilt, während der Index in einer realen Beziehung oder Abhängigkeit zu ihm steht. Das Symbol bezeichnet sein Objekt aufgrund eines Gesetzes und ist deshalb immer auch ein Legizeichen. Hinsichtlich des Interpretantenbezugs unterteilen sich die Zeichen in Rheme, Dicizeichen und Argument. Diese Unterteilung wird in der nachfolgenden Untersuchung des Peirceschen Wahrheitsbegriffes von hervorgehobener Wichtigkeit sein. Ein Rheme ist in gewisser Weise ein unvollständiges Zeichen, da es für seinen Interpretanten nur für ein mögliches Objekt steht, aber keine Information über einen tatsächlichen Zustand in der Welt liefert. Aufgrund seiner Unvollständigkeit ist es nicht wahrheitsfähig, d.h. es ist weder wahr noch falsch. Dies unterscheidet es vom Dicizeichen, das Peirce auch Quasi-Proposition nennt. Dieses ist wahrheitsfähig, liefert jedoch für seine Wahrheit bzw. Falschheit keine Gründe.[3] Das Argument schliesslich ist ein Vernunftschluss, etwa von der Art eines Syllogismus, es liefert also die Gründe für seinen Wahrheitsanspruch mit, nämlich in der Prämisse, die in Form eines Dicizeichens auftritt. Aufbau und Beschaffenheit des Dicizeichens werden später noch einmal Gegenstand einer genaueren Betrachtung werden. Bereits jetzt ist jedoch klar, daß wir einen expliziten Wahrheitsbegriff benötigen, um für ein beliebiges Zeichen anzugeben, unter welche Klasse von

---

2 Peirce, Charles Sanders (1983): Phänomen und Logik der Zeichen. Frankfurt a.M., S. 58.

3 Ebd., S. 68.

Zeichen es hinsichtlich seines Interpretantenbezugs fällt, denn Peirce selbst gibt diesbezüglich die Wahrheitsfähigkeit eines Zeichens als das deutlichste Kriterium an.[4]

Doch noch ist das Spiel mit den drei Kategorien nicht ausgeschöpft, denn Peirce zufolge gibt es gewisse degenerierte Formen der Zweit- bzw. Drittheit. Eine Zweitheit kann demnach zur Pseudo-Erstheit degenerieren, eine Drittheit zur Pseudo-Erst- bzw. Zweitheit. Für das Zeichenmodell bedeutet dies, daß es zwei voneinander scharf zu trennende Arten von Objekten und drei Arten von Interpretanten gibt. Es scheint mir an dieser Stelle wichtig, anzumerken, daß ein Zeichen immer beide Objekte besitzt und nicht entweder das eine oder das andere. Selbiges gilt für die drei Interpretanten.[5] Für unsere Untersuchung des Wahrheitsbegriffes wird vor allem die nähere Betrachtung der beiden Arten von Objekten interessant sein. Das zur Erstheit degenerierte Objekt ist das »umittellbare Objekt«, das Objekt als genuine Zweitheit betrachtet ist das »dynamische Objekt«. Unmittelbares und dynamisches Objekt werden von Peirce folgendermaßen charakterisiert:

> Wir müssen nämlich das Unmittelbare Objekt, welches das Objekt ist, wie es das Zeichen selbst darstellt und dessen Sein also von seiner Darstellung im Zeichen abhängig ist, von dem Dynamischen Objekt unterscheiden, das die Realität ist, die Mittel und Wege findet, das Zeichen zu bestimmen, ihre Darstellung zu sein.[6]

Das unmittelbare Objekt ist also das Objekt, wie es innerhalb des Zeichenprozesses auftritt, das dynamische Objekt das »reale« Objekt, das ausserhalb des Zeichenprozesses steht. Was genau die Peircesche Auffassung von Realität ist, wird später noch ausführlich diskutiert werden. Unmittelbarer, dynamischer und finaler Interpretant werden für diese Arbeit nur eine untergeordnete Rolle spielen, weswegen ich hier auf eine nähere Begriffserläuterung verzichte.

Wichtig im Zusammenhang mit dem Interpretanten ist die Feststellung, daß der Interpretant selbst ein (mentales) Zeichen ist, der sich auf dieselbe Weise auf das Objekt bezieht, wie das ursprünglich gegebene Zeichen. Dies impliziert, daß der soeben erzeugt Interpretant als Zeichen wiederum nach Interpretation verlangt und einen neuen Interpretanten erzeugt »und so weiter ad infinitum«. Diese Deutung des Zeichenprozesses als ein unendlicher Prozeß mutet zunächst befremdlich an. Denn wie ist es unter diesen Umständen möglich, daß wir jemals bei einer endgültigen und richtigen Interpreta-

---

4 Ebd., S. 68.

5 Peirce (1986), S. 112.

6 Peirce, Charles Sanders (1993): Semiotische Schriften. Bd. 3. Frankfurt a.M., S. 145.

tion eines Zeichens angelangen? In der Tat ist die unendliche Abfolge von Zeichen für Peirce die Bedingung dafür, daß ein Verstehen des Zeichens möglich ist:

> [Das] interpretierende Zeichen fungiert wie jedes Zeichen nur als Zeichen, insofern es seinerseits interpretiert wird, das heißt tatsächlich oder virtuell ein Zeichen desselben Objekts bestimmt, für das es selbst ein Zeichen ist. Also gibt es eine im Prinzip endlose Folge von Zeichen, wenn ein Zeichen verstanden wird, und ein Zeichen, das niemals verstanden wird, kann kaum ein Zeichen genannt werden. Eine endlose Folge von Zeichen gibt es zumindest in dem Sinne, in dem Achilles eine endlose Folge von Entfernungen durchmißt, wenn er die Schildkröte überholt.[7]

Der Zeichenprozeß muß also nicht als unendlich im zeitlichen Sinne verstanden werden, sondern als ein zeitlich begrenzter Vorgang, der in unendlich viele Teilabschnitte zerlegt werden kann. Warum das so ist, d.h. warum eine endliche Abfolge von Zeichen für die vollständige Interpretation eines Zeichens nicht ausreicht, wird erst aus einer genaueren Untersuchung des Peirceschen Wahrheitsbegriffes ersichtlich werden, zu welcher wir jetzt übergehen.

Der Wahrheitsbegriff

Im vorangegangenen Abschnitt ging es vor allem um die Klassifizierung der Zeichen in bestimmte Gruppen, sowie um den spezifischen Charakter des Zeichenprozesses, der zwischen dem Gegebensein eines Zeichens und seiner abschliessenden Interpretation abläuft. Wir haben gesehen, daß Peirce sein theoretisches Gebäude ausgehend von der Idee der drei universalen Kategorien aufbaut. Scheinbar unberührt blieb dabei die banal klingende Frage: Was tun eigentlich Menschen, wenn sie Zeichen verwenden? Die Beantwortung dieser Frage klingt nicht minder banal: Sie befehlen, fluchen, wünschen, zeigen etc.

Eine wesentliche Handlung, die mithilfe von Zeichen ausgeführt wird, ist außerdem die Beschreibung der Welt. Damit haben die Banalitäten ein Ende und man betritt schwieriges philosophisches Terrain. Wir beschreiben die Welt in der Hauptsache mithilfe der Sprache, denn obwohl auch z.B. ein Bild die Welt in gewisser Weise abbilden kann, so hat doch nur der Aussagesatz die eigentümliche Eigenschaft, neben seinem eigentlichen Inhalt auch noch seine Wahrheit zu behaupten, wie dies Frege sehr prägnant festgestellt hat:

> Beachtenswert ist es auch, daß der Satz »ich rieche Veilchenduft« doch wohl denselben Inhalt hat wie der Satz »es ist wahr, daß ich Veilchenduft rieche«. So

---

7 Peirce (1986), S. 424.

> scheint denn dem Gedanken dadurch nichts hinzugefügt zu werden, daß ich ihm die Eigenschaft der Wahrheit beilege.[8]

Sätzen, oder genau genommen Aussagesätzen der Form ›Dies und Jenes ist der Fall‹, fällt also primär die Rolle zu, Bezug auf die Welt herzustellen, indem sie diese irgendwie abbilden. Gelingt die Handlung, die ich mit dem äußern eines Satzes vollziehe, dann habe ich einen bestimmten Ausschnitt der Welt korrekt abgebildet und der Satz ist wahr. Hierbei tun sich nun mehrere Probleme auf, die sich über die verschiedensten philosophischen Teildisziplinen erstrecken. Eines davon ist das Problem der Realität, das Lorenz B. Puntel folgendermassen konstatiert:

> Die meisten Wahrheitstheorien [...] erklären den Wahrheitsbegriff dahingehend, daß dabei in irgendeiner Weise von »Realität«, »Welt« u.ä. die Rede ist. Auch dann nämlich, wenn der Korrespondenzgedanke nicht explizit genannt, oder, wie das meistens der Fall ist, wenn Korrespondenz nicht als Relation aufgefasst wird, wird Wahrheit auf irgendeine Weise in Verbindung mit »Realität« gesetzt. Aber welche Vorstellung von »Realität« bzw. »Welt« wird dabei vorausgesetzt?[9]

Um den Wahrheitsbegriff einer bestimmten Theorie zu klären muß also zunächst herausgefunden werden, welche ontologischen Voraussetzungen die Theorie macht. Ich werde nun versuchen, dies für die Zeichentheorie von Peirce zu tun, wobei ich mich immer möglichst nah an dessen eigenen Texten orientieren möchte.

Realität

Der Philosoph, der wohl den stärksten Einfluß auf das Denken vor allem des jüngeren Peirce genommen hat, ist Immanuel Kant. Kant wollte mit seiner Erkenntnistheorie, die er sowohl als Transzendentalen Idealismus als auch auch als Empirischen Realismus bezeichnete, eine Brücke zwischen den Strömungen des Idealismus und des Universalienrealismus schlagen. Eine Grundlage dieses Unterfangens ist dabei die Unterscheidung zwischen dem Ding an sich, das prinzipiell unerkannt bleibt und über das somit nichts Sinnvolles ausgesagt werden kann, und den Gegenständen einer möglichen Erfahrung, die zwar in gewisser Weise vom Verstand und der Sinnlichkeit des Subjekts hervorgebracht werden, aber doch, aufgrund der spezifischen Beschaffenheit des menschlichen Erkenntnisapparates, empirische Realität besitzen.

---

8 Frege, Gottlob (1993): Logische Untersuchungen. Göttingen. S. 34.

9 Puntel, Lorenz B. (1993): Wahrheitstheorien in der neueren Philosophie. Darmstadt, S. 3.

Peirce' Position zur Realität ist derjenigen von Kant insofern verwandt, als auch er die Überwindung der Kluft zwischen Idealismus und Realismus anstrebt. Er hat jedoch sehr scharfsinnig das Paradox erkannt, das in der Annahme eines Dinges an sich liegt. Denn wie kann man von einem Ding, von dem man prinzipiell *nichts* wissen kann, wissen, daß es existiert? Dieses Paradox ist wohl der Grund, warum Kants Widerlegung des Idealismus gescheitert ist und er letztlich im Idealismus stecken blieb.

Diesen gravierenden Fehler wollte Peirce auf keinen Fall begehen. Aus diesem Grund verwirft er entschieden die Idee eines Dinges an sich. Aber auch dieser Weg birgt die Gefahr eines Rückfalls in den Idealismus, denn wenn es die Dinge an sich, so wie sie ausserhalb ihres Gedacht- bzw. Wahrgenommenwerdens existieren, gar nicht gibt, dann liegt doch die Vermutung nahe, daß die Welt nur aus Geist besteht. Dann existierten die materiellen Gegenstände und alle anderen Entitäten nur in und abhängig von meinem Bewußtsein. Ein solch radikaler Solipsismus ist für Peirce natürlich inakzeptabel. Dementsprechend versucht er, eine Position zu finden, die sowohl dem Idealismus als auch dem Realismus gerecht wird, und diese dadurch überwindet:

> [...] es gibt kein Ding, das in dem Sinne an-sich wäre, daß es nicht in Bezug auf den Verstand steht, obwohl die Dinge, die in Bezug auf den Verstand stehen, zweifellos, auch wenn man von dieser Relation absieht, existieren.[10]

Ich denke man muß diese etwas rätselhafte Bemerkung so verstehen, daß die Dinge zumindest ihrer Möglichkeit nach in Beziehung auf den Verstand stehen, jedoch nicht von diesem abhängig sind. Dafür spricht auch das folgende Argument:

> Daher können Unwissenheit und Irrtum nur korrelativ zu einem wirklichen Wissen und einer Wahrheit verstanden werden, und letztere haben die Natur von Erkenntnissen. Über jede Erkenntnis hinaus gibt es eine unbekannte, aber erkennbare Realität; aber über jede mögliche Erkenntnis hinaus gibt es nur das Selbstwidersprüchliche. Kurz, *Erkennbarkeit* (im weitesten Sinne) und *Sein* sind nicht bloß metaphysisch dasselbe, sondern sind synonyme Begriffe.[11]

Das heisst: Alle Dinge, die real existieren sind auch erkennbar; die Begriffe Erkennbarkeit und Existenz haben die gleiche Extension, womit das Kriterium für Synonymie erfüllt ist. Diesen Schluß legt die Logik nahe, denn nichts kann existieren, was im Widerspruch zu einer möglichen Erkenntnis stünde. Es ist jedoch nicht der Fall, daß der Verstand als das Instrument der

---

[10] Peirce, Charles Sanders (1967): Schriften I. Zur Entstehung des Pragmatismus. Frankfurt a.M., S. 220.

[11] Ebd., S. 177.

Erkenntnis der Grund dafür ist, daß die Dinge die Eigenschaft der Erkennbarkeit besitzen. Dies wäre der Fall, wenn ein Idealismus berkeleyscher Prägung zutreffend wäre, wo die Dinge durch ihr Gedachtwerden erst erschaffen werden. Dies kann aber nicht der Fall sein, da sonst die Unterscheidung von Irrtum und Erkenntnis, mithin die Unterscheidung von wahr und falsch, sinnlos würde.

Die Logik gebietet den Schluß, daß der Bereich möglicher Erkenntnis und der Bereich der Realität zusammenfallen. Wäre nun Logik nicht mehr als das Gesetz des Verstandes, wie vielfach angenommen wird, so läge tatsächlich der Schluß nahe, daß ein direktes Abhängigkeitsverhältnis zwischen Denken und Sein bestünde. Dies ist jedoch nicht Peirce' Verständnis von Logik. Vielmehr ähnelt seine Position derjenigen von Leibniz, demzufolge nicht einmal Gott den Gesetzen der Logik zuwiderhandeln kann. Die Gesetze der Logik sind also absolut objektiv. Peirce vertritt in dieser Frage einen entschiedenen Antipsychologismus.

Man muß Peirce' ontologischen Standpunkt also so verstehen: Wir können nicht abgesondert von unserem Erkenntnisvermögen zum Wesen der Dinge vordringen. Daraus folgt aber nicht die Existenz eines unerkannt bleibenden Dings-an-sich. Die Existenz eines Objekts geht einher mit seiner Erkennbarkeit, ist aber nicht abhängig von dieser. Das Zusammenfallen von Erkennbarkeit und Existenz beruht nicht auf einem Abhängigkeitsverhältnis zwischen diesen Begriffen, sondern auf der logischen Struktur der Welt, welche auch unabhängig von ihrem Erkanntwerden existiert. Es ist klar, daß dies die unabdingbare Voraussetzung für einen wie auch immer gearteten Wahrheitsbegriff ist, denn über eine nicht existierende Aussenwelt kann ich weder wahre noch falsche Aussagen machen.

Peirce' erkenntniskritische Überlegungen legen, wie wir gesehen haben, die Existenz einer Realität nahe, die unabhängig davon ist, ob und wie sie von Zeichen repräsentiert wird. In den folgenden beiden Abschnitten möchte ich untersuchen, ob eine solche Auffassung von Relität auch mit Peirce' Konzeptionen des unmittelbaren und dynamischen Objekts sowie des Dicizeichens in Einklang zu bringen ist.

Unmittelbares und Dynamisches Objekt

Nach Peirce' Definition bestimmt ein Zeichen ein Objekt für seinen Interpretanten. Dieses Bestimmtsein des Objekts durch das Zeichens deutet an, daß das Objekt in seinem Sein von seiner Darstellung im Zeichen abhängig ist, was unserer bisher vertretenen These widersprechen würde. Die Lösung bietet

Peirce' Unterscheidung zwischen unmittelbarem und dynamischen Objekt. Die Beziehung zwischen Zeichen und Objekt stellt eine Form der Zweitheit dar. Zweitheit ist nun aber keine lineare Verkettung von Ursache und Wirkung, sondern eine unauflösbare doppelseitige Beziehung zweier Elemente zueinander. Dementsprechend funktioniert das Bestimmen des Objekts durch das Zeichen nicht nur in eine Richtung, sondern so, wie das Zeichen das Objekt bestimmt, ist es gleichzeitig seinerseits durch das Objekt bestimmt. Dies führt zur Aufspaltung des Objekts in unmittelbares und dynamisches Objekt.

> Wir müssen nämlich das Unmittelbare Objekt, welches das Objekt ist, wie es das Zeichen selbst darstellt und dessen Sein also von seiner Darstellung im Zeichen abhängig ist, von dem Dynamischen Objekt unterscheiden, das die Realität ist, die Mittel und Wege findet, das Zeichen zu bestimmen, ihre Darstellung zu sein.[12]

Mit dieser Unterscheidung ist dem spezifischen Charakter der Beziehung von Zeichen und Objekt als Zweitheit Rechnung getragen und zugleich wird die Unabhängigkeit des real existierenden Objekts gesichert. Was mir bei diesem Zitat besonders interessant erscheint, ist, daß völlig ungeklärt bleibt, welcher Art die »Mittel und Wege« sind, durch die die nichtzeichenhafte Realität sich in den Zeichenprozeß einschaltet. Der Grund für diese Vagheit liegt wohl darin, daß all unser Denken immer ein Denken in Zeichen ist und es deshalb für den menschlichen Geist letztlich unmöglich ist, zu erfassen, wie das Nichtzeichenhafte in den Zeichenprozeß eingeht. Denn wir haben zwar gesehen, daß die Begriffe des Erkennbaren und des Seienden umfangsgleich sind, dies bedeutet jedoch nicht, daß in einer Erkenntnis, also in einem wahren (Dici-)Zeichen, der Unterschied zwischen unmittelbarem und dynamischem Objekt aufgehoben würde. Das unmittelbare Objekt bleibt ein Zeichen, das dynamische ein Nicht-Zeichen und die Grenze zwischen beiden bleibt unüberschreitbar. Der Grund für die Wahrheit eines Satzes muß in der Beziehung bestehen, in der sein unmittelbares zu seinem dynamischen Objekt steht. Von welcher Natur diese Beziehung ist, wird sich in der Analyse des Dicizeichens zeigen.

Dicizeichen

Es ist bereits in Abschnitt 2 klargeworden, daß das Dicizeichen in dieser Arbeit unsere besondere Aufmerksamkeit verdient, da es neben dem Argument, das eine Art Verknüpfung von Dicizeichen darstellt, die einzige Gattung von Zeichen ist, die als Wahrheitsträger in Frage kommt. Die Möglichkeit wahr bzw. falsch zu sein wird denn auch von Peirce als Kriterium ange-

---

[12] Peirce (1993), S. 145.

geben, anhand dessen entschieden werden kann, ob ein Zeichen ein Dicizeichen ist oder nicht.[13] Nach dieser Feststellung fährt Peirce fort, das Wesen des Dicizeichens offenzulegen:

> Dies zeigt, daß ein Dicizeichen auf irgendetwas bezugnehmen oder bezogen sein muß, insoweit es ein reales Sein besitzt, das unabhängig von der Repräsentation als solcher ist. Nun ist die einzige Art von Zeichen, dessen Objekt notwendigerweise existiert, ein Index. Folglich repräsentiert das Dicizeichen sich notwendigerweise selbst als einen Index. Das Dicizeichen repräsentiert sich also selbst als in einer tatsächlichen Zweitheit zu seinem realen Objekt stehend. Doch indem es das darstellt, was es darstellend als einen Index seines Objekts präsentiert, muß es darstellen, daß die Teile, in die es dasjenige unterteilt, was es darstellend präsentiert, den Elementen des Objekts entsprechen. Folglich muß es dieses Objekt als eine Zweitheit darstellen, d.h. als eine Referenz oder Relation, die verwirklicht ist. [14]

Dieser Abschnitt steckt voller Informationen. Das Dicizeichen repräsentiert sich selbst als Index, es *ist* jedoch nicht unbedingt ein solcher, da im Falle seines Falschseins, das Objekt, dessen Existenz das Dicizeichen behauptet, nicht existiert. Wenn dieses Objekt aber existiert, dann ist das Dicizeichen der Index für eine Zweitheit in der die beiden Teile, aus denen das Dicizeichen besteht, zueinander stehen. Im Falle von Propositionen, die eine Teilklasse der Dicizeichen darstellen, sind diese Teile durch Subjekt und Prädikat des Satzes dargestellt. Eine Tatsache ist also nichts anderes als eine in der Welt bestehende Zweitheit, die von einer Proposition indexikalisch repräsentiert werden kann. Auch die Art und Weise der Repräsentation von Subjekt und Prädikat ist für das Dicizeichen genau festgelegt:

> Von diesen [zwei Teilen des Dicizeichens] ist oder repräsentiert der eine Teil, *den man das Subjekt nennt*, einen Index von einem Zweiten, das unabhängig von seinem Repräsentiert-Sein existiert, während der andere Teil, *den man das Prädikat nennen kann*, ein Ikon einer Erstheit (oder Qualität oder Essenz) ist oder darstellt.[15]

Diese Klassifizierungen gelten immer im Hinblick auf den Interpretanten. So ist etwa ein Eigenname, also ein potentielles Subjekt einer Proposition, deswegen ein Index, weil seine Einführung »mit der Wahrnehmung eines Objekts [percept] oder anderem, gleichwertigen individuellen Wissen über das benannte Einzelding verbunden« ist.[16]

Ähnliches gilt für den ikonischen Charakter des Prädikats, den Peirce dadurch begründet[17], daß Propositionen im menschlichen Geist Bilder erzeu-

---

[13] Peirce (1983), S. 68.
[14] Ebd., S. 68.
[15] Ebd., S. 74.
[16] Ebd., S. 88.
[17] Ebd., S. 80.

gen, die in einem Ähnlichkeitsverhältnis zu der abzubildenden Erstheit stehen.

Somit ist geklärt, welcher Art die Beziehung zwischen unmittelbarem und dynamischen Objekt eines Dicizeichens ist. Das dynamische Objekt ist eine reale Zweitheit, also eine Tatsache, die nach klassisch aristotelischer Manier in zwei Komponenten, nämlich einen Gegenstand und eine ihm zukommende Eigenschaft, aufgeteilt werden kann. Das unmittelbare Objekt wird über das Repräsentamen, also in diesem Fall das Dicizeichen, als Index dieser Tatsache angezeigt. Entsprechend der Einteilung der Tatsache in Ding und Eigenschaft, ist das Dicizeichen in Subjekt und Prädikat zerlegbar, wobei das Subjekt ein Index des Dings, das Prädikat ein Ikon der Qualität ist.

Wahrheit

Die bisher angestellten Überlegungen legen nahe, daß Peirce eine Korrespondenztheorie der Wahrheit vertritt, welche ja die traditionelle Auffassung von Wahrheit wiederspiegelt. Es ist wohl nicht möglich *die* Korrespondenztheorie der Wahrheit zu beschreiben und von allen anderen Wahrheitstheorien abzugrenzen, da die Vorstellung, daß Wahrheit irgendwie in Übereinstimmung von Sprache und Welt bzw. Denken und Sein besteht, unserem abendländischen Denken geradezu eingebrannt zu sein scheint. So weist Puntel wiederholt darauf hin, daß selbst Denker, die eine Korrespondenztheorie der Wahrheit ausdrücklich verwerfen, oftmals nicht umhin können, bei der Definition von Wahrheit auf irgendeine Form von Übereinstimmungsrelation zurückzugreifen. In unserem Jahrhundert ist wohl die Bildtheorie der Sprache, die Wittgenstein in seinem ›Tractatus logico-philosophicus‹ entworfen hat, die bekannteste Ausprägung einer Korrespondenztheorie der Wahrheit. Bertrand Russell, dessen Denken vom frühen Wittgenstein stark beeinflußt ist, skizziert den Wahrheitsbegriff einer Bildtheorie wie folgt:

> Every belief which is not merely an impulse to action is in the nature of a picture, combined with a yes-feeling or a no-feeling; in the case of a yes-feeling it is »true« if there is a fact having to the picture the kind of similarity that a prototype has to an image; in the case of a no-feeling it is »true« if there is no such fact. A belief which is not true is called »false«. [...] The definition of ›truth‹ does not, of itself, afford a definition of ›knowledge‹. Knowledge consists of certain true beliefs, but not of all of them.[18]

---

[18] Russell, Bertrand (1995): My Philosophical Development. London, S. 140.

Diese Definition von Wahrheit durch Russell scheint sich im wesentlichen mit dem zu decken, was Peirce bei seiner Analyse des Dicizeichens über Wahrheit sagt. Denn die von Russell angesprochene Ähnlichkeitsbeziehung zwischen der Tatsache und der Meinung findet sich bei Peirce in dem Teil des Dicizeichens wieder, der sich ikonisch auf die im Sachverhalt gegenwärtige Eigenschaft bezieht. Und es ist ja, wie wir gesehen haben, gerade eine gemeinsame Eigenschaft, mittels derer sich ein Ikon auf das von ihm bezeichnete Objekt beziehen kann, was nichts anderes heisst, als daß Ikon und Objekt in einer Ähnlichkeitsbeziehung zueinander stehen. Daß Russells Definition sich auf Meinungen beschränkt, stört hierbei nicht im geringsten, denn Meinungen sind von Peirce aus gesehen nichts anderes als Zeichen, mithin Dicizeichen, da sie wahr bzw. falsch sein können.

Peirce' Analyse des Dicizeichens sowie seine Bemerkungen über Realität scheinen also den Schluß nahezulegen, daß er einen Korrespondenzbegriff der Wahrheit vertritt. Eine andere Spur, nämlich der Aufsatz »The Fixation of Belief« von 1877, der nicht primär semiotische Themen zum Inhalt hat, führt zu demselben Ergebnis. Karl-Otto Apel hat festgestellt, daß die Auffassung von Wahrheit, die Peirce in diesem Aufsatz vertritt, »in vollständiger Harmonie mit der absolutistischen Intention des traditionellen Korrespondenzbegriffs der Wahrheit« steht.[19] Die Grundthese des Aufsatzes ist, daß nicht der cartesische Zweifel, dessen bloße Möglichkeit von Peirce in Zweifel gezogen wird, sondern allein die wissenschaftliche Methode in der Lage ist, zu einer befriedigenden ›Festlegung einer Überzeugung‹ und also zu wahrer Überzeugung führen kann. Gegen Ende des Aufsatzes resümiert Peirce wie folgt:

> Das ist die Methode der Wissenschaft. Ihre grundlegende Hypothese, in vertrauterer Sprache neu formuliert, lautet: Es gibt reale Dinge, deren Eigenschaften völlig unabhängig von unseren Meinungen über sie sind; dieses Reale wirkt auf unsere Sinne nach regelmäßigen Gesetzen ein, und obwohl unsere Sinnesempfindungen so verschieden sind wie unsere Beziehungen zu den Gegenständen, können wir doch, indem wir uns auf die Gesetze der Wahrnehmung stützen, durch schlußfolgerndes Denken mit Sicherheit feststellen, wie die Dinge wirklich und in Wahrheit sind; und jeder, wenn er hinreichende Erfahrung hätte und genug darüber nachdächte, wird zu der einen einzig wahren Konklusion geführt werden.[20]

Neben der nun schon des öfteren hervorgehobenen Überzeugung Peirce', es gebe reale Dinge, deren Sein unabhängig von dem sie beobachtenden Subjekt sind, klingt hier noch ein weiteres Motiv an, das für den Peirceschen Wahr-

---

[19] Apel, Karl-Otto (1975): Der Denkweg von Charles S. Peirce. Frankfurt a.M., S. 120.

[20] Peirce (1967), S. 310.

heitsbegriff von Wichtigkeit ist. Es ist das Motiv der Menschheit, begriffen als prinzipiell unbegrenzte Forschergemeinschaft, die dazu in der Lage ist ›in the long run‹ zu der einen Wahrheit zu gelangen. Der einzelne Forscher vermag das nicht, da seine Lebenszeit zu begrenzt ist, um ›hinreichend lange‹ über alle sich stellenden Probleme nachzudenken. Die Menschheit als Forschergemeinschaft ist in diesem Sinne unbeschränkt und sie zeigt nach Peirce' Überzeugung die Tendenz, sich der Wahrheit in dem fortlaufenden Forschungsprozeß immer mehr anzunähern. Das Schlagwort vom unendlichen Zeichenprozeß bekommt so eine zweite, nicht weniger ernstzunehmende, Bedeutung, denn wann dieser Idealzustand der vollständigen Übereinstimmung von Welt und unseren Meinungen über die Welt erreicht sein wird entzieht sich natürlich jeder Vorhersage.

Die in »The Fixation of Belief« vertretene Wahrheitstheorie steht m.E. auch nicht im Widerspruch zu dem von W. James vertretenen pragmatistischen Wahrheitsbegriff, wie Apel vermutet. Nach James ist eine wahre Überzeugung immer diejenige, die in der jeweiligen Situation die befriedigendste ist. Peirce würde darauf wohl erwidern, daß nur der Besitz der *wirklichen* Wahrheit vollkommen befriedigend sein kann, weil nur er es ermöglicht, präzise Vorhersagen zu machen und somit in allen Situationen angemessen zu reagieren.

Adrian Widmann

Abduktion in der Semiotik von Charles S. Peirce

Abstract

Verfolgt man die Rezeption der Peirceschen Zeichentheorie, so liegt deren Focus im allgemeinen auf den mit universalem Geltungsanspruch bedachten drei Kategorien, bzw. dem *Triadischen* schlechthin; je nach Präferenz im Zeichenbegriff, im Wahrnehmungsprozeß, in der Inferrenz, der ›Medientheorie‹. Peirce vertritt historisch damit die Kronzeugenschaft seitens der Logik in der, nicht zuletzt heuristisch motivierten, Auflösung bestehender Binarismen zugunsten des ›semantischen Spielplatzes‹ der ›Drittheit‹, hier verwendet als nur eines, der in vielfältigen Intentionen akzentuierten begrifflichen Synonyme.

Peirces Kampf darum, am zeichentheoretisch neu entdeckten Claim echter Drittheit mit den Mitteln *einer* Logik semantische Gebietsansprüche geltend zu machen, ist dabei aber auch untrennbar verknüpft mit der Entwicklung eines geeigneten Schlußverfahrens, welches ›das Dritte‹ überhaupt erst logisch handhabbar macht, dabei dessen Geschiedenheit von allem Binären beläßt. Das Peircesche Schlußverfahren ›Abduktion‹ zeigt diese Bestrebungen, zeigt aber auch paradigmatisch die ›Achilles-Verse‹, wenn eine dreiwertige (Zeichen-) Theorie, von deskriptiver Prozeßhaftigkeit als eine normative Erkenntnistheorie gesetzt wird.

1. Methodisches zur Begriffsanalyse

Abduktion ist jene Art von Argument, die von einer *überraschenden Erfahrung* ausgeht, das heißt von einer Erfahrung, die einer aktiven und passiven Überzeugung zuwiderläuft. Dies geschieht in Form eines Wahrnehmungsurteils oder einer Proposition, die sich auf ein solches Urteil [aktive/passive Überzeugung] bezieht, und eine neue Überzeugung wird notwendig, um die Erfahrung zu verallgemeinern. Doch nun stellt der Interpretant der Abduktion die überraschende Erfahrung als ähnlich dar, d.h. als ein Ikon der Replica eines Symbols. Allgemeinverständlich formuliert scheint es sich um eine mögliche Erklärung der überraschenden Tatsache zu handeln, und dadurch akzepiert er das Symbol in der Form einer Proposition als wahrscheinlich.

Diese dem Band *Phänomen und Logik der Zeichen*[1] entnommene Definition war ursprünglich Teil eines von Charles Sanders Peirce 1903 herausgegebenen und *Syllabus of certain Topics about Logic* betitelten Skriptes zu einer Vorlesungsreihe, dessen Inhalt er bereits im Vorwort als »gänzlich neu«[2] verstanden wissen will. Tatsächlich verbindet er in obigem Zitat scheinbar divergierende Betrachtungsebenen: Epistemologie (in den Begriffen: ›Erfahrung‹, ›Wahrnehmungsurteil‹ und ›Proposition‹) und Zeichentheorie (›Ikon‹, ›Replica‹, ›Symbol‹); beide zusammen mit Logik. Ein derartiges Vorgehen, aus der Grundlegung eines Begriffes eine Theorie zu entfalten, ist in diesem Fall methodisch legitimierbar, wenn auch, *pro reo*, theorie-immanent:

Universale »axiomatische« Grundregel: Peirce prädiziert dem Denken in einer Allquantifikation Zeichenhaftigkeit[3]. Der Abduktionsbegriff, als dem Zeichen notwendig inhärent, muß sich daraus syntaktisch, d.h. ohne zusätzliche semantische Annahmen, nur durch strikte Anwendung dieser Grundregel entwickeln lassen. Umgekehrt muß, dem Universalitätsanspruch zufolge, damit von jedem beliebigen begrifflichen Punkt aus, also hier speziell von der ›Abduktion‹ aus, seine Theorie entfaltet werden können[4].

2. Zur Begriffsgeschichte

»Der Terminus Abduktion ist in der Logik extrem ungebräuchlich [,]«[5] muß wohl auch heute noch mit Peirce konstatiert werden, läßt man die Rolle in der *KI*-Forschung einmal außer acht. Er selbst findet den historischen Beleg des Begriffes im 25. Kapitels der *Analytica posteriora* von Aristoteles, übersetzt von Pasicus 1597. Die kontextuelle Bedeutung die er bei den Mathematikern Pappus und Proclos im 3. und 5. Jahrhundert einnimmt, bestätigt ihm dies (ebd.). Die bei Aristoteles intendierte Idee, die dann Peirce seiner Begriffsverwendung zugrunde legt, läßt sich so nur *a posteriori,* im Vergleich mit dessen späterer Konzeption, auffinden. Dort, soviel sei vorweggenommen, erscheint Abduktion auch unter dem deskriptiveren Synonym ›hypothetischer Schluß‹, d.h. der geregelten Hypothesenbildung. Die *Analytica* soll deshalb, derartig perspektiviert, auch hier die Grundlage sein.

---

1 Peirce, Charles S.: Phänomen und Logik der Zeichen. Frankfurt a.M. 1983, S. 95. (Hervorh. i. Orig.). [im folgenden: P]

2 Ebd., S. 38.

3 Peirce, Charles S.: Collected Papers. Vol 1-6. 2. Aufl. Cambridge, Massachusetts 1960 [im folgenden CP]: 5.251.

4 Metaphorischer, in Analogie zu Peter Weibel: »[...] segelt mein Bewußtsein auf dem Ozean der Zeichen von einem Zeichen zum anderen.« Vgl.: Weibel, Peter: Theorie der Transformation. In: Protokollle. 1973/1, S. 79.

5 P. S. 90.

Ein geeigneter Einstieg findet sich im zweiten Buch der zweiten *Analytik*: Motiviert ist bei Aristoteles die dritte Ausweichschiene in dessen Bestreben, kausale Ursachen syllogistisch zu ermitteln. Peirce wird daraus Anregungen für die Entwicklung seines theoriezentralen Begriffes des hypothetischen Schlusses, bei ihm ›Abduktion‹ genannt ziehen. Deshalb hier etwas ausführlicher aus dem 25. Kapitel der *Analytica Posteriora,* zweites Buch:

> Wir fragen aber, wenn wir nach dem Daß oder darnach, ob etwas schlechthin ist, fragen ob es dafür einen *Mittelbegriff* gibt oder nicht gibt. Wenn wir aber entweder das Daß, oder ob etwas teilweise oder schlechthin ist, erkannt haben und dann wieder nach dem Warum oder nach dem Was ist es fragen, dann fragen wir, welches der Mittelbegriff ist.[6]

Die Funktion ›Mittelbegriff‹ in der Syllogistik am prominenten Beispiel *Deduktion*:

Gesetz:	Alle Menschen (B), sind sterblich (A).
Fall:	Sokrates (C) ist ein Mensch (B).
Ergebnis:	Sokrates (C) ist sterblich (A).

(B) »vermittelt« hier zwischen Oberbegriff (A) und Unterbegriff (C). Aristoteles benennt ihn im folgenden als definierende ›Ursache‹ für das aus einem Gesetz abgeleiteten Ergebnis[7]. Die Ursachen-Analyse in Form der Erklärung des Mittelbegriffes durch Satz 2. muß also in obigem Beispiel durch den Schluß von den Sätzen 1. und 3. auf 2. erfolgen.

Die Sicherung des Wahrheitsgehaltes der erhaltenen Aussage steht und fällt also mit der Wahl des Mittelbegriffes (B); die daraus erwachsenden Schwierigkeiten sind im einzelnen: B erfüllt die Relation der ›Komposition‹: ›A ist relationiert mit B, B mit C‹, aber damit ist noch nicht die Relation der ›Transitivität‹ gesichert: ›A ist relationiert mit C‹. Semantisch: Ein in diesem Sinne tauglicher Begriff (B) muß also nach Aristoteles ›beidseitig konvertibel‹ sein. Dieses Glaubwürdigkeits-Problem ist es, für das die Übersetzung bei Aristoteles den Begriff *Apagoge* [Umbiegung] *Abduktion*[8] eigentlich einführt, auf den sich Peirce verallgemeinernd im folgenden stützen wird.

Davon abhängig: »[...] wenn A logisch auf B und dieses logisch auf C folgt, wird deshalb A für C noch nicht das Wesen ausmachen, sondern die Bedeutung haben, daß es auf Grund des Schlußes mit Recht von ihm ausgesagt

---

6 Aristoteles: Lehre vom Beweis oder Zweite Analytik. In: Aristoteles: Philosophische Schriften. Bd 1. Hamburg: Meiner 1995, S. 69-70. (Hervorh. v. Verf.).

7 Ebd.

8 Aristoteles: Lehre vom Beweis oder Zweite Analytik. In: Aristoteles: Philosophische Schriften. Bd 1. Hamburg: Meiner 1995, S. 142-43. (Hervorh. v. Verf.).

wird.«[9] Wird solche Wesenshaftigkeit dennoch angenommen, so ist B in der Frage bereits latent vorraugsetzt. Das Postulat des Zusammenhangs kommt einer *petitio principii* gleich.

Eco findet dieses Problem bei Aristoteles an anderer Stelle ebenfalls[10]. Seine Frage dazu, ob, um bei seinem Textbeispiel zu bleiben, »[...] S, da es als M definiert ist, zu der Obergattung P gehört [...]« oder ob »[...] S, insofern es M ist, in gewisser Weise die Eigenschaft P impliziert [...]« läßt er jedoch offen, ohne sich hier zwischen synthetisch-/analytischen Erkenntnisanspruch zu positionieren. In seinem Anspruchs einer kategorial rückführbaren Logik wird Peirce, wie zu zeigen sein wird, hier für die zweite Möglichkeit optieren.

Komplementär zur Induktion, die auf hypothetisch zukünftig Allgemeines schließt, unterstellt Abduktion eine hypothetisch (daher auch hypothetischer Schluß) vorzeitige, damit aber nur kontingente Ursache. Aristoteles rechtfertigt dies in seiner Schrift »[a]us ersten und ohne Beweis einleuchtenden Sätzen [...]«[11], deren (Meta-) Ursachen »früher und bekannter« sind, d.h. »der sinnlichen Wahrnehmung näher lieg[en] [...]«[12].

Man kann Aristoteles wohlwollend interpretieren und analog zu dem Versuch Baumgärtners, die aristotelischen Kategorien in einem Ordnungsschema von dessen Philosophie zu begründen, eine stärkere Legitimation in der »Offenbarkeit des Seins im Logos«[13] suchen: Die Wahl der Schlußbegriffe und ihre Ordnung basieren auf einem sprachlich manifesten Sinn von Sein. Abgesehen von der zirkulären Begründung *in* Sprache, notwendig *durch* Sprache[14], verlieren Offenbarkeitsthesen in einer moderneren, radikaleren Epistemologie allerdings ihren heuristischen Wert.

3. Die semiotische Lösung: *Abduktion* bei Charles S. Peirce:

Erläuterungen zur Definition. Vorangestellt sei die Erklärung der, im Eingangszitat, als Explanans fungierenden Begriffe *der* Semiotik, wie Peirce sie versteht. Daß allerdings die so getroffene Abgrenzung hier nur eine Didaktische bleiben kann, wird daraus im weiteren ersichtlich.

---

9 Ebd., S. 75-76.

10 Vgl.: Eco, Umberto: Hörner, Hufe, Sohlen. Einige Hypothesen zu drei Abduktionstypen. In: Eco, Umberto/Sebeok, Thomas A. (Hg.): Der Zirkel oder im Zeichen der Drei. München: Fink 1985, S. 289f.

11 Aristoteles: Lehre vom Beweis oder Zweite Analytik. In: Aristoteles: Philosophische Schriften. Bd 1. Hamburg: Meiner 1995, S. 4.

12 Ebd., S. 4.

13 Baumgartner, H.M.: Kategorie. In: Handbuch philosophischer Grundbegriffe. Bd.2. München 1973, S. 763.

14 Vgl. Ebd., S. 764f.

Der regelhafte Objektbezug des Zeichens definiert aus dessen Trichotomie das ›Symbol‹, als die in den Schluß zentral einzuführende Proposition. Kategorial als Drittheit graduiert, relationiert es in der Definition der Abduktion zwei in der Genese durch ihre Stabilität unterschiedene Zeichen-Triaden: Die Triade zwischen dem Objekt »überraschend[e] Erfahrung«[15], dem ›Symbol‹ als dessen Repräsentamen (hier: dessen regelndem Gesetz) und beider zu Grunde liegendem Interpretanten in Bezugsform einer ›Proposition‹, läßt sich hier tatsächlich als durch einen Mittelbegriff generiert erweisen. Das veranschaulicht eine skizzierte »Geometrie« der triadischen Zeichenrelationen:

1. Über. Erfahrung	Proposition	Mögliche Erklärung
2. ~Objekt	~ Ikon	~Replica des Symbols
3. ›freie Valenz‹	Symbol	Objekt

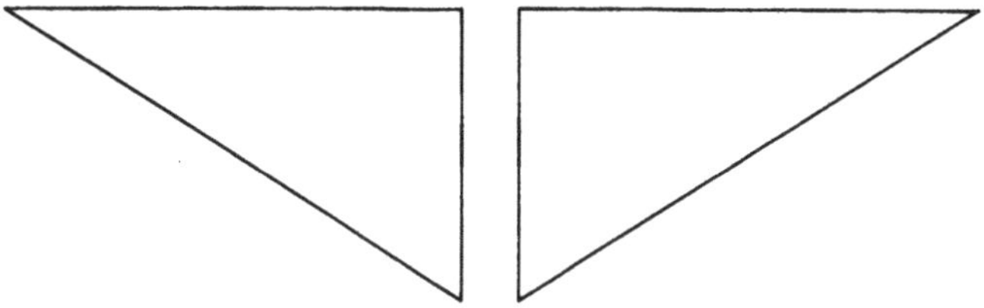

1. Neue Überzeugung
2. ~ Interpretant
3. Interpretant

Dabei markieren die Erklärungsebene 1. der Skizze die alltagssprachliche, Ebene 2. die semiotisch abstrahierte Formulierung des Beziehungsmusters, wie Peirce sie in seiner Definition selbst trifft. Ebene 3. soll die dergestaltige »Semiose« in ihren instabilen Übergangsstadien festhalten.

Ausgangspunkt der Konstituierung sind zwei Propositionen, in Form des Objektes und einer Regularität (d.h. der ›möglichen Erklärung‹); diese sind zunächst in von einander unabhängigen Triaden kategorial verortet, also jeweils im Interpretant *als Gedanke für wahr* (~Urteil, bzw. Argument) genommen. Der Erklärungszugewinn durch die in einer Ähnlichkeitsrelation geleistete Transformation des ›Objekt-Repräsentamens‹ in ein ›Ikon‹ zu einer *Replica*[16] eines Symbols ist in der Skizze plausibel: An der ›neuen‹ Achse ›Ikon-Interpretant‹ (aristotelisch: dem Mittelbegriff) läßt sich die triadisch

[15] Siehe Fußnote 1.

[16] Wegen der bereits genannten Schwierigkeiten des Begriffes soll Replica hier vorläufig nur als Instanz, d.h. aktuale Ausprägung eines Allgemeinen charakterisiert sein.

verankerte ›mögliche Erklärung‹ auf die triadisch verankerte ›überraschende Erfahrung‹ kongruent abbilden. Ohne den Rahmen von Peirces Zeichentheorie zu verlassen, lassen sich daraus nun direkte logische Konsequenzen für eine ›abduktive Motivierung‹ dieses Modells ableiten:

Die von Peirce getroffene Klassifizierung alles Seienden in drei Universalkategorien erfüllt im Kalkül, zumindest am Begriff ›Abduktion‹ (»Gesamtdreieck«), die ›Adäquatheitsbedingungen‹ elementarer Logik. Als Beispiel sei hier nur die Bedingung der ›Vollständigkei‹ genannt: Die logisch gefolgerte Triade ist selbst aus Triaden herleitbar. Die Verfahrensüberprüfung durch den umgekehrten Weg ›Induktion‹ ist damit möglich, wie auch im Kontext unseres alltäglichen Schließens hinreichend belegt.[17]

In der Abduktion sind, soweit der Ähnlichkeitsbezug gewart bleibt, im Prinzip verschiedene Erklärungsmöglichkeiten für eine Ursache möglich. An der Skizze: Eine Distanzveränderung zwischen ›Ikon‹ und ›Interpretant‹ beinträchtigt nicht die Kongruenz der damit relationierten Triaden. Auch Peirce schaft es hier eigentlich nicht, das aristotelische Grundproblem der Abduktion, durch deren Neuformalisierungung zu eliminieren. Die ambige Hypothese tritt sowohl als experimentell vermitteltes, sinnstiftendes Erfahrungsurteil wie dann auch als logisch kohärente Tatsachenwahrheit auf; wobei sich beides nur wechselseitig begründen kann. Welche kontextuellen Absicherungen Peirce hiergegen durch Einbettung in seine Gesamt-Theorie treffen kann, wird in Kap. 2.3. zu klären sein.

Die Funktion der Replica-Klassen. Aus diesen Erläuterungen bisher herausgenommen war der Begriff der *Replica.* In die Differenzierung der Zeichentrichonomie nach Objekt-, Repräsentamen-, oder Interpretantenbezug ist er nicht explizit kategorial eingeführt, also nur eine verständniserleichternde Präzisierung der Dyade ›Ikon‹ (Sinzeichen) – ›Symbol‹ (Legizeichen)? In diesem Sinne bei Peirce: »Ein Wort kann unbegrenzt wiederholt werden. Jedes seiner Vorkomnisse kann man als *Replica* dieses Wortes bezeichnen.«[18]

Der Begriff *Replica* stellt ›Ikon‹ und ›Symbol‹ damit in eine *Typ-Token-Relation.* Daß dieses Verhältnis nicht schon durch die Definition der Relata (nicht der Begriffe an sich!) impliziert ist, womit der Begriff nur tautologischen Informationswert hätte, belegt sich für Walther im damit möglichen Unterschied zwischen ›Sinzeichen‹ als »realisiertem, konkretisiertem Legizeichen und Sinzeichen wie es in der Trichotomie des Mittelbezugs auf das Qualizeichen folgt.«[19]

---

[17] Vgl. z.B: Bibel, Wolfgang: Wissensrepräentatio und Inferenz: Eine grundlegende Einführung. Wiesbaden: Vieweg 1993, S. 216f.

[18] Siehe Fußnote 1. S. 66 (Hervh. im Orig.).

[19] Walther, Elisabeth: Allgemeine Zeichenlehre: Einführung in die Grundlagen der Semiotik. Stuttgart 1974, S. 86.

Die Regel zur Replica-Bildung, die sie im folgenden aus diesem Argument ableitet, beruft sich aber nur auf emergente Eigenschaften, die erst in der Relation der Hauptzeichenklassen zueinander auftreten:

> Wenn eine Zeichenklasse innerhalb des Mittel- Objekt- oder Interpretantenbezugs eine Drittheit aufweist, so ist die Ersetzung der 3 durch die 2 bei der Replica-Bildung zunächst im Interpretantenbezug, dann im Objektbezug und zuletzt im Mittelbezug durchzuführen, da es sich bei den Replicas um ›degenerative Semiosen‹ handelt.[20]

Die Eigenschaften, die *Replica* so einer Hauptzeichenklasse prädiziert, sind also schlicht eine Aktualisierung der rein ›kategorialogisch‹ erschließbaren Relationsmöglichkeiten dieser Hauptzeichenklasse. Ihr Argument verliert dadurch an Gewicht. Ein ähnliches begriffsanalytisches Konzept zur *Replica* verfolgt z.B. auch Baltzer[21], der dann auch feststellt:

> Ein Zeichen als die Replica eines anderen Zeichens zu beschreiben, ist daher eine Zuschreibung, eine perspektivische Weise, Sachverhalte zu betrachten, die freilich in dem Sachverhalt für sich keinen Anhaltspunkt besitzt.

Damit, und darauf hebt dieser Exkurs letztendlich ab, bildet die *Replica* inhaltlich keine ›kategorial notwendigen Zeichenklassen‹. Es sind wohl tiefere Gründe, warum Peirce sie in einer so grundlegenden Definition, als wie sich Abduktion zeigen wird, dennoch einführt.

Weitere, diese These stützende Hinweise, finden sich bei Bentele und Bystrina[22], welche die Rekonstruktionsversuche der Peirceschen Zeichentheorie durch die ›Stuttgarter Schule‹ respektive Elisabeth Walther und Max Bense, weitaus schärferer Kritik unterwerfen. Ihre Kernthese ist, daß diese (wie auch schon Peirce[23]) die ›Zeichenproduktion‹, bzw. – *Generierung*, zu Gunsten einer interpreten- (sic!)-orientierten, eher klassifizierenden Semiotik vernachlässigen.

In der Tat erwähnt Peirce den Begriff eines *sign-makers*[24] ,eines ›Zeichenproduzenten‹ nur nebenbei (aber eben doch), ohne distinkt theoretische Einbindung. Zu klären ist also, welche Realität, also genauer: welchen ›ontologischen Status‹, er den Zeichen, und damit von deren Definition impliziert, allem Seienden überhaupt, zuerkennt; und hier schließt sich der Kreis mit der *Replica*: In ihrem scheinbar primär nur klassifikatorischen Anspruch liefert

---

20 Ebd., S. 87. (Hervh. im Orig.).

21 Baltzer, Ulrich: Erkenntnis als Relationsgeflecht: Kategorien bei Charles S. Peirce. Paderborn; München; Wien; Zürich 1994, S. 149.

22 Bentele, Günter/Bystrina, Ivan: Semiotik. Stuttgart, Berlin, Köln, Mainz 1978, S. 27f.

23 Ebd., S. 22.

24 CP 3433.

Peirce mit ihrer Einführung tatsächlich seinem Zeichenbegriff eine, wenn vielleicht auch schwache, aber eben doch ›notwendige Ontologie‹ nach; womit die ›Zeichenproduktion‹ eingrenzbarer wird. In der Vorlesung der Erläuterung des *Replica*-Begriffes vorangestellt, liest sich das bei ihm so:

> Nun ist eine *Gewißheit, daß etwas so und so sein wird*, von der Art dessen, was wir in der Physik ein Gesetz nennen. Es kann nur für etwas wahr sein, das unbegrenzt oft wieder sich ereignen kann. Im strengen Sinne kommt nun aber individuelle Existenz nur einem singulären Ereignis zu, das sich dort und dann ereignet, wo es sich ereignet und kein anderes Sein hat. [...] Das ›existierende‹ Ding ist individuell nur in dem Sinne als es ein kontinuierliches Gesetz ist, das Ereignisse in einer Folge von Augenblicken kontrolliert und vereinheitlicht.[25]

Die hier postulierte Gesetzhaftigkeit von allem indivduell Seienden ist es, durch die Peirce jedwede Entität als triadisches Symbol identifizieren kann. Damit sich der logische Schluß eines Erkenntnisgewinns nicht aber in, durch generell nur verweisender Symbolhaftigkeit von allem Seiendem bedingte, Zirkularität dieses einzig möglichen ›Prämissen-Materials‹ auflöst, bzw., unendliche Kardinalität (~Größe) der Menge aller möglichen Symbole angenommen, sich nicht in infinitem Progress verliert, dazu muß Peirce ein *hierarchisiertes*, und damit, wenn auch nur schwach, *ontologisiertes* Verweisungsverhältnis, der am triadischen Erkenntnisprozeß beteiligten Symbole herstellen. Diese Kennzeichnung einer ontologischen Minimal-Hierarchie in der Relation leistet der Begriff *Replica*.[26]

Den Typ, das Gesetz, das Symbol, dem Token, dem Fall, dem Ikon (›der ähnlichen Instanz‹) a priori voranzustellen ist eine metaphysisch starke These, deren Erklärung er hier selbst als »keine vollkommene Aussage«[27] eingesteht.

Die ontologische Fundierung, die Peirce seiner Theorie hier eher intuitiv zu geben scheint, an seinem Gesamtwerk auszudiskutieren, muß hier deshalb aus Umfangsgründen als Exkurs abgebrochen werden. Einen möglichen Lösungsvorschlag liefert die Peirce-Bewertung durch Roman Jakobson und sei hier nur *en passant* skizziert:

---

25 Siehe Fußnote 1. S. 66 (Hervh. im Orig.).

26 Zusammenfassend Gerhard Schönrich: »Es sieht so aus, als habe Peirce dem Phänomen der Replica-Bildung und Replica-Identifikation stillschweigend all die Überhangprobleme zugewiesen, deren Lösung in der restriktiven Lesart der neun Subzeichen blockiert wurde.« Schönrich, Gerhard: Zeichenhandeln. Frankfurt a.M. 1990, S. 170.

27 Siehe Fußnote 1. Vgl. auch Apel, Karl-Otto: Der Denkweg von Charles Peirce. Frankfurt a.M. 1975, S. 69-70. Apel findet bei Peirce hier die dazu analoge These, daß, angelehnt an Schelling, »nicht Seinsweisen (habits) als Naturgesetze, sondern Naturgestze als verfestigte Seinsweisen interpretiert werden müssen.«

> Die rationale Notwendigkeit, die *Invarianz* hinter den zahlreichen Variablen zu entdecken, die Frage der Zuweisung all dieser Varianten zu relationalen Konstanten, die von Transformationen nicht berührt werden, liegt der ganzen Peirceschen Zeichentheorie zugrunde.[28]

Invarianz, von Jakobson als einer der bedeutsamsten Wissenschaftsbegriffe charakterisiert[29], läßt sich so auch im *Typ-Token*-Verhältnis der *Replica*-Bildung nachweisen. Nun spricht nichts dagegen, die Aussage »Eine Anzahl von Objekten ist invariant bzgl. einer Eigenschaft« (z.B. Farbe) zu verstehen als die Abstraktion von der inhaltlich gefüllten Aussage einer *maximale Korrelation*, z.B: Eine Anzahl von Objekten korelliert mit der Farbe Weiß zu 100%. Daß aber die Annahme derartiger Korrelationen begründet ist, und sich daraus eine plausible Ontologie entwickeln läßt, wird z.B. von Nüse et al. in ihrer Argumentation für eine Korrelation *Wahrnehmung-Wirklichkeit* exemplarisch vorgeführt[30].

Strukturelle Koppellung an die Semiose. Die bisherige Analyse hat ›Abduktion‹ als logisches Verfahren zur Bildung eines erkenntniserweiternden, vereinheitlichenden Begriffes zum Resümee. Die Transformation der, um beim obigen Beispiel zu bleiben, ›überraschenden Erfahrung‹ in eine ›mögliche Erklärung‹ schafft nun aber in ihrer Struktur auch eine neu zu besetzende, freie Valenz. Ein, direkt begrifflichen Erkenntnisbezug negierender, relativistischer Ansatz, wie ihn z.B. der späte Wittgenstein in seinen *Philosophischen Untersuchungen* verteten wird, mag die Abduktion trotzdem hier bereits als abgeschlossen betrachten: Ist der Gegenstand ›überraschende Erfahrung‹ summiert unter die Bezeichnung ›mögliche Erklärung‹, »[...] dann fällt der Gegenstand als irrelevant aus der Betrachtung heraus.«[31]

Peirce könnte dagegen einwendend auf den Status der *Exclusive Attention*[32] der Abduktion verweisen, d.h. Absehen vom Objekt sagt nichts über dessen Art des Gegebenseins aus. Allerdings genügt es an diesem Punkt nicht, »daß in bestimmten Situationen ein Teil der vorhandenen Information ausgeblendet [wird]«[33], was psychologische Spekulationen implizieren würde: Erkenntnis,

---

28 Jakobson, Roman: Semiotik: Ausgewählte Texte 1919-1928. Frankfurt a. M. 1988, S. 104f. (Hervorh. d. Verf.).

29 Ebd.

30 Nüse, Ralf u.a. (Hg.): Die Erfindung(en) des Radikalen Konstruktivismus. Weinheim 1991.

31 Im Original: »Wenn man die Grammatik des Ausdrucks der Empfindung nach dem Muster von ›Gegenstand und Bezeichnung‹ konstruiert, dann fällt der Gegenstand als irrelevant aus der Betrachtung heraus.« In: Wittgenstein, Ludwig: Philosophische Untersuchungen. Frankfurt a.M.. 1971, S. 127, § 293.

32 CP 1.549, S. 289f.

33 Baltzer, Ulrich: Erkenntnis als Relationsgeflecht: Kategorien bei Charles Sanders Peirce. Paderborn, München; Wien; Zürich 1993, S. 45.

verstanden als bloße Deduktion von Eigenschaftsbegriffen aus der Zuweisung von Sinnesdaten an die Substanz, kann keine Objekte identifizieren[34]:

Die Objekterkenntis ermöglichende individuierende Eigenschaft muß erst in einem Schlußverfahren vom Eigenschaftsträger distinkt als eigene abstrakte Entität behandelbar sein. Denn, konstituiert sich alles ›Sein‹ nur als kategoriale (semiotisch: symbolische), bzw. konkret: begriffliche Einheit, dann müssen Zeichenkategorien als ›reale Universalien‹ erschließbar sein, um Kohärenz eben dieser Aussage zu garantieren; die Negation des ›unerkennbaren Dinges an sich‹ ist eine im weiteren wichtige Motivation und Konsequenz dessen, der transzendentale Weg damit eine Sackgasse.

Die Struktur der Abduktion, als eine solche Operation auf Typen, muß sich daher ›autoreflexiv‹ instrumentalisieren lassen. Dem Argument, daß Kategorien im Denken aktual niemals triadisch erscheinen, ist in der theoriearchitektonischen Motivation die Kategorie als nur *ein* arbiträrer Eingriff in die tatsächlich simultane Triade der Kategorien gegenübergestellt. Peirce nutzt das im letzten Punkt hier durch ›aktuale Kategorie‹ unterschieden von ›tatsächlicher Kategorie‹ nur namentlich ›entschärfte‹ Paradoxon in seinem asymmetrischen Verhältnis produktiv aus: Abduktion wird in isomorphen Formen als mediale Struktur aus ihrer prinzipiell statischen Verhaftetheit der beteiligten Kategorien vom Patiens-Zustand eben dieser Struktur dynamisiert in ein prozessual unabschließbares Agens durch das Gefälle (bzw. die freie Valenz, bzw. die Differenz ›aktuale/tatsächliche‹ Kategorienrelation), daß sie selbst in ihrem logischen Ablauf begründet.[35]

Hypostatische Abstraktion. Die zeitliche, vorwärtsgewandte, unhintergehbare Abduktion erhält diese Gültigkeit im Bezug auf reale Universalien, erst im Prozeß; parallel zum Schluß *auf* die relationierten Kategorien, werden diese relationierten Kategorien, *in* einem materiell ähnlichen Schluß zeitlich ›potentiell‹ (!) präsupositioniert, als Unterscheidbares ›erst‹ erzeugt. Peirce nennt diese minimal-differenten abstrakten Entitäten, deren Seinsweise durch die Existenz weiterer Sachverhalte definiert wird, *entia rationis*[36]:

> That wonderful operation of hypostatic abstraction by which we seem to create *entia rationis* that are, nevertheless, sometimes real, furnishes us the means of turning

[34] »Den Logiker als solchen jedoch geht es nichts an, worin, psychologisch gesehen, das Wesen des Urteilsaktes bestehen könnte. die Frage für ihn ist: Was ist das Wesen der Sorte von Zeichen, von denen eine wichtige Unterart Proposition genannt wird, und was ist das für eine Sache, an der der Akt des Urteilens ausgeübt wird.« P. 126; dieses Zitat als Beispiel für den allgemein antipsyologischen Affekt der Peirceschen Theorie.

[35] Die Findung ›neuer‹ Hypothesen als Ziel, verbietet hier die Verwendung des Autopoiesis-Begriffes.

[36] Vgl. CP 4.463.

> predicates form being signs that we think or think *through*, into being subjekts through of. We thus think of the thought-sign itself, making it the objekt of another thought-sign. Thereupon we can repeat the operation of hypostatic abstraction, and from this second intentions derive third intentions. Does this series proceed endlessly? I think not.[37]

Grammatisch veranschaulicht, beschreibt dieser Terminus die Substantivierung eines Adjektiv-Prädikates: Für ›X *ist weiß*‹ läßt sich nach Peirce als Grund angeben: X *besitzt Weiße;* dies eben wiederum unter dem Postulat, daß einige Unversalien real sind[38].

Hypostatische Abstraktion läßt sich so als Abduktion identifizieren und logisch verankern: Der Schluß von einer endlichen Zahl *weißer* Einzellfälle auf ein erklärendes Ganzes *Weiße* übersteigt die Einzelfälle um eben diese hypothetische Neuinformation. Dem Tautologie-Vorwurf der Trivialität dieser Information begegnet Peirce mit der Feststellung, daß Eigenschafts-Prädikate allein, jedes an ein anderes Objekt gebunden, nicht metasprachlich bennenbar sind und so keine Erklärung schaffen[39]. Auch könnte hier kategorial argumentiert werden, daß das Prädikat in *dicentischem*, die Universalie in *rhematischem* Interpretantenbezug steht.

Ein gewichtigerer Einwand ist die ›Wahl‹ der zu abstrahierenden Proposition selbst: Peirce nennt als Beispiele seiner Argumentation meist Farb-, Geschmacks- oder allgemein Wahrnehmungsprädikate die mit subjektiv spezifischen phänomenalen Erlebnisqualitäten verbunden sind[40]. Deren Erklärungsüberschuß, die nicht intersubjektiv vermittelbare qualitative Information, das ›*what it is like*‹ ist für Peirce (und auch weitgehend heute [41]) paradigmatisches Beispiel einer mit Physikalismen nicht erfassbaren, relationslosen und damit unmittelbaren Gewißheit in der Wahrnehmungs-Epistemologie; eine argumentativ immune These.

Versucht man hingegen abduktiv über ›höherstufige Prädikate‹, wie z.B. das relationale Prädikat X *ist groß,* zu abstrahieren, dann hat das so entstandene *ens rationis* (X *besitzt Größe*) allein keinen explikativen Sinn. Dies gilt allgemein komparative Begriffe: x ist wärmer, schwerer, länger, usw. ... als y.

---

37 CP 4.549. (Hervohebung im Original).

38 Vgl. CP 4.463.

39 Z.B. Weißer Schnee und ein weißes Blatt Papier hätten ohne Abstraktion nichts gemein. Vgl. CP 4.234.

40 Vgl z.B. CP 1.548, 4.235.; auch P, S. 56.: Peirce bringt, wie hier, als Beispiel für Erstheit meist einen Farbeindruck. In P benennt er die diesen »vorausgehenden Objekte« als Quale; siehe S. 154.

41 Zum gegenwärtigen Stand der sog. Qualia-Debatte z.B: Metzinger et. al in: Metzinger, Thomas (Hg.): Bewußtsein: Beiträge aus der Gegenwartsphilosophie. Paderborn; München; Wien; Zürich 1996, S. 323-389f.

Der Hinweis auf eine in diesem Begriff »verschleierte Relationsstruktur«[42], die hier durch iterative Anwendung hypostatischer Abstraktion offenzulegen wäre, führt dann nur zu zusätzlicher Konfussion: Die Frage wann und wieviele gefundene Relationen das zu abstrahierende Prädikat hinreichend ›entschleiern‹ ist prinzipiell bei allen Prädikaten stellbar und nur im jeweiligen Informationsstand des Interpreten positiv beantwortbar, womit sich der der Entia-Rationis- bzw. letztendlich der Universalienbegriff epistemologisch restringiert und damit Legitimität einbüßt. Die Lösung hierfür wäre wohl ein komplexes System latent implizierter hypostatischer Meta-Abstraktionen bzw. -Abduktionen, deren gemeinsame ›universale‹ Grund-Grammatik, um das Argument zu retten, wenn nicht eine transzendente, so doch eine empirisch nur eingeschränkt legitimierte Tiefenstruktur analog einer ›Generativen Grammatik‹ wäre[43]. Ob der deskriptive Gehalt der Peirceschen Semiotik zur Beschreibung dessen ausreicht, was er nach postuliertem ›Axiom‹ sein sollte, bleibt zumindest offen.

4. Anschlußmöglichkeiten: Beispiel

Abschließend zusammengefaßt weist Peirce der Abduktion folgende Aufgaben zu, die immer synonym im Vokabular der Semiotik konstruierbar sind: Kernfunktion ist dabei die Konstituierung von Begriffen, bzw. Drittheit, bzw. Symbolen als synthetische, neu eingeführte und eben nicht empirische Erkenntnisse.

Als ›hypostatische Abstraktion‹ macht Abduktion die dazu notwendigen Prädikationen über Objekte im kategorialen Modell möglich; und verobjektiviert dadurch die Manigfaltigkeit der Sinneseindrücke überhaupt erst zu propositional erfaßbaren Entitäten; speziell mit der Funktion der hypostatischen Abstraktion lassen sich Relationen selbst thematisieren, ohne auf theorieexterne Standpunkte ausweichen zu müssen.

Und schließlich, wenn man die Zielsetzungen der Abduktion *ex negativo* betrachtet, wird eine allgemeine Stoßrichtung der Theorie deutlich: Anti-Nominalismus sichert Peirce die Legitimität eines universalen Kategorien- und Zeichenbegriffes; die Ablehnung der Paradoxie eines unerkennbaren aber be-

---

[42] Vgl.: CP 4.235: »[...] and in conceiving this fact to consist in the rlation between the subjekt of that judgement and another subjekt, which has a mode of being that merely consists of propositions of which the corresponding term is the predicate.« Vgl. auch CP 3.642., 4.235.

[43] Vgl. dazu das anschauliche Beispiel für eine »[...] vollständig selbstrepräsentativen Abbbildung, die noch ihr Objekt mit einschließt [...]«, wie von Peirce beschrieben in CP 5.71 Lectures on Pragmatism 1974. Wiedergegeben in: P, Anm. 30, S. 178.

nennbaren ›Ding an sich‹ verwahrt den so modifizierten Universalienrealismus andererseits gegen eine transzendentalen Metaphysik.[44]

Die kompakte Universalität und kategoriale Schlichtheit der semiotischen Abduktion eröffnet im Ausblick nun gerade einer skeptisch geschulten Bewußtseinskybernetik, der ja auch durch Substraktion erlangte universale, begrifflich schlichte Gewißheit eignet, ein ideales Analyseinstrumentarium. Einer, der diese für die *KI*-Forschung interessante Formalisierung des Descartes‹schen *Cogito*-Paradigmas anstrebt, ist Ranulph Glanville in seinem Buch *Objekte*[45] : Die These, daß das Denken sich nicht in dessen Akt parallel selbst durch Denken erfassen läßt, bei Glanville durch die Dichotomie »beobachtendes/beobachtetes Objekt« dargestellt, motiviert die Frage nach der Gewißheit der dem *ergo sum* zu grunde gelegten Prämisse selbst; mein Denken, bzw. Beobachten muß als Objekt behandelbar sein. Ohne an dieser Stelle die Adäquatheit der Formalisierung dieses Prozesses bei ihm zu diskutieren, sei diese unter Einbezug der hier zu zeigen beabsichtigten Isomorphien mit semiotischem Vokabular, sinngemäß paraphrasiert:

Das Objekt O (›Objekt‹) besteht aus dem beobachtenden P (›Interpretant/Symbol‹), das mit Hilfe des Modellvermögens X (›Repräsentamen‹) ein beobachtetes Objekt E (›Ikon der Replica eines Symbols‹) erzeugt[46]. Daß sich dieser »Halbzyklus« [47] notwendig mit der Peirceschen Abduktion deckt, wird an seiner weiteren Funktionsweise evident: Charakteristischer Kern ist auch hier gleichermaßen das Auftreten einer ›freien Stelle‹ durch »Alternation der Rollen Beobachten und Beobachtet« in der Zeit [48]. Folgerichtig füllt Glanville diese Valenz mit weiteren Halbzyklen, so wie sich auch Abduktion als prinzipiell unabgeschlossene Verkettung ihrer selbst präsentiert. Die Beschreibung dieses *Oszillators* als »[...] eine Möglichkeit, einen infiniten Regreß durch eine Objektbeschreibung zu produzieren, die einen infiniten Regreß erzeugt, und nicht durch die Beschreibung des Regresses selbst«[49], liest sich schließlich wie eine Paraphrase auf das bereits oben über die Prozeßhaftigkeit der Abduktion Gesagte.

Indem er, wie auch Peirce den infiniten Regress dadurch auf die Beschreibungsebene isoliert, kann er Entitäten im scheinbaren Widerspruch zu seiner

---

[44] Vgl. CP 5.312. Dieser Punkt wird in der Sekundärliteratur zu Peirce oft unter der Bezeichnung ›sinnkrtischer Ansatz‹ verhandelt. Vgl. z.B: Apel, Karl Otto: Der Denkweg des Charles S. Peirce: Eine Einführung in den amerikanischen Pragmatismus. Frankfurt a.M. 1975, S. 31, 61f.

[45] Glanville, Ranulph: Objekte. Berlin: Merve 1988.

[46] Vgl. Ebd., S. 21.

[47] Ebd., S. 25.

[48] Ebd., S. 24f.

[49] Ebd., S. 25. Die Zeitlichkeit des Prozesses bedingt hier allerdings eher einen infiniten Progreß.

Theorie auf einer ›anderen‹ Ebene trotzdem ontologisch verankern. Er selbst kennzeichnet diese Schwierigkeit als »[...] eine Frage der Präferenz [,]« derzufolge ›dies‹ derart existiert, daß ich es beobachten kann [...][50]. Rückübersetzt man das von Glanville analysierte, ›Dies‹ als ›Ich‹-Objekt wird damit nicht sofort der Sinn dieser Unterscheidung aufgegeben[51], vielmehr ist es eine nachträgliche, und deshalb in diesem Zusammenhang erlaubte, Spezialisierung der Extension des in der Argumentation verwendeten ›dies‹ auf eine Einzelinstanz.

Wenn also als Postulat auch ›ich‹ »derart existiert, daß ich es beobachten kann«, so legt die besonders differenzierte Referenz dieses Begriffes (›naiver Materialismus‹ schließt sich infolge des Gesamtzieles der Argumentation des Autors aus) auf ein scheinbares Konstrukt nahe, daß auch Glanville der Erklärungsredundanz der Selbstreferenz, wenigstens in diesem Punkt, durch deren Einbettung in einen präsupositionierten Universalienrealismus begegnet. Bliebe noch zu zeigen, ob die Peircesche Semiotik den Theorie-Formalismus Glanvilles ausser deskriptiv zu variieren, auch im kategoriallogischen Kalkül optimieren kann. Schließlich wäre dann der Leistungsvergleich einer solchen Theorie mit den Ausgangsergebnissen bei Descartes fällig. Voraussetzung wäre in jedem Falle eine eindeutig Abgrenzung der verwendeten propositionalen Termini (›denken‹, ›wissen‹, ›beobachten‹, ›wahrnehmen‹, usw. ...), auch innerhalb der jeweiligen Theorien[52].

Literaturverzeichnis

Apel, Karl Otto: Der Denkweg von Charles Peirce. Frankfurt a.M.: Suhrkamp 1975.

Aristoteles: Philosophische Schriften in sechs Bänden. Übers. v. Eugen Rolfes. Hamburg: Meiner. 1995.

Baltzer, Ulrich: Erkenntnis als Relationsgeflecht: Kategorien bei Charles S. Peirce. Paderborn; München; Wien; Zürich: Schönigh 1994. Zugl.: München, Univ., Diss., 1992/93.

Baumgartner, H.M.: Kategorie. In: Handbuch philosophischer Grundbegriffe. Krings H./ Baumgartner, H.M./ Wild. München: 1974. Bd. 2. S. 761f.

Bentele, Günter / Bystrina, Ivan: Semiotik. Berlin; Köln; Mainz; Stuttgart: Kolhammer 1978.

Bibel, Wolfgang/Hölldobler, Steffen/Schaub, Torsten: Wissensrepräsentation und Inferenz. Eine grundlegende Einführung. Braunschweig; Wiesbaden: Vieweg. 1993.

---

50 Ebd., S. 21-22.

51 Glanville spricht von »flüchtigem, stetigem Schlamm« (ebd.).

52 Z.B. zu Glanville: Ist ›Beobachten‹ naiv wortwörtlich gleich ›Wahrnehmen‹, ist ›Beobachten‹ und ›Wissen‹ dann nicht das selbe, oder kann ich auch etwas ›falschnehmen‹, so daß ›Beobachtung‹ nicht schon ›Wissen‹ impliziert?

Eco, Umberto: Hörner, Hufe, Sohlen. Einige Hypothesen zu drei Abduktionstypen. In: Eco, Umberto/ Sebeok, Thomas A. (Hg.): Der Zirkel oder im Zeichen der Drei Dupin, Holmes, Peirce. München: Wilhelm Fink Verlag 1985.

Jakobson, Roman: Semiotik: Ausgewählte Texte 1919-1928. Hg. v. Elmar Holenstein. Frankfurt a.M.: Suhrkamp 1988.

Metzinger, Thomas (Hg.): Bewußtsein: Beiträge aus der Gegenwartsphilosophie. Paderborn; München; Wien; Zürich: Ferdinand Schöningh 1995. 3.Auflage 1996.

Nüse, Ralf/Groeben, Norbert/Freitag, Burkhard/Schreiner, Margit: Über die Erfindung/en des Radikalen Konstruktivismus: Kritische Gegenargumente aus psychologischer Sicht. Weinheim: Deutscher Studienverlag 1991.

Peirce, Charles Sanders: Collected Papers. Vol 1-6. Hg. v. Charles Harthorne u. Paul Weiss. 2. Aufl. Cambridge, Massachusetts: Harvard University Press 1960.

Peirce, Charles Sanders: Phänomen und Logik der Zeichen. Hg. u. übers. v. Helmut Pape. Frankfurt a.M.: Suhrkamp1983.

Schönrich, Gerhard: Kategorien und transzendentale Argumentation: Kant und die Idee einer transzendentalen Semiotik. Frankfurt a.M.: Suhrkamp 1981.

Schönrich, Gerhard: Zeichenhandeln: Untersuchungen zum Begriff einer semiotischen Vernunft im Ausgang von Ch. S. Peirce. Frankfurt a.M.: Suhrkamp 1990.

Walther, Elisabeth: Allgemeine Zeichenlehre: Einführung in die Grundlagen der Semiotik. Stuttgart: Kohlhammer 1974.

Wirth, Uwe/Roesler, Alexander (Koord.): Homepage des Arbeitskreises für Abduktionsforschung . Frankfurt a.M.: Johann Wolfgang von Goethe Universität: http://www.rz.uni-frankfurt.de/~wirth/ (18. 07. 2000).

Wittgenstein, Ludwig: Philosophische Untersuchungen. Frankfurt a.M.: Suhrkamp 1971.

Werner Scheibmayr

Antike Ästhetik und Poetik in zeichentheoretischer Perspektive

Abstract

Die differenzierten Reflexionen, die von der antiken Rhetorik und Philosophie hinsichtlich Ästhetik, Rezeptions- und Fiktionalitätsproblematik überliefert sind, können auch heute noch mit Gewinn rezipiert und differenz-, zeichen- oder auch systemtheoretisch perspektiviert werden. Besonders hervorzuheben sind dabei die ästhetischen und erkenntnistheoretischen Konzepte von Epikureismus und Stoa, die Grundlegung der Mimesis-Poetik durch Platon und Aristoteles und nicht zuletzt die auf sophistisch-rhetorischem Hintergrund entwickelten Theorien des Gorgias von Leontinoi.

Michael Franz hat eine kenntnis- und materialreiche Darstellung antiker Konzepte zur Ästhetik und Poetik vorgelegt, wobei er die einzelnen Entwürfe jeweils in größere Zusammenhänge einbettet.[1] Negativ ist zu bewerten, daß der Autor dabei oft den im Untertitel angekündigten Bezug zur Zeichentheorie aus den Augen verliert, so daß sein Werk in dieser Hinsicht den erhobenen Anspruch nicht erfüllt.

Die 22 Kapitel des Buches sind relativ selbständig und lassen somit eine selektive Lektüre zu. Allerdings sind die Kapitel fast nicht durch Binnenverweise miteinander vernetzt. Da neben dem Personenindex kein Sachindex eingerichtet ist, kann sich der Leser leider keinen Gesamtüberblick über bestimmte Themen verschaffen.

Das Buch ist gerade auch für Leser, die nicht aus dem Bereich der klassischen Altertumswissenschaften stammen, sehr informativ und durchaus empfehlenswert, da eine Reihe repräsentativer griechischer und lateinischer Autoren in guter Übersetzung zitiert wird und die gewählten Stellen durch paraphrasierende Interpretation anschaulich erschlossen werden. Was allerdings

---

[1] Michael Franz: *Von Gorgias bis Lukrez*. Antike Ästhetik und Poetik als vergleichende Zeichentheorie. Berlin: Akademie Verlag 1999, hat die einschlägige Forschungsliteratur adäquat berücksichtigt; nicht eingearbeitet ist der breit angelegte Überblick über die antike Semiotik in: Roland Posner, Klaus Robering, Thomas A. Sebeok (1997) (Hg.): Semiotik. Ein Handbuch zu den zeichentheoretischen Grundlagen von Natur und Kultur, 1.Teilband.(Handbücher zur Sprach- und Kommunikationswissenschaft, Bd. 13.1) Berlin, New York. S. 831-983 (= Kap. VII: »Geschichte der abendländischen Semiotik II: Griechische und Römische Antike«); dort auch weitere Literatur.

Angaben zu Leben und Werk der behandelten Autoren angeht, bietet Michael Franz seinen Lesern nur sehr eingeschränke Orientierung.

Folgende Themenkomplexe der antiken Diskussion über Ästhetik und Poetik, die von Michael Franz erörtert, aber nicht so zusammengefasst werden, verdienen auch heute noch Beachtung, zumal unter historisch-zeichentheoretischer Perspektive:

1. Der Eigenwert des Ästhetischen
2. Ansätze zu einer semiotischen Rezeptionsästhetik
3. Der Stellenwert fiktionaler Konstrukte

Der Eigenwert des Ästhetischen

Die antike Rhetorik unterscheidet drei große Arten der Rede, nämlich Gerichtsrede, politische Rede und die sog. Gelegenheitsrede, die Epideixis. Während die ersten beiden Typen zutiefst pragmatisch bestimmt sind, ist die epideiktische Rede aus pragmatischen Zusammenhängen weitgehend gelöst: Ihr Ziel ist der Genuß der Rede selbst, ein Umstand, den wohl zuerst Gorgias von Leontinoi (ca. 484 – 376 v. Chr.) auch theoretisch reflektiert hat.[2] Formuliert nach dem Kommunikationsmodell von Niklas Luhmann schließt bei der epideiktischen Rede das kommunikative Verstehen weniger an der Information, bzw. der Fremdreferenz, als vielmehr an der Mitteilung, also der Selbstreferenz, an: Die Selbstreferenz der Kommunikation, also die Art und Weise, in der eine Information mitgeteilt wird, kann dadurch systematisch Eigenwert gewinnen, wodurch eine wesentliche Voraussetzung autonomer Ästhetik erreicht ist.[3] Aus der Perspektive der (Peirceschen) Semiotik betrachtet kann man sagen, daß hier Gestaltungsqualitäten der Rede als Qualizeichen in eine Semiose eintreten, die diese Qualizeichen in einem selbstreferentiellen Verweisungszusammenhang zu Indices ausbaut, deren Verweisobjekte jeweils textimmanent auszumachen sind und nicht fremdreferentiell-informativ aus dem Text heraus verweisen. Dieser weitgehend in sich geschlos-

---

[2] Siehe hierzu Michael Franz: Von Gorgias bis Lukrez, S. 117-167 (= Kap. 5: »Gorgias und die Geburt der Ästhetik«).

[3] Für Niklas Luhmanns Kommunikationsbegriff ist grundlegend: Niklas Luhmann (1984): Soziale Systeme. Grundriß einer allgemeinen Theorie. Frankfurt a.M. hier vor allem S. 191-241.

sene, auf semiotisch elaborierten Textqualitäten aufbauende Verweisungszusammenhang ermöglicht erst ästhetischen Eigenwert.[4]

Abgesehen von der antiken Rhetorik sind v.a. auch in zwei antiken Philosophieschulen, nämlich in der Stoa und im Epikureismus, Ansätze zu einer Autonomie der Ästhetik entwickelt worden.[5] Im Rahmen ihrer Wertelehre differenziert die Stoa einen Bereich aus, der für das Erreichen bzw. das Verfehlen eines sittlich guten Lebens indifferent ist, den Bereich der sog. *adiapora* (wörtl.: Dinge, die [hinsichtlich des ethisch richtigen und verbindlichen Lebensziels] keinen Unterschied machen). Obwohl auch die Poetik wie die Kunst insgesamt in den Bereich dieser *adiaphora* fällt, werden ästhetische Phänomene in der Stoa, v.a. bei Panaitios von Rhodos (ca. 185 – 110 v. Chr.), dennoch nach ihrer Gestaltung ästhetisch gewertet. Somit können ästhetische Präferenzen, die nicht objektive Dingeigenschaften normativ als ästhetisch ausweisen sollen, sondern sich als affektive Wertzuschreibungen im Rahmen des Schönheitstriebs bilden, eigenwertig werden, da sie ohnehin von Ontologie und Ethik abgekoppelt sind.

Ausgehend von einer völlig anderen, nämlich rein materialistisch-atomistischen Ontologie trennt auch die epikureische Philosophie strikt zwischen ethischen und ästhetischen Werturteilen, wobei sie für letztere bewußt keine normative Kunstlehre entwickelt. Der griechische Epikureer Philodem von Gadara (ca. 110 – 35 v. Chr.) entbindet die Ästhetik sogar von jeder Instrumentalisierung und Zweckbindung außerhalb ihrer Eigengesetzlichkeit, während der lateinische Dichter Lukrez (ca. 97 – 55 v. Chr.) in seinem epikureischen Lehrgedicht *de rerum natura* Poetik und Philosophie in einen engen interdependenten Verweisungszusammenhang stellt.[6] Bei ihm kann im Verstehen der poetischen Kommunikation nach Niklas Luhmann also nicht dominant an nur einer kommunikativen Selektion (Mitteilung oder Information) angeschlossen werden, es muß vielmehr laufend die Einheit der Differenz zwischen der mitteilenden und der informativen Selektion hergestellt werden. Gefaßt in die Semiotik von Charles S. Peirce bedeutet dies, daß die in Lukrez' Lehrgedicht verwendeten Qualizeichen und Indices ihre Objekte nicht nur textintern als semiotisch unmittelbare Objekte haben, sondern auch auf ein textexternes, dynamisches Objekt verweisen, nämlich die Welt in ihrer epiku-

---

4 Als knappe Darstellung von Peirce' Zeichentheorie siehe: Peirce, Charles Sanders (1993): Phänomen und Logik der Zeichen. Hg. u. übers. v. Helmut Pape. Frankfurt a.M.

5 Siehe hierzu Michael Franz: Von Gorgias bis Lukrez, S. 339-385 (= Kap. 14: »Begründung der Axiologie durch die Stoa als Voraussetzung einer selbständigen Entwicklung der Ästhetik«) und S. 495-517 (= Kap. 19: »Die Poetologie des Philodem«).

6 Siehe hierzu Michael Franz: Von Gorgias bis Lukrez, S. 581-648 (= Kap. 22: »Semiotische Poetik: Lukrez«).

reisch-philosophischen Durchdringung. Indem diese wiederum textintern ikonisch zur Evidenz gebracht werden soll, verdeutlicht bei Lukrez die poetisch-ästhetische Selbstreferenz ikonisch-indexikalisch die philosophische Fremdreferenz.

Ansätze zu einer semiotischen Rezeptionsästhetik

Gorgias von Leontinoi (s.o.) hat auch die Macht des gesprochenen Wortes als Wirkungspotential reflektiert, allerdings ohne den Unterschied zwischen der ursprünglichen Intention der Rede und deren jeweils unterschiedlichen Interpretationen zu übersehen: Bereits bei ihm treten produktive Intention und rezeptive Interpretation bewußt auseinander. Auch hier bietet sich ein Hinweis auf die Theorie strukturdeterminierter sinnprozessierender Systeme an, bei denen Sinnbildung nur ein Ergebnis interner Prozesse der rezipierenden Systeme und nicht externer Steuerung sein kann. Dabei sind die der Systemumwelt zugerechneten Irritationen, die die Sinnbildung auslösen, keineswegs beliebig, da das System im Rahmen seiner Geschichte v.a. im Kontakt zu ihrer nicht völlig entropisch-chaotischen Umwelt seine Strukturen als selektive Filter zur Reduktion der (immer größeren) Umweltkomplexität aufbaut. Als Vermittlungsstelle zwischen nur passiver Aufnahme und aktiver Auswertung von Umweltereignissen kann man das Zeichen einsetzen, wie es auch die Epikureer im weiterführenden Anschluß an den Atomisten Demokrit von Abdera (ca. 460 – 370 v. Chr.) in ihrer Wahrnehmungstheorie getan haben.[7] Anders als heutige konstruktivistische Richtungen gehen die Epikureer davon aus, daß die passiv rezipierten und als materielle Abbilder der Dinge gedachten Umwelteindrücke – abgesehen von gewissen Deformationen im Übertragungsmedium der Luft – objektiv richtig seien und erst die aktive kognitive Auswertung durch die Rezipienten fehlerhaft sein könne. Daher haben sie Erkenntnis bringenden und erweiternden Zeichenschlüssen als Kontrollinstanz besondere Aufmerksamkeit geschenkt. Die epikureische Semiotik hat neben den frühen ionischen Naturphilosophen, v.a. Anaximander von Milet (ca. 610 – 547 v. Chr.), Charles S. Peirce bei der Konzeption seiner Fundamentalkategorie der Erstheit und der epistemologischen Trias von Abduktion, Deduktion und Induktion, die er gegen axiomatische Deduktion und reine Induktion als Erkenntnis erweiternd ansah, inspiriert.[8] In dieser methodologischen Trias kann sich durch die Kombination von Ikonen, Symbolen und Indices, also

---

[7] Siehe hierzu Michael Franz: Von Gorgias bis Lukrez, S. 265-278 (= Kap. 10: »Die Eidola-Theorie: Demokrit und Epikur«).

[8] Siehe hierzu Michael Franz: Von Gorgias bis Lukrez, S. 301-324 (= Kap. 12: »Peirce und die Griechen«).

Subzeichenklassen aller drei Peirce'schen Fundamentalkategorien, neue Erkenntnis formieren. Diese besteht in Peirce's pragmatischem Ansatz im finalen oder logischen Interpretanten einer Semiose, der eine reflektierte und sich selbst analysierende Verhaltensgewohnheit darstellt.[9]

Anaximander hatte bei der Suche nach dem Ursprung alles Seins das sog. *apeiron* als Weltprinzip angesetzt, ein als materiell gedachtes und mit göttlichen Attributen versehenes Prinzip, das wörtlich »Grenzenloses« bedeutet, wobei sich der Grenzbegriff nicht nur auf äußere Begrenzung, sondern auch auf interne Markierungen beziehen läßt.[10] Der Kosmos in seiner konkreten Erscheinung entsteht nach Anaximander aus dem *apeiron* durch einen Prozeß der Ausdifferenzierung, v.a. von Gegensätzen. Wenn man diesen Ansatz seines ontologischen Hintergrundes entkleidet und auf seinen formalen Kern reduziert, kann man durchaus eine gewisse Nähe zu Charles S. Peirce' Kategorie der Erstheit sehen, deren Seinsweise als bloße logische Möglichkeit, die dem konkreten Sein der Zweitheit und der differenzierten Regelhaftigkeit der Drittheit zugrundeliegt, definiert ist. Man kann auch an George Spencer Browns unmarked state oder Niklas Luhmanns Begriff der Welt denken, die als differenzloser Letztbegriff die operativ nicht erreichbare Einheit der Differenzen aller Unterscheidungen darstellt.[11]

Der Stellenwert fiktionaler Konstrukte

Auf Gorgias von Leontinoi lassen sich erste Ansätze zu einer theoretischen Reflexion über eigenwertige Ästhetik (s.o.) als auch über das rezeptionsabhängige Wirkungspotential der Sprache (s.o. zu 2.) zurückführen. Da die autonome Ästhetik nicht an externe Maßstäbe wie die der Ontologie, der Ethik oder der Wahrheit, verstanden als faktisch objektive Aussage über die »Realität«, gebunden ist und zugleich den ästhetischen Objekten ein großes Wirkungspotential zugesprochen wird, stellt sich die Frage, ob bzw. wie die Wirkung ästhetisch-poetischer Fiktion kontrolliert werden kann bzw. soll. Zu

---

9 Zum Problem der Erkenntnis und der Abduktion bei Charles S. Peirce siehe: Baltzer, Ulrich (1994): Erkenntnis als Relationengeflecht: Kategorien bei Charles S. Peirce. Paderborn u.a.; Richter, Ansgar (1995): Der Begriff der Abduktion bei Charles Sanders Peirce. (Europäische Hochschulschriften: Reihe 20, Philosophie, Bd. 453) Frankfurt a.M. u.a.; Rohr, Susanne (1993): Über die Schönheit des Findens. Die Binnenstruktur menschlichen Verstehens nach Charles S. Peirce: Abduktionslogik und Kreativität. Stuttgart.

10 Siehe hierzu Michael Franz: Von Gorgias bis Lukrez, S. 1-11 (= Abschnitt »Der Spruch des Anaximander« in Kap. 1: »Wege der Indiziensemiotik«).

11 Siehe hierzu George Spencer Brown: Laws of Form. New York: Dutton. 2. Auflage mit neuem Vorwort 1979 und Luhmann (1984), S. 283-285.

möglicherweise schädlichen Interferenzen zwischen fiktional-ästhetischer Selbstreferenz und real-informativer Fremdreferenz kann es kommen, wenn bei der kommunikativen Rezeption die Differenz zwischen Selbst- und Fremdreferenz nicht adäquat beachtet wird, d.h. wenn der ikonische, indexikalische und symbolische Gehalt eines fiktionalen Textes nicht auf lediglich unmittelbare, d.h. nur semioseinterne, Objekte bezogen, sondern fälschlich die Existenz entsprechender dynamischer, d.h. den Rahmen der Semiose übersteigender, Objekte angenommen wird.[12] Die Stoa hat als Konzept der gleichzeitigen Selbst- und Weltaneignung den Begriff der *oikeiosis* eingeführt.[13] Er besagt, daß sich der Mensch über den reinen Selbsterhaltungstrieb hinaus zur Selbstentfaltung seinen Anteil am göttlichen *logos*, der den gesamten Kosmos durchzieht, aneignen muß. Da der *logos* als göttliches Vernunftprinzip der Natur zugleich das allgemeine Weltprinzip der Stoa darstellt, kann die Selbstaneignung der *oikeiosis* nur durch Fremdaneignung der Welt vollzogen werden: Selbst- und Fremdreferenz sind in diesem Entwurf systematisch ineinander verschränkt. Sie stehen ontologisch und semiotisch in einem genuin indexikalischen Verweisungszusammenhang, der auf beiden Seiten von denselben Gesetzmäßigkeiten bestimmt wird. Bezogen auf die ästhetische Rezeption fiktionaler poetischer Texte bedeutet dies, daß die Fähigkeit zur sensiblen und differenzierten Wahrnehmung immer in realweltlichem und soziokulturellem Kontext kultiviert wird, wodurch laut Stoa eine hinreichende Kontrolle der Grenze zwischen poetischer Fiktion und realistischer Information etabliert werden kann. Genau darin ist wiederum eine wesentliche Voraussetzung dafür zu sehen, daß ästhetische Objekte in der Rezeption ihr spezifisches Wirkungspotential überhaupt autonom entfalten können.

In der epikureischen Philosophie stellen die bereits erwähnten Zeichenschlüsse die entscheidende Kontrollinstanz adäquater Rezeption dar: durch deren Fundierung in Empirie und historisch-kritischer Tradition der Überprüfung von Evidenz soll eine falsche Analogie zwischen der ästhetisch kon-

---

[12] Man könnte hier auch die Unterscheidung von Charles W. Morris zwischen Designat (als rein zeicheninterne Komponente) und Denotat (als auch unabhängig von der Semiose existierendes (Referenz-)Objekt) einführen. Siehe hierzu: Morris, Charles W. (1988): Grundlagen der Zeichentheorie. Ästhetik der Zeichentheorie. Aus dem Amerikanischen von Roland Posner unter Mitarbeit von Jochen Rehbein. Mit einem Nachwort von Friedrich Knilli. Frankfurt a.M. S. 20-23.

[13] Siehe hierzu Michael Franz: Von Gorgias bis Lukrez, S. 348-356 (= Abschnitt »Die Lehre von der Oikeiosis« in Kap. 14: »Begründung der Axiologie durch die Stoa als Voraussetzung einer selbständigen Entwicklung der Ästhetik«) und S. 413-433 (= Kap. 16: »Das Persona-Modell des Panaitios«).

struierten Fiktion und der semiotisch bis zum Beweis der Gegenevidenz abgesicherten Realität verhindert werden.[14]

Da die Philosophen Platon (ca. 427 – 347 v. Chr.) und Aristoteles (384 – 322 v. Chr.) künstlerische Produktion generell als *mimesis*, also als Nachahmung bzw. Repräsentation, verstehen, behandeln sie auch das Problem künstlerisch-ästhetischer Fiktionalität im Rahmen ihres jeweiligen *mimesis*-Verständnisses. Platons Haltung zur *mimesis* ist vom ontologischen Entwurf seiner Ideenlehre bestimmt.[15] Die platonischen Ideen stellen abstrakte, dekontextualisierte und strukturell stabile Gestaltprinzipien dar, bezüglich derer die *mimesis* die konkreten und identifizierbaren Erscheinungen der Welt erstellt. Die Ebene der Ideen stellt ontologisch den Bereich des Seins und der Wahrheit dar, die sinnliche Welt nur den davon durch *mimesis* abgeleiteten Bereich des trügerischen Scheins. Da *mimesis* bei Platon also mit einer Entfernung vom wahren Sein verbunden ist, kann ihr Bereich an und für sich nichts zur Erkenntnis beitragen. Die Vernunft des Menschen muß die Dinge der sinnlichen Erfahrung erst als Indices analysieren, deren Objekte ihre jeweiligen Ideen sind, die als abstrakte Gesetzmäßigkeiten die Existenz konkreter Dinge über die *mimesis* erst ermöglichen. Wenn man die Ontologie, die Platon diesem Schema zugrunde legt, modifiziert, könnte man nach Charles S. Peirce sagen, daß die Ideen die Legizeichen zu den konkreten Erscheinungen der Welt als ihren Sinzeichen sind. Diese Sinzeichen müssen ikonisch-indexikalisch auf ihre Legizeichen rückbezogen werden, wenn man Einblick in ihre abstrakte Regelhaftigkeit (und damit nach Platon Erkenntnis des wahren Seins) gewinnen will. Würden die konkreten Erscheinungen nämlich nicht als ikonisch-indexikalische Sinzeichen verstanden, sondern an und für sich als eigentliche Realität genommen, käme dies nach Platon einer vollständigen ontologischen Desorientierung gleich, wie er sie im Höhlengleichnis[16] veranschaulicht hat: Hier werden Erscheinungen wie Schattenbilder, die erst durch *mimesis* entstehen, in Unkenntnis der wahren Zusammenhänge als die eigentliche, voraussetzungslose Realität angesehen. Platons erkenntnistheoretische Skepsis gilt in verstärktem Maße auch der poetischen *mimesis*, da sie sich auf ontologisch bereits minderwertige weltliche Gegebenheiten richtet, also nur Nachahmung von Nachahmungen, d.h. Ikonizität zweiter Stufe, leistet, so daß sie nur mehr in einem entfernten und degenerierten Verweisungszusammenhang zum eigentlichen Sein steht. Von fiktionalen Konstrukte in

---

[14] Siehe hierzu Michael Franz: Von Gorgias bis Lukrez, S. 279-300 (= Kap. 11: »Philodems Schrift *Über Phänomene und Zeichenschlüsse*«) und auch S. 325-337 (= Kap. 13: »Das Evidenzproblem«).

[15] Siehe hierzu Michael Franz: Von Gorgias bis Lukrez, S. 213-227 (= Kap. 8: »Der Gestaltbegriff als ein Grundbegriff antiker Ästhetik«).

[16] Platon, Politeia 514a-518b.

den Künsten distanziert sich Platon stark, da sie keinen Bezug zu den invarianten und ahistorischen Ideen mehr haben und so die Menschen zu ontologischen Fehlurteilen und ethischem Fehlverhalten verleiten können.

In der Philosophie und Dichtungstheorie von Aristoteles hat die *mimesis* einen völlig anderen, nämlich positiven Stellenwert.[17] Die poetische *mimesis* ist nach Aristoteles nicht wie die Historiographie der empirisch-faktischen Wahrheit verpflichtet, ihr Raum ist vielmehr der Bereich des Notwendigen oder allgemein Möglichen und Wahrscheinlichen, der – in deutlichem Unterschied zu Platon – durchaus auch in fiktiven, rein zeichenhaften Konstellationen repräsentiert werden kann. Aristoteles' poetische *mimesis* repräsentiert also allgemeine, formale und in sich kohärente Strukturprinzipien des Denkmöglichen, die – ebenfalls anders als bei Platon – sogar Erkenntniszuwachs bieten und einen eigenständigen, das rein Faktische übersteigenden Wahrheitsanspruch haben und zwar insofern, als verschiedene konkrete Erfahrungen auf sie bezogen und gemäß ihnen interpretiert werden können.

Fazit

Sooft Michael Franz seinen antiken Gegenstand intensiver semiotisch durchleuchtet, bietet er fundierte und gediegene Analysen; hätte er diesen Aspekt seines Werkes vertieft und dafür an manchen Stellen eher auf weit ausgreifende Hintergrundinformationen verzichtet, hätte er die durch den Untertitel evozierten Lesererwartungen sicher noch besser erfüllt.

---

[17] Siehe hierzu Michael Franz: Von Gorgias bis Lukrez, S. 229-263 (= Kap. 9: »Die Semiotik des Aristoteles«).

Maximilian Giuseppe Burkhart

Interpretationsmaschinen

> *Moderne Gedichte demonstrieren an der je einmaligen, aktuellen Neuorganisation von Sprache im Sinne einer Verfassung sui generis, daß und wie moderne Gesellschaften die Reformfähigkeit ihrer Verfassungen selbst hervorbringen können. [...] Inter-Systemik als Verfassung aller systemisch divergierenden Verfaßtheiten und Beurteilungen von Heterogenem – dieses Theorem tritt an die Stelle der alten metaphysischen Idee des Ganzen und der Einheit.*
> Im Andenken an Renate Homann (1942-2000)[1]

Abstract

Die Begriffe aus dem Titel dieses Bandes aufnehmend, verfolgt der Essay die literaturtheoretische Funktion von »Bewußtsein«, »Kommunikation« und »Zeichen« in Niklas Luhmanns Systemtheorie, Jacques Derridas dekonstruktiver Kant-Lektüre und den Romanen von Umberto Eco. Vor dem Hintergrund von Renate Homanns Theorie der »heautonomen Autopoiesis« stellt sich dabei die Frage nach der Bedeutung des

---

1 Homann, Renate: Theorie der Lyrik. Heautonome Autopoiesis als Paradigma der Moderne. Frankfurt a.M. 1999; S. 19 bzw. S. 171. Renate Homanns Großprojekt der *heautonomen Autopoiesis*, das sie von ihrer Dissertation (Erhabenes und Satirisches. Zur Grundlegung einer Theorie ästhetischer Literatur bei Kant und Schiller. München 1977), über ihre Habilitation (Selbstreflexion der Literatur. Studien zu Dramen von G.E. Lessing und H. von Kleist. München 1986) und einigen Aufsätzen bis zu ihrem letzten Buch »Theorie der Lyrik« entwickelte, ist bis heute die ihm gebührende wissenschaftliche Würdigung leider größtenteils versagt geblieben. Erst die Auseinandersetzung mit ihrer Theorie hat mich persönlich zur intensiven Arbeit mit Kant, aber auch Luhmann veranlaßt und ist eine der tragenden Säulen meines eigenen Theorems der »Dekonstruktiven Autopoiesis« geworden. Renate Homann ist am 1. August 2000 verstorben.
Zu einer intensiven Auseinandersetzung mit ihrem Werk vgl. meinen Beitrag Burkhart, Maximilian: Dekonstruktive Autopoiesis – Paradoxe Strukturen in Kleists Trauerspiel *Penthesilea*; sowie meinen demnächst erscheinenden Beitrag: »Vielleicht von hinten irgendwo wieder offen« – *Über das Marionettentheater* der Ästhetik. In: Beiträge zur Kleist-Forschung (2001), sowie das zweite Kapitel meiner in Vorbereitung befindlichen Dissertation zu »Selbstreflexion und Destruktion«.

»blinden Flecks« und der imaginierten Vernunft sowie nach dem Schönen und der Apokalypse.

Die Systemtheorie Luhmanns, so könnte man sagen, stellt in gewisser Weise Gipfel- und Endpunkt der Hermeneutik dar: Sinn ist quasi-industriell reproduzierbar, die Interpretation wird maschinell. Durch die radikale Trennung der autopoietischen Systeme Bewußtsein (psychisch) und Kommunikation (sozial), die Oliver Jahraus als unhintergehbare »Ur-Differenz« der Systemtheorie bezeichnet[2] und die eine Umstellung von einer identitäts- zu einer differenzbasierten Theorie erlaubt,[3] wird Sinn zum radikal selbstreferentiellen Medium der Einheit der Differenz von Kommunikation und Bewußtsein.[4] Startpunkt wie Effekt dieser Ur-Differenz ist bekanntlich der »blinde Fleck«,[5]

---

2 Vgl. hierzu in diesem Band den Beitrag von Jahraus, Oliver: Bewußtsein und Kommunikation, bes. Kap. 8; prinzipiell Luhmann, Niklas: Wie ist Bewußtsein an Kommunikation beteiligt? In: Hans Ulrich Gumbrecht u. K. Ludwig Pfeiffer (Hg.): Materialität der Kommunikation. Frankfurt a.M. 1988, S. 884-905. Zur Einführung in die Luhmannsche Terminologie siehe Claudio Baraldi, Giancarlo Corsi u. Elena Esposito: GLU. Glossar zu Niklas Luhmanns Theorie sozialer Systeme. Frankfurt a.M. 1997; Krause, Detlev: Luhmann-Lexikon. Eine Einführung in das Gesamtwerk von Niklas Luhmann. Stuttgart 1996.

3 Systemtheorie und die frühen dekonstruktiven Texte Derridas operieren hier mit der gleichen Grundannahme; vgl. Jahraus Oliver u. Benjamin Marius [Schmidt]: Systemtheorie und Dekonstruktion. Die Supertheorien Niklas Luhmanns und Jacques Derridas im Vergleich. LUMIS-Schriften 48. Siegen 1997. Allerdings operiert die Dekonstruktion mit einer Signifikant-Signifikat-, Luhmann jedoch mit einer System-Umwelt-Differenz. Gerade Derridas Literatur-Analysen zeigen jedoch eine zunehmende Abkehr von dieser »Urdifferenz« zugunsten einer »schrägen«, affirmativen Lektüre.

4 Vgl. hierzu den Beitrag in diesem Band von Ort, Nina: Tertium datur. Über hierarchische Dreiwertigkeit und heterarchische Triaden. »Das allgemeinste Medium,« so Luhmann, »das psychische und soziale Systeme [Bewußtsein und Kommunikation] ermöglicht und für sie unhintergehbar macht, kann mit dem Begriff ›Sinn‹ bezeichnet werden. [...] Sinn ist als Medium eine Form, die Formen konstituiert, damit sie Form sein kann. Das Prozessieren von Sinn läuft über die Wahl von Unterscheidungen, das heißt: von Formen. [...] Die Form Sinn ist mithin Medium und Form zugleich, und zwar so, daß das Medium seinerseits nur als Prozessieren von Formen aktualisiert werden kann.« Luhmann, Niklas: Die Kunst der Gesellschaft. Frankfurt a.M. 1997, S. 173f. (Im folgenden als »KdG« zitiert.) Zur Problematik des Medium-Form-Begriffs vgl. Ort, Nina: Sinn als Medium und Form. Ein Beitrag zur Begriffsklärung in Luhmanns Theoriedesign. In: Soziale Systeme (1998), H. 1, S. 207-218.

5 »Die Operation des Unterscheidens diskriminiert, sie erzeugt, dadurch, daß sie geschieht, eine Differenz; und nur wenn dies Geschehen beobachtet wird (sei es später vom selben System, sei es gleichzeitig oder später von einem anderen), wird die

die andere, stets unverfügbare, zugleich anwesend und abwesende Seite der Form; der »blinde Fleck« ist das Tabu der Systemtheorie:

> [Tabu] heißt uns einerseits: heilig, geweiht, andererseits: unheimlich, gefährlich, verboten, unrein. [...] Die Tabubeschränkungen sind etwas anderes als die religiösen oder moralischen Verbote. Sie werden nicht auf das Gebot eines Gottes zurückgeführt, sondern verbieten sich eigentlich von selbst; von den Moralverboten scheidet sie das Fehlen der Einreihung in ein System, welches ganz allgemein Einreihungen für notwendig erklärt und diese Notwendigkeit auch begründet. Die Tabuverbote entbehren jeder Begründung; sie sind unbekannter Herkunft; für uns unverständlich, erscheinen sie jenen selbstverständlich, die unter ihrer Herrschaft stehen.[6]

Nun entbehrt der »blinde Fleck« natürlich nicht jeglicher Begründung, er resultiert aus dem von Spencer Brown übernommenen grundlegend aporetischen Axiom des »draw a distinction«: »triff eine Unterscheidung«.[7] Beobachten ist nun der

> Gebrauch einer Unterscheidung zum Zweck der Bezeichnung einer (und nicht der anderen) Seite. [...] [Z]um Begriff gehört auch, daß die andere Seite der Unterscheidung mitpräsentiert wird, so daß das Bezeichnen der einen Seite für das operierende System zur Information wird nach dem allgemeinen Muster: dies-und-nicht-etwas-anderes; dies-und-nicht-das. Man kann also auch Operationen beobachten, die keine Beobachtungen sind. Beim Beobachten (im Unterschied zum einfachen Operieren) werden Unterscheiden und Bezeichnen zugleich (und nicht nacheinander im Sinne von: erst Wahl einer Unterscheidung, dann Bezeichnung) durchgeführt. Die Operation Beobachtung realisiert mithin die Einheit der Unterscheidung von Unterscheidung und Bezeichnung, das ist ihre Spezialität. (KdG, S. 99f.)

Unterscheidung als Form relevant; und erst dann kann man sehen, daß die Einheit dieser Unterscheidung als der blinde Fleck dient, der ein Beobachten erst ermöglicht.« Luhmann, Niklas: Die Kunst der Gesellschaft, S. 57. Der »blinde Fleck« ist, wie Luhmann grundsätzlich ausgeführt hat, Möglichkeitsbedingung von Erkenntnis überhaupt, gewissermaßen transzendental, wobei natürlich das Subjekt bei Luhmann verschwindet; vgl. Luhmann, Niklas: Erkenntnis als Konstruktion. Bern 1988.

6 Freud, Sigmund: Totem und Tabu. 6., unv. Aufl. Frankfurt a.M. 1998, S. 66

7 Siehe hierzu Luhmann : »Also muß man anfangen.[...] Der Formenkalkül Spencer Browns beginnt aus diesem Grund nicht, wie die ältere Kosmologie, mit der Annahme eines Chaos, das auf Liebe wartet, um Form zu gewinnen, [...] sondern mit einer Weisung: draw a distinction, die keiner Begründung bedarf, weil sie alle weiteren Operationen erzeugt. Auch das Chaos muß erst durch Unterscheidung erzeugt werden.« Luhmann, Niklas: Kunst der Gesellschaft, S. 72f.

Sieht ein »Beobachter erster Ordnung« immer nur die Welt, niemals aber seine eigene Unterscheidung, kann ein »Beobachter zweiter Ordnung« in der Beobachtung der Beobachtung eines Beobachters die Leitunterscheidung (System-Umwelt-Unterscheidung) des »Beobachters erster Ordnung« beobachten und mittels eines *re-entry* Mutmaßungen (durch die Differenz von Fremd- und Selbstreferenz) über die eigene Beobachtung anstellen. Im Unterscheiden kann jedoch der Beobachter – auch derjenige zweiter Ordnung, der hier immer als »Beobachter erster Ordnung« fungiert – die Unterscheidung selbst nicht unterscheiden, paradoxerweise sieht er also, indem er nicht sieht.[8] Akzeptiert man das grundlegende Paradox des »blinden Flecks« und die darauf aufbauende Entfaltung dieser Paradoxie sowie die notwendige Asymmetrie, verlaufen alle weiteren Beobachtungen und Interpretationen (über das Medium Sinn) maschinell, einem festgelegten Programm folgend. Stellen sich doch Spencer Browns »Gesetze der Form« dem Laien als Computerprogramm dar. Ein Verstehen dieses Buches ist dabei gar nicht notwendig (das ist Logikern vorbehalten). Der an der Mitteilungsseite anschließende Ästhetiktheoretiker findet es – interesseloses Wohlgefallen vorausgesetzt – einfach nur schön, vermittelt es doch vom ästhetischen Standpunkt, der jeden Erkenntniszweck ausschließt, den Eindruck der »Gesetzmäßigkeit ohne [erkennbares] Gesetz«. Daß aber Computer, die wie die Systemtheorie mit binären Unterscheidungen arbeiten, selbstblind sind, ist seit Alan Turings These (über die Turing-Maschinen) bekannt.[9] Die Systemtheorie als autoimmunisierende

---

8 Vgl. Luhmann: »Das Universalrezept des Unterscheidens universalisiert also nur das Problem. Der Erfolg des Rezepts ›unterscheide!‹ macht nur deutlich, daß alles Erkennen letztlich im Unterscheiden besteht, also letztlich auf Paradoxien gegründet werden muß. [...] Jede Beobachtung braucht ihre Unterscheidung und also ihr Paradox der Identität des Differenten als ihren blinden Fleck, mit dessen Hilfe sie beobachten kann. Ein anderer Beobachter kann auch dies nur beobachten – aber nur bei anderen, nicht bei sich selber.« Luhmann, Niklas: Sthenographie. In: Luhmann, Niklas u.a. (Hg.): Beobachter. Konvergenz der Erkenntnistheorien? 2. Aufl. München 1992, S. 122f. (Fast wortgleich findet sich der Aufsatz auch unter dem Titel »Sthenographie und Euryalistik« in: Gumbrecht, Hans Ulrich u. K. Ludwig Pfeiffer (Hg.): Paradoxien, Dissonanzen, Zusammenbrüche. Situationen offener Epistemologie. Frankfurt a.M. 1991, S. 58-82.)

9 Der »Selbstblindheit« der Turingmaschinen und damit aller Computer bzw. bifurkativen Maschinen liegt die sogenannte »Russell Antinomie« (nach dem englischen Mathematiker Bertrand Russell) zugrunde, die eine logische Ausformulierung des Kreter-Paradoxons darstellt. »Die berühmteste logische A[ntinomie]. ist die Russellsche A. der Menge R aller Mengen, die sich selbst nicht als Element enthalten. Von jeder Menge x gilt: x ist Element von R genau dann, wenn x nicht Element von x ist. Insbesondere gilt dies von R selbst, und so erhält man die folgende Kontradiktion: R ist Element von R genau dann, wenn R nicht Element von

selbsterklärende Supertheorie kann dies ignorieren. Was aber bedeutet dies für die Anschlußfähigkeit der »Kunst der Gesellschaft« für die Literatur- oder allgemein Kunstwissenschaften, deren Gebiet nun mal die Beobachtung von Kunst ist?

Kunst, so meint Luhmann, sei – wie etwa auch das Geld – ein »symbolisch generalisiertes Kommunikationsmedium«. Ein Medium ist dabei eine Menge lose gekoppelter Elemente, im Falle schriftlicher Texte wären dies etwa Grapheme oder Wörter, es ermöglicht »eine offene Mehrheit möglicher Verbindungen, die mit der Einheit eines Elements noch kompatibel sind.« (KdG, S. 168)[10] Da gerade das zum Sinn gehörende »Verstehen« die Annahme von Kommunikation extrem unwahrscheinlich macht, liegt die Leistung der Symbolisierung darin, daß die sie tragenden »Medien eine Differenz überbrücken und Kommunikation mit Annahmechancen ausstatten.« Symbolisch bedeutet damit,

---

R ist.« (Braun, Edmund u. Hans Radermacher (Hg.): Wissenschaftstheoretisches Lexikon. Graz u.a. 1978, s.v.) Das Paradox erinnert an Derridas »Strukturalität der Struktur«. Wendet man das Paradox auf Computersprachen an, so ergibt sich folgendes »THEOREM: Any language containing conditionals and recursive function definitions which is powerful enough to program its own interpreter cannot be used to program its own ›terminates‹ function.« (Hoare, C.A.R. u. D.C.S. Allison: Incomputability. In: acm computing surveys 4 (1972), Nr. 1, S. 169-178, hier S. 178.) Alan Turing nun hatte die Idee, seinen Maschinen ihr eigenes Programm mittels »Goedelisierung« einzugeben – der Mathematiker Kurt Goedel hatte gezeigt, daß sich alle formalen Systeme, also auch Computerprogramme in Zahlen übertragen lassen, mit denen dann nach arithmetischen Regeln gearbeitet werden kann. Gibt man also einem »Ended?-Tester seine *eigene* Gödel-Nummer« ein – und das »ist gar nicht so einfach, denn es entspricht dem Versuch, einen ganzen Satz innerhalb seiner selbst zu zitieren«, dann erkennt dieser seine eigene Nummer (Programm, »Selbst«) nicht und bleibt nicht stehen. Die Maschine rechnet so lange weiter bis sie zusammenbricht, oder man ihr den Stecker rauszieht. (Hofstadter, Douglas R.: Gödel, Escher, Bach: ein endlos geflochtenes Band. 5. Aufl. München 1996, S. 457, vgl. auch S. 283ff.) Zum Problem des Unterscheidungsparadoxons, auch hinsichtlich Goedel, vgl. Esposito, Elena: Paradoxien als Unterscheidungen von Unterscheidungen. In: K.U. Gumbrecht u. K.L. Pfeiffer: Paradoxien, Dissonanzen, Zusammenbrüche, S. 35-57; zu Alan Turing siehe Kittler, Friedrich A.: Die künstliche Intelligenz des Weltkriegs: Alan Turing. In: F.A. Kittler u. Georg Christoph Tholen (Hg.): Arsenale der Seele. Literatur- und Medienanalyse seit 1870. München 1989, S. 187-202; zur Maschinen-Kommunikation vgl. Kamper, Dietmar: Poesie, Prosa, Klartext. Von der Kommunikation der Körper zur Kommunikation der Maschinen. In: Gumbrecht u. Pfeiffer: Materialität der Kommunikation, S. 43-50.

[10] Zentral ist, daß das Medium immer nur in der Unterscheidung – und das heißt Form – von Medium und Form also durch ein paradoxes re-entry beobachtbar ist.

> daß ein Zeichen die eigene Funktion mitbezeichnet, also reflexiv wird. Die eigene Funktion, das heißt: die Darstellung der Einheit von Bezeichnendem und Bezeichnetem. Durch Symbolisierung wird also zum Ausdruck gebracht und dadurch kommunikativ behandelbar gemacht, daß in der Differenz eine Einheit liegt und daß das Getrennte zusammengehört, so daß man das Bezeichnende als stellvertretend für das Bezeichnete (und nicht nur: als Hinweis auf das Bezeichnete) benutzen kann[11].

Dabei muß das Medium insofern generalisiert sein, als es erst dadurch in den unterschiedlichsten Situationen und Kontexten die Annahme von Kommunikation gewährleistet. »Kunst als Weltkunst« hat mit dem »Paradox der Beobachtbarkeit des Unbeobachtbaren« zu tun, denn »Welt« ist bei Luhmann »die in allen Unterscheidungen vorausgesetzte Einheit, [...] das Nichtschematische der Schemata oder auch [...] der blinde Fleck aller Beobachtungen«. Doch was Kunst nun genau beobachtet, ist bei Luhmann nicht stringent ausgeführt: Einmal definiert er »Kunst als Sichtbarmachen des Unsichtbaren«[12], ein andermal »fällt [es] ihr zu, Unsichtbares, ohne es als solches sichtbar machen zu können, im Sichtbaren zu aktivieren« (KdG, S. 274), oder aber sie soll »Welt in der Welt erscheinen lassen«, indem sie als Form das Paradox des Unterscheidens entfaltet. Es »zieht sich die Welt hinter das Unterschiedene in die Einheit der Differenz zurück – und bleibt unsichtbar.«[13] Letztlich kann durch die interne Rekonstruktion von Selbst- und Fremdreferenz (es gibt, darauf besteht Luhmann, keine Selbstreferenz ohne ihr Pendant) Welt als Umwelt des Systems Kunst (vgl. KdG, S. 250) symbolisiert werden:

> Paradoxien sind nichts anderes als Darstellungen der Welt in der Form der Selbstblockierung des Beobachtens. Man kann Kunstwerke, wie gesagt, als Paradoxie inszenieren – aber nur, um zu zeigen, daß es so nicht geht; nur um die Unbeobachtbarkeit der Welt zu symbolisieren. (KdG, S. 191f.)

Mit anderen Worten: Kunstwerke können (müssen aber nicht) den blinden Fleck der eigenen Beobachtung symbolisieren als Einheit der Differenz von Bewußtsein und Kommunikation, und können somit »eine strukturelle Kopplung von Bewußtsein und Kommunikation« (KdG, S. 36)[14] leisten. Diese

---

[11] Luhmann, Niklas: Die Gesellschaft der Gesellschaft. Frankfurt a.M. 1997, I, S. 319.

[12] Luhmann, Niklas: Weltkunst. In: Luhmann, Niklas u.a. (Hg.): Unbeobachtbare Welt. Über Kunst und Architektur. Bielefeld 1990, S. 20 bzw. S. 14. Zu »Beobachtungen des Unbeobachtbaren« vgl. den gleichnamigen Band von Oliver Jahraus u. Nina Ort. Weilerswist 2000.

[13] Luhmann, Niklas: Gesellschaft der Gesellschaft, I, S. 352 bzw. S. 355.

[14] Vgl. auch KdG S. 89. »Kunst«, so Luhmann, »kann es überhaupt nur geben, und das ist keineswegs so trivial, wie es klingen mag, wenn es Sprache gibt. Kunst gewinnt ihre Eigenart daraus, daß sie es ermöglicht, Kommunikation stricto sensu

Kopplung wird im Regelfall durch Sprache bzw. Schrift geleistet, durch, wie es Luhmann mit einiger Vorsicht formuliert, Symbolarrangements, insofern als »im Getrennten die Kopplung des Getrennten präsentiert werden kann«.[15] Im Falle der Schrift wäre dies die Einheit der Differenz von Signifikat und Signifikant im Zeichen, was zu einem referenzlosen Zeichen- und in der Folge zu einem amimetischen Kunstbegriff führt.[16] Das (leichte) optische Medium Schrift zum Beispiel erlaubt feste Kopplungen als Text (schwere Form, Unterscheidung).[17] Schrift als Medium der Kommunikation kann somit über Formbildungen nicht nur Sinn ohne jede Referenz prozessieren (denn das hieße auf die Umwelt durchgreifen), sondern eben auch – auf Seiten der Kommunikation – ein *re-entry* der Differenz von Kommunikation und Bewußtsein einführen und – was entscheidend ist – ihre strukturelle Kopplung beobachtbar machen. Die Konsequenz daraus ist bekanntlich radikal: »Das Individuum ist nicht mehr das Subjekt, es wird zum Opfer seiner Kommunikation.«[18] Kunst macht diese Kopplung auf eine ganz andere Art beobachtbar. Indem sie nämlich ausschließlich auf Seiten der Selbstreferenz anschließt (Kunstwerke dienen so als Beobachtung von anderen Kunstwerken bzw. von

---

unter Vermeidung von Sprache, also auch unter Vermeidung all der an Sprache hängenden Normalitäten durchzuführen. Ihre Formen werden als Mitteilungen verstanden, ohne Sprache, ohne Argumentation. [...] Kunst ermöglicht die Umgehung von Sprache – von Sprache als Form der strukturellen Kopplung von Bewußtsein und Kommunikation.« S. 39f.

15 Luhmann, Niklas: Wie ist Bewußtsein an Kommunikation beteiligt?, S. 889.

16 Kunst fungiert als »ein funktionales Äquivalent zur Sprache« (KdG, S. 36), und: »Für das Zeichen als Form gibt es in der Tat keine Referenz.« Luhmann, Niklas: Zeichen als Form. In: Baecker, Dirk (Hg.): Probleme der Form. Frankfurt a.M. 1993, S. 50.

17 Vgl. Luhmann, Niklas: Die Form der Schrift. In: Jäger, Ludwig u. Bernd Switalla (Hg.): Germanistik in der Mediengesellschaft. München 1994, S. 405-425, bes. S.411ff.

18 Luhmann, Niklas: Die Form der Schrift, S. 424. Auf die Diskussion um den Subjektbegriff von Moderne und Postmoderne kann hier allein schon aus Platzgründen nicht eingegangen werden, verwiesen sei nur auf die einschlägigen Arbeiten von Manfred Frank. Zur subjektphilosophischen Erblast bei Luhmann vgl. Habermas, Jürgen: Der philosophische Diskurs der Moderne. Zwölf Vorlesungen. XII, S. 426-445, bes. S. 428-431; zum Problem Subjekt/Theorie aus systemtheoretischer Perspektive vgl. Jahraus, Oliver: Zur Frage des Subjekts: Instanz, Operation, Selbstverständnis in Theorie, Literatur, Kunst und Medien. In: Die Struktur medialer Revolutionen. Festschrift für Georg Jäger. Hg. v. Sven Hanuschek, Nina Ort, Kirsten Steffen u. Rea Triyandafilidis. Frankfurt a.M. 2000; S. 158-169.

Kunst überhaupt),[19] führt sie den Beobachter zur Selbstbeobachtung, und das heißt, zu einer gewissen Form von Individualität, womit sich Luhmann, trotz seiner Destruktion des Subjektbegriffes, in erstaunlicher Nähe zur idealistischen Ästhetik befindet (s.u.):

> Wenn Individuen sich an Kunst beteiligen (was weder notwendig noch unmöglich ist), erhalten sie dadurch eine Gelegenheit, sich als Beobachter zu beobachten, sich als Individuen zu erfahren. Und da dies unausweichlich durch Wahrnehmung von Unwahrscheinlichem vermittelt wird, besteht mehr als bei sprachlicher Kommunikation die Chance der Selbstbeobachtung im Beobachten. (KdG, S. 153)

Systemtheorie als Interpretationsmaschine meint demnach, daß sie sich, ausgehend von der »Ur-Differenz«, fortlaufend selbst beobachtet und so nicht nur Sinn und Welt konstruiert, sondern sich auch gleichzeitig autoperformativ den eigenen Beobachter schafft, der das System, einmal in Gang gesetzt, ähnlich wie die Semiose,[20] unendlich am Laufen hält. Das Theorieangebot der Systemtheorie für die Literaturwissenschaft besteht demnach nicht darin, ein verfeinertes Instrumentarium zur Beschreibung der historischen Ausdifferenzierung des Kunstsystems zu liefern, wie dies an zahlreichen neueren Arbeiten zu beobachten ist (dafür wäre sie gar nicht nötig), sondern in der Möglichkeit, das Prozessieren von Beobachtungen (Unterscheidungen) im Text selbst beobachtbar (unterscheidbar) zu machen und darüber hinaus den Beobachter als Leser nur als Element des Textspiels zu begreifen: »Das Kunstwerk lenkt somit den Beobachter auf das Beobachten der Form hin. Das hatte man wohl gemeint, als man von ›Selbstzweck‹ sprach.« (KdG, S. 238)[21] Befreit

---

[19] Problematisch an Luhmanns Kunstbegriff ist dabei der Status des Kunstwerks selber, wie Hempfer gezeigt hat, mal sind Kommunikationen mal die Kunstwerke selbst Letztelemente des Systems; vgl Hempfer, Klaus W.: Schwierigkeiten mit einer Supertheorie: Bemerkungen zur Systemtheorie Luhmanns und deren Übertragbarkeit auf die Literaturwissenschaft. In: Spiel 9 (1990), S. 15-36. Sill, Oliver: Literatur als Beobachtung zweiter Ordnung. Ein Beitrag zur systemtheoretischen Debatte in der Literaturwissenschaft. In: de Berg, Henk u. Matthias Prangel (Hg.): Systemtheorie und Hermeneutik. Tübingen u. Basel 1997, S. 71ff. Ders.; Fiktionale Realität vs. Reale Realität? Zu den kunst- bzw. literaturtheoretischen Reflexionen Niklas Luhmanns und Wolfgang Isers. In: Soziale Systeme 3 (1997), S. 137-155.

[20] Zu Systemtheorie und Semiotik vgl. die Beiträge von Oliver Jahraus, Barbara Kastner, Nina Ort und Werner Schreibmayr in diesem Band.

[21] Vgl. hierzu nur die brillanten Interpretationen von Rotheimer, Andreas: Kunst am Nullpunkt? Oder Die Auferstehung des Interpreten. Eine systemtheoretisch inspirierte (Re)Konstruktion von Kafkas Erzählung *Josefine, die Sängerin oder Das Volk der Mäuse*. In: IASL (1999), Sonderheft 9: Interpretation, Beobachtung, Kommunikation. Hg. v. Oliver Jahraus u. Bernd Scheffer, S. 67-112; Vogel, Nikolai: E.T.A. Hoffmanns Erzählung *Der Sandmann* als Interpretation der Interpreta-

von jedem Metaphysik- und Ontologieverdacht scheint sich Roland Barthes' Analyse von Poes *The Facts in the Case of M. Valdemar* zu erfüllen, die Systemtheorie als autodestruktive Metasprache[22] wird »unheimlich«:

> Es gibt einen klaffenden Widerspruch zwischen Tod und Sprache; das Gegenteil des Lebens ist nicht der Tod (das ist ein Stereotyp), sondern die Sprache [...]. Das Schreiben ist genau jener Verlust des Ursprungs, jener Verlust der ›Motive‹ zugunsten eines Volumens von Indeterminationen oder Überdeterminationen: Dieses Volumen ist die Signifikanz. Das Schreiben tritt genau dort auf, wo das Sprechen verstummt, das heißt von dem Augenblick an, wo man nicht ermitteln kann, *wer spricht*, und nur mehr feststellt, daß *es zu sprechen beginnt.*[23]

Nur en passant kommt Luhmann in der *Kunst der Gesellschaft* immer wieder auf Kant und die idealistische Ästhetik als Kunsttheorie zu sprechen, doch sind seine Einwände gravierend. Das Hauptproblem bestehe darin, so Luh-

---

tion. Frankfurt a.M. 1998. Zur Funktionalisierung der Systemtheorie in der Philologie vgl. Jahraus, Oliver u. Benjamin Marius Schmidt: Systemtheorie und Literatur. Teil III. Modelle systemtheoretischer Literaturwissenschaft in den 1990ern. In: IASL 23 (1998), H. 1, S. 66-111; Jahraus, Oliver: Unterkomplexe Applikation. Ein kritisches Resümee zur literaturwissenschaftlichen Rezeption der Systemtheorie. In: LiLi 29, (1999), H. 113, S. 148-158. Kritisch zu einer systemtheoretischen Literaturtheorie steht Homann, Renate: Unterkomplexe Autopoiesis. Zu Peter Fuchs' systemtheoretischer Betrachtung von Kunst und Literatur. In: IASL 21, H. 1, S. 190-210.

22 »Zunächst löst der Text jede Metasprache auf«, so Roland Barthes, und das gilt auch für eine Theorie vom kommunizierten Individuum bzw. Subjekt, »und eben darin ist er Text: keine Stimme (WISSENSCHAFT, SACHE, INSTITUTION) steckt *hinter* dem, was er sagt. Sodann zerstört der Text seine eigne diskursive Kategorie, seinen soziolinguistischen Bezug (sein ›Genre‹) restlos, *bis zum Widerspruch*«. Barthes, Roland: Die Lust am Text. Frankfurt a.M. 1974, S. 47. Indem sie gerade jeden metaphysisch, transzendental oder ontologisch abgesicherten Wahrheitswert ablehnt, scheint Luhmanns Systemtheorie Lyotards Forderung nach der »kleinen Erzählung« im Sinne einer postmodernen Ethik zu erfüllen, wie er sie im *Widerstreit*, dem *Postmodernen Wissen*, der *Postmoderne für Kinder* (etc.) entwikkelt hat – Luhmann bezieht sich immer wieder darauf –, obwohl Lyotard ihm dezidiert ein terroristisches Sprachspiel, das heißt Widerstreit, vorgeworfen hat; vgl. Lyotard, Jean-François: Das Postmoderne Wissen. 3. Aufl. Wien 1994, S. 184.

23 Barthes, Roland: Das semiologische Abenteuer. Frankfurt a.M. 1988, S. 288 bzw. S. 297. Unheimlich wird die Systemtheorie dort, wo das autopoietische System Kommunikation zu sprechen beginnt, wo es als Simulakrum seiner selbst auftritt, als – wie Freud mit unüberhörbarer Anlehnung an Nietzsche schreibt – »Wiederholung des Gleichartigen«; Freud, Sigmund: Das Unheimliche. In: Ders.: Psychologische Schriften. (= SA, IV) Frankfurt a.M. 1970, S. 259.

mann, daß die Ästhetik nicht – oder nur unscharf – zwischen Wahrnehmung und Bewußtsein unterscheide. Wahrnehmung ist ja für Luhmann »eine Spezialkompetenz des Bewußtseins« (KdG, S. 14), die einerseits eine strukturelle Kopplung des Bewußtseins mit der Umwelt voraussetzt und Grundlage aller Kommunikation ist, andererseits jedoch immer eine Konstruktion der Umwelt durch das System Bewußtsein darstellt. Bei Kant hingegen ist Wahrnehmung als »empirisches Bewußtsein« nur durch die *Synthesis der Apprehension* (»Zusammensetzung des Mannigfaltigen«) möglich, deren unhintergehbare Grundlage die *transzendentale Apperzeption*, das Bewußtsein als vorgängiges »Ich denke« darstellt.[24] Einfacher formuliert besagt dies, daß bei Kant das selbstreflexive Denken des Denkens des Subjekts die Grundlage aller Erkenntnis darstellt, welches jedoch bei Luhmann in der Verschiebung vom Subjekt zum System entfällt:

> Wir wissen zwar heute, daß diese Außenwelt eine eigene Konstruktion des Gehirns ist und nur durch das Bewußtsein so behandelt wird, als ob sie eine Realität ›draußen‹ wäre. Ebenso ist bekannt, wie stark Wahrnehmung durch Sprache vorstrukturiert wird. Die wahrgenommene Welt ist mithin nichts anderes als die Gesamtheit der ›Eigenwerte‹ neurophysiologischer Operationen. Aber die dies bezeugende Information gelangt nicht aus dem Gehirn ins Bewußtsein. Sie wird systematisch und spurlos ausgefiltert. Das Gehirn unterdrückt, wenn man so sagen darf, seine Eigenleistung, um die Welt als Welt erscheinen zu lassen. Und nur so ist es möglich, die Differenz zwischen der Welt und dem beobachtenden Bewußtsein in der Welt einzurichten.[25]

Im ästhetischen Geschmacksurteil hingegen (als einem Erkennen *ohne* Erkenntnis) stellt sich der Sachverhalt etwas schwieriger dar. Denn das Geschmacksurteil, so Kant, »ist also kein Erkenntnisurteil, mithin nicht logisch, sondern ästhetisch, worunter man dasjenige versteht, dessen Bestimmungsgrund nicht anders als subjektiv sein kann.«[26] Ästhetische Urteile – und Kunstbeobachtungen sind ästhetische Urteile – vollziehen gar keine System-Umwelt-Differenz, sondern eine systeminterne Unterscheidung. Das heißt, daß der Geschmack mit seinen Gefühlen der Lust und Unlust das einzige Erkenntnisvermögen ist, in dem »das Subjekt, wie es durch die Vorstellung affiziert wird, sich selbst fühlt.« (ebd.) Zwar könnte man sagen, der Beobachter reagiere auf die Beobachtung eines »Objektes« (dies, alter ego ...) mit einem

---

[24] Vgl. Kant, Immanuel: Kritik der reinen Vernunft. (= WA, III) Frankfurt a.M. 74, §26, B 160.

[25] Luhmann: Kunst der Gesellschaft, S. 15; zum »Denken des Denkens« siehe Jahraus, Oliver: Das Denken des Denkens oder Die ganz andere Seite. In: O. Jahraus u. N. Ort (Hg.): Beobachtungen des Unbeobachtbaren. Weilerswist 2000, S.314-352.

[26] Kant, Immanuel: Kritik der Urteilskraft (= WA, X) Frankfurt a.M. 1974, §1, B 4. (Im folgenden als »KUK« zitiert.)

Gefühl und schaffe so eine Zwei-Seiten-Form (Innen-Außen, Subjekt-Objekt), doch geht die Dekonstruktion der Ästhetiktheorie einen anderen Weg als Luhmann, wie Derrida gezeigt hat.

»Das, was schön ist,« so sagt Derrida, »das ist die Dissemination, der reine Einschnitt ohne Negativität, ein *ohne* ohne Negativität und Bedeutung.«[27] Das heißt also: Was schön ist, ist zugleich Dissemination oder auch: die Dissemination ist schön.[28] Das Schöne muß vom Sinn, und zwar vom Sinn als Begriff oder Zweck, völlig abgeschnitten sein. Schön ist die Blume nur, solange ihr kein Begriff zugeschrieben wird und sie keinen Zweck erfüllt. Die freien Schönheiten »sind nicht mehr Bedeutungen noch Vorstellungen, weder Signifikanten noch Repräsentanten« (WM 119). Was ist nun der »Einschnitt«, was bedeutet dieses *ohne*? Das Schöne markiert die Grenze von Subjekt und Objekt, Innen und Außen. Denn die Lust, das Wohlgefallen als subjektives Gefühl ist einerseits »Selbst-Affektion«, andererseits »reine Fremd-Affektion«. Selbst-Affektion ist das Gefühl insofern, als sich das Subjekt im Geschmacksurteil selbst fühlt (nicht denkt!), Fremdaffektion, als es durch ein Objekt verursacht wird. Doch hängt das interesselose Wohlgefallen »von keiner phänomenalen Empirizität mehr ab, von keiner bestimmten Existenz, weder der des Objekts noch der des Subjekts«. Das heißt, daß »[k]ein Existierendes als solches [...] diesen Effekt erzeugen [kann], der sich folglich selbst durch sich selbst affiziert« (WM 66f.). Denn Kant definiert das reine Geschmacksurteil als interesselos und ohne jedes empirische Wohlgefallen, das heißt also als völlig zweckfrei und unabhängig vom Objekt (KUK §10ff., B 32ff.).

Das Gefühl der Lust jedoch als »rein subjektive[r] Affekt wird durch das ausgelöst, was man das Schöne nennt, was wie man sagt, schön ist: *draußen*, im Objekt und unabhängig von seiner Existenz« (WM 67). Der Diskurs über das Innen des Subjekts und das Außen des Objekts wird zu einem Diskurs

---

27 Derrida, Jacques: Die Wahrheit in der Malerei. Wien 1992, S. 118. (Im folgenden als »WM« zitiert); zum Problem des Parergons vgl. auch Dünkelsbühler, Ulrike: Rahmen-Gesetz und Parergon-Paradox. Eine Übersetzungsaufgabe. In: K.U. Gumbrecht u. K.L. Pfeiffer: Paradoxien, Dissonanzen, Zusammenbrüche, S. 207-223.

28 Dissemination bedeutet bei Derrida mehr als Polysemie, Texte verstreuen ihren Sinn wie die Tulpe ihre Samen. Unter »Dissemination« läßt sich jene Bewegung der Signifkanten verstehen, die nicht mehr auf ein »transzendentales Signifikat« rückführbar sind. Die »Dissemination« ist damit strukturell an den Begriff der *différance* gebunden, als dem Spiel und der Möglichkeit eines jeden Zeichens; vgl. Derrida, Jacques: Dissemination. Wien 1995, S. 294. Aber es griffe zu kurz, im Schönen nur jenes vielbeklagte postmoderne »Gleiten des Signifikanten« zu sehen. Denn »[a]ls solcher vermag ein Signifikant, selbst ein Signifikant ohne Signifikat, alles, außer schön zu sein« (WM 118).

»über den Rahmen« (WM 65). Das Schöne schneidet das Innen vom Außen, das Subjekt vom Objekt ab und etabliert sich so an der Grenze; es bildet, so könnte man sagen, den Rahmen des Subjekts. Die von Kant geforderte Mitteilbarkeit des ästhetischen Urteils, der *sensus communis aestheticus* (vgl. KUK §19, B 63) bezieht sich denn auch nicht auf die Kommunikabilität des Urteils.[29] Luhmann unterstellt Kant aber, daß es diesem »um ein der Urteilsbildung hinzugefügtes kommunikatives Räsonieren« gehe, dem er entgegensetzt, »daß das Kunstwerk selbst *ausschließlich* als Mittel der Kommunikation hergestellt wird. [...] Dies geschieht durch einen *zweckentfremdeten Gebrauch von Wahrnehmungen.*« (KdG, S. 40f.) Ziel des Geschmacksurteils ist jedoch nicht Kommunikation über Kunst. Was hier stattfindet, ist vielmehr eine interne Ausdifferenzierung von Kommunikation und Bewußtsein im Bewußtsein als Selbstkommunikation des Subjektes. Dabei wird das Subjekt jedoch nicht vorausgesetzt, es ist vielmehr Produkt dieses Selbstgespräches. Es ist »dieses reine Gefühl, das ein Subjekt verspricht. In der Ästhetik des Schönen ist das Subjekt ›im Geburtszustand‹«.[30] Erst im Akt des ästhetischen Ur-

---

[29] Am anschaulichsten hat wohl Graubner den *sensus communis* erklärt: »Stets wenn die Erkenntnisvermögen Einbildungskraft und Verstand zueinander in ein beliebiges Verhältnis treten (›Proportion‹ sagt Kant), dann signalisiert dieser ›Gemütszustand‹ (KdU, S. 321, A 64): jetzt wird auf Erkenntnis von Gegenständen abgezielt. Die Gemeinsamkeit verschiedenster Proportionen zwischen Einbildungskraft und Verstand ist also die Anzeige: es ist Gegenstandserkenntnis intendiert. Kant nennt das die ›Absicht auf Erkenntnis (gegebener Gegenstände) überhaupt‹ (KdU, S. 322, A 65), kurz: ›Erkenntnis überhaupt‹ (KdU S. 322, A 64). Dieser irgendwie proportionierte Gemütszustand muß damit eine subjektive, bei allen Menschen vorauszusetzende Bedingung sein, damit überhaupt Erkenntnis, also auch, damit objektive Gegenstandserkenntnis zustande kommen kann. Da nun die Allgemeingültigkeit, also auch die Mitteilbarkeit objektiver Gegenstandserkenntnis durch die Ableitungen der Kritik der reinen Vernunft gesichert ist, der subjektive Gemütszustand irgendwelcher Proportionen zwischen Einbildungskraft und Verstand aber die Voraussetzung jeder Gegenstandserkenntnis ist, so muß auch dieser Gemütszustand als subjektiver sowohl allgemeingültig als auch mitteilbar sein.« Graubner, Hans: »Mitteilbarkeit« und »Lebensgefühl« in Kants ›Kritik der Urteilskraft‹. Zur kommunikativen Bedeutung des Ästhetischen. In: Kittler, Friedrich A. u. Horst Turk: Urszenen. Literaturwissenschaft als Diskursanalyse. Frankfurt a.M. 1977, S. 62. Die Ästhetik ist somit Grundlage von Erkenntnis überhaupt (s.u.).

[30] Lyotard, Jean-François: Die Analytik des Erhabenen. Kant-Lektionen. Bonn 1993, S. 31. Im *sensus communis aestheticus* findet die tautegorische Selbstaffektion des Denkens statt: »Der ›gemeinschaftliche‹ Charakter des ›sensus communis‹ [...] besteht darin, dafür Sorge zu tragen, daß eine einzelne ästhetische Beurteilung mit einer anderen, welche es auch sei, ›in Gedanken‹ (und nicht ›denkend‹) und a priori (und nicht in der Erfahrung) verglichen wird. Die ästhetische ›Gemeinschaft‹ wird nicht vorab durch die Übereinstimmung der von Individuen geäußerten Mei-

teilens wird – mittels metaphorischer Operationen – die Selbstüberredung des Bewußtseins zum Subjekt vollzogen, und zwar durch die Erfindung der Differenz von Kommunikation und Bewußtsein. Das imaginierte Subjekt schafft eben keine Zwei-Seiten-Form, sondern eine Grenze (das *ohne*, das Parergon, das »Nichts«),[31] auf der es sich etabliert. Im Geschmacksurteil vollzieht sich die Geburt des Subjektes, das nur als *unmarked space* auftaucht, als dritter Ort, der als Zentrum der Struktur, sowohl innerhalb als auch außerhalb liegt. Das Subjekt ist der »blinde Fleck«, das Tabu, vor allem aber ist es parasitär:

> Die Frage nach dem Ursprung führt immer nur zu enttäuschenden Lösungen, weil es am Ursprung nichts als diesen blanken und leeren Raum gibt. Der Ursprung ist stets diese Leermenge. Ganz wie man sagt, man beginnt bei Null. [...] Wir wissen, daß er [d.i. der Parasit] zwei Logiken gehorcht, der des ausgeschlossenen Dritten und der des eingeschlossenen Dritten, daß er durch das System der Unschärfe geht und daß er nicht einen Sinn, [...] sondern genau eine Richtung produziert und induziert, und auf dieser Richtung zwei entgegengesetzte Sinne. Dieselbe Richtung, die andere Richtungen ausschließt, schließt den Sinn ein, der zum Zusammenbruch des Systems und zu dessen beständiger Erneuerung führt. Dieselbe Richtung bringt Unordnung und hohe Komplexität, die hohe Komplexität schafft zuweilen Unordnung und die Unordnung zuweilen hohe Komplexität.[32]

Nicht nur das Subjekt ist parergonal, auch die *Kritik der Urteilskraft* selbst wird eingerahmt, und zwar durch die *Kritik der reinen Vernunft*, durch einen schlecht passenden Rahmen (WM 91) freilich. Die Kategorientafel der *reinen Vernunft*[33] liefert den logischen Rahmen für die Ästhetik, denn es geht um

---

nungen gebildet. Sie ›entfaltet sich sozusagen durch eine Variationsarbeit, die das ›Denken‹, und zwar es allein (›in Gedanken‹), vollzieht, um seiner ›privaten‹ Verfassung bzw. Bedingung zu entgehen, die durch die Singularität ihres Beurteilungsaktes den anderen ausschließt (*privée*).« J.-F. Lyotard: Die Analytik des Erhabenen, S. 242; vgl. auch J.F. Lyotard: sensus communis. In: Benjamin, Andrew (Hg.): Judging Lyotard. London u. New York, S. 1-25; sowie meine Ausführungen in Burkhart, Maximilian G.: Der Widerstand der Ästhetik. Ein Verfahren. In: O. Jahraus u. N. Ort: Beobachtungen des Unbeobachtbaren, S. 199-232.

31 Vgl. hierzu Nina Orts von Ranulph Glanville übernommene Metapher des Moebius-Bandes in N. Ort: Sinn als Medium und Form, S. 213f.

32 Serres, Michel: Der Parasit. Frankfurt a.M. 1987, S. 277 bzw. S. 288.

33 Qualität: Uninteressiertes Wohlgefallen; Quantität: was ohne Begriff allgemein gefällt; Relation der Zwecke: Zweckmäßigkeit ohne Zweck; Modalität: was ohne Begriff als Gegenstand eines notwenigen Wohlgefallens erkannt wird (WM 89f.). Sie bietet aber eben nur den Rahmen (Parergon): »Eine ästhetische Idee kann keine Erkenntnis werden, weil sie eine Anschauung (der Einbildungskraft) ist, der niemals ein Begriff adäquat gefunden werden kann. Eine Vernunftidee kann

Urteile, wenn auch keine Erkenntnisurteile: »[M]an überträgt einen logischen Rahmen und verschafft ihm mit Gewalt Eintritt, um ihn einer nicht logischen Struktur aufzuzwingen, die nicht mehr wesentlich eine Beziehung zum Gegenstand als Gegenstand des Wissens [...] betrifft.« (WM 91) Und in genau diesem gewaltsamen Einschnitt der Unterscheidung schafft sich die Vernunft erst ihr Objekt. Es ist die Logik der bifurkativen Unterscheidung (Form), die es einer Supertheorie, oder besser Jokertheorie erst ermöglicht, de retro – und das heißt in einem Zirkelschluß – zu postulieren: »Was ausgeschlossen werden muß, ist die Frage nach der Einheit der Unterscheidung, die allem ›ästhetischen Beobachten zugrunde liegt. Was ausgeschlossen werden muß, ist das Paradox.« (KdG, S. 449) Zwar insistiert Luhmann darauf, daß am »Ursprung«, der »Urdifferenz« der Systemtheorie, der »blinde Fleck« bzw. die unhintergehbare paradoxale Entscheidung steht, doch läuft die Maschine von diesem Punkt an automatisch und immer streng nach den Regeln der Vernunft:

> Die Vernunft beginnt stets mit einer Reihung der Form: Dies ist nicht dies, dies ist etwas anderes. Die Reihung bricht mit der Redundanz, der Identität oder der Wiederholung: Man muß ein Objekt finden, von dem man so sprechen kann. Oder ein Subjekt, ganz gleich. [...] Dieses Objekt will ich als Joker bezeichnen. Der Joker ist bekanntlich oft ein Irrer.[34]

Spencer Browns Universalregel des »draw a distinction« ist in dieser Hinsicht tatsächlich ein Joker, universal einsetzbar, alles erklärend und, das ist schließlich Serres Hauptanliegen, kommunikationsstiftend. Doch bedeutet sie für die Kunst ebenso wie für die Ästhetiktheorie einen gewaltsamen Einbruch und einen schlecht passenden Rahmen. Denn in der Analytik des Schönen herrscht ein »absoluter Mangel« (WM 107). Trotz der scheinbaren Zweckmäßigkeit der freien Naturschönheit läßt sich kein Zweck und kein Telos ausmachen. Was die Ästhetik von der reinen Vernunft abschneidet, ist eben jenes *ohne* der Zweckmäßigkeit ohne Zweck[35], der Zustand des *Ohne*-Begriff-Seins:

---

nie Erkenntnis werden, weil sie einen B e g r i f f (vom Übersinnlichen) enthält, dem niemals eine Anschauung gegeben werden kann.« KUK §57, Anm. I, B 240.

[34] M. Serres: Der Parasit, S. 243.

[35] Zur Zweckmäßigkeit ohne Zweck (bzw. Gesetzmäßigkeit ohne Gesetz) vgl. Kant KUK §10, B 32ff. In ihr realisiert sich die bloß »subjektive Übereinstimmung der Einbildungskraft zum Verstande« (KUK §22, B 69), weshalb das ästhetische Urteil für das Subjekt keinerlei Erkenntniswert über das Objekt hat. Die Wahrnehmung des Objektes hat lediglich zur Folge, daß das Bewußtsein beginnt, in der Selbstkommunikation die Erkenntniskräfte des Verstandes bzw. der Vernunft zu imaginieren.

> Es ist die Zweckmäßigkeit-ohne-Zweck, die schön *genannt* wird, (wobei *genannt* hier [...] das Wesentliche ist). Folglich ist es das *ohne*, was für die Schönheit zählt, und weder die Zweckmäßigkeit noch der Zweck, weder das Ziel, das mangelt, noch der Mangel an Ziel, sondern die Umrandung des reinen Einschnitts, das *ohne* der Zweckmäßigkeit ohne Zweck. Die Tulpe ist exemplarisch für das *ohne* des reinen Einschnitts (WM 111).

Das *Ohne* des Begriffs oder der Bedeutung ist so fundamental, daß hier nicht einmal von einem negativen Sinn oder einer absoluten Sinnlosigkeit gesprochen werden kann. Eine Bedeutung des Schönen als solche existiert nicht. Im Geschmacksurteil bezieht sich die Einbildungskraft auf den Verstand, ohne ihn zu benutzen, das heißt, »daß der ganze Rahmen der Analytik des Schönen in Beziehung auf das, wodurch es den Inhalt und die innere Struktur zu bestimmen gilt, als ein *Parergon* fungiert« (WM 93). Was ist nun ein Parergon? Zunächst bedeutet Parergon »Anhang« oder »Beiwerk«. Der Begriff selbst findet sich in der *Kritik der Urteilskraft* im §14 (B 43ff.), der die Analytik des Schönen durch Beispiele erläutert. Zierate oder Parerga können, etwa als »Einfassungen der Gemälde, [...] Gewänder an Statuen oder Säulengänge um Prachtgebäude« (ebd.)[36] das Wohlgefallen des Geschmacks durchaus vergrößern, wenn sie durch ihre Form gefallen. Ein goldener Rahmen jedoch ist bloßer Schmuck und »tut der echten Schönheit Abbruch«. Die Analytik des Schönen setzt also voraus, daß ständig zwischen Innen und Außen, Wesentlichem und Supplement (dies und nicht das), zwischen *Ergon* (Werk) und *Parergon* unterschieden werden kann. Dabei unterhält das Parergon jedoch einen wesentlichen Bezug zum *Ergon*. Was das Parergon kennzeichnet, ist der wesentliche Mangel des *Ergon*, das *Ohne*. So wie die reine Vernunft der Analytik des Schönen gewissermaßen äußerlich bleibt und das Schöne das Fehlen des Begriffes, das *Ohne*, symbolisiert, so verhält sich das Parergon auch strukturell zum *Ergon*:

> Was sie zu *Parerga* macht, ist nicht einfach ihre überflüssige Äußerlichkeit, es ist das interne strukturelle Band, das sie mit dem Mangel im Inneren des *Ergon* zusammenschweißt. Und dieser Mangel ist damit konstitutiv für die Einheit selbst des *Ergon*. Ohne diesen Mangel bedürfte das *Ergon* nicht des *Parergon*. Der Mangel des *Ergon* ist der Mangel des *Parergon*, der Bekleidung oder der Säule, die ihm dennoch äußerlich bleiben. (WM 80)

Der Rahmen fungiert als Supplement in bezug auf einen Mangel und macht ihn so erst sichtbar. Das Schöne wird damit überhaupt erst durch die Form und den Rahmen wahrnehmbar ebenso wie die Analytik des Schönen erst in bezug auf die Kategorien- oder Gesetzestafel funktioniert. Ein Eindringen in

---

[36] Vgl. hierzu auch Derrida, Jacques: Economimesis. In: Diacritics 11 (1981), No. 2, S. 3-25.

das *Ohne*, in diesen Mangel im Zentrum ist nicht möglich, die Unterscheidung von Innen und Außen bleibt notwendig supplementär: »Aber diese ›Wahrheit‹ [des Rahmens] vermag nicht mehr eine ›Wahrheit‹ zu sein, sie bestimmt nicht mehr die Transzendentalität als vielmehr die Akzidentialität des Rahmens, das heißt allein seine *Parergonalität.*« (WM 94) Das Parergon als »Verfahren der freien Energie [*Energeia*] und der reinen Produktivität oder das Verfahren des wesentlichen Mangels« arbeitet also gegen eine Onto-Theo-Logik, indem sie den Mangel nicht »als setzbares oder entgegensetzbares Negativ, als substanzielle Leere, bestimmbare oder umrandete Abwesenheit« definiert, sondern die »Unmöglichkeit, die Differance [sic!] in ihrem Umriß *festzuhalten*«, aufzeigt (WM 103).[37] Zieht man also vom Schönen alles ab, was auf irgendeinen bestimmbaren historischen, sozialen oder anderen Zweck ausgerichtet sein könnte, entfernt man jedes Thema und jeden Text (WM 118), jede Bedeutung und Materialität, dann bleibt nichts übrig als der Rahmen, das heißt das Parergon (WM 120), der Rand(gang), die Spur, die *différance*. Das *Ohne* ist nicht wahrnehmbar, es existiert überhaupt nicht und doch ist »die Spur des *ohne* [...] der Ursprung der Schönheit« (WM 113). Die »Irreduzibilität des Schönen« (WM 113) gibt jedoch dem Nicht-Wissen, man könnte sagen dem reinen Gefühl, einen Raum. So gesehen ist das Schöne eine Gabe, auch wenn dies Derrida nicht ausdrücklich betont, da es der Logik des Sinns und des Tausches entzogen ist. Diese Gabe des Schönen begreift er aber nicht ontologisch oder metaphysisch, sondern als prinzipiellen Mangel, den das *Parergon* – wie die Analytik des Schönen – nur umrahmt oder umschreibt:

---

[37] Hier wird auch die Differenz zu Luhmanns Systemtheorie deutlich. Luhmann bezieht sich auch auf Derridas Terminus *différance*, um damit seine Zeichen- und allgemein Unterscheidungsbegriffe zu beschreiben, die ja wesentlich auf der Temporalität beruhen. Für Luhmann ist der Zeitverbrauch der Beobachtung ein wesentliches Argument für die Unbeobachtbarkeit der anderen Seite, und hier kann er sich durchaus auf Derridas Dekonstruktion einer Präsenzideologie stützen, wie sie dieser etwa in der *Grammatologie*, der *Stimme und das Phänomen* oder in *Die Schrift und die Differenz* betreibt. Doch bedeutet *différance* mehr als nur Verräumlichung und Verzeitlichung, sie impliziert vielmehr auch den Aufschub im psychoanalytischen Sinne und damit auch die Ambivalenz und Wiederkehr des Verdrängten – des zugleich *An-* und *Ab*-wesenden – oder, mit Nietzsche, der ewigen Wiederkehr des Gleichen. *Différance* in diesem Sinne ist die Spur des dritten Ortes aus der sich das Subjekt als »Funktion des Sprachsystems« als Nicht-identisches etabliert; Derrida, Jacques: Randgänge der Philosophie. Wien 1988, S. 41. Vgl. prinzipiell Luhmann, Niklas: Zeichen als Form; Die Form der Schrift; Die Gesellschaft der Gesellschaft, II, S. 1146f. sowie: Dekonstruktion als Beobachtung zweiter Ordnung. In: H. de Berg u. M. Prangel: Differenzen, S. 9-35. Siehe auch O. Jahraus u. B.M. Schmidt: Systemtheorie und Dekonstruktion, S. 68ff.

> Das *Parergon* schreibt etwas ein, das *äußerlich* zum eigentlichen Feld [der reinen Vernunft...] hinzu kommt, aber dessen transzendente Äußerlichkeit die Grenze selbst nur in dem Maße umspielt, säumt, streift, reibt, bedrängt und ins Innere eindringt, wie das Innere fehlt. Es fehlt *an* etwas und fehlt *sich* selbst. Da die Vernunft ›sich ihres Unvermögens bewußt ist, ihr moralisches Bedürfnis zu befriedigen‹, rekurriert sie auf das *Parergon*, auf die Gnade, auf das Geheimnis, auf das Wunder. (WM 76)

Die Ästhetik ist immer eine »Mitte«, die »beide Seiten«, nämlich Sinnliches und Intelligibles »berühren« (WM 52f.) kann. Insofern ist sie eine Semiotik (WM 138). In den Paragraphen 16 und 17 der *Kritik der Urteilskraft* unterscheidet Kant die freie (*pulchritudo vaga*) von der bloß anhängenden Schönheit (*pulchritudo adhaerens*); zur ersteren zählen die Blumen, zur zweiten gehört der Mensch. Die Schönheit des Menschen ist nie zweckfrei zu denken, da bei ihm das Schöne immer mit der Idee des Guten, also der Vernunft, verbunden ist. Damit ist der Mensch, der die Fähigkeit hat, sich selbst ein Gesetz zu geben, das einzige Wesen, das zu einem Ideal der Schönheit fähig ist. Das *Ohne* der freien Schönheit wird unterbrochen, mehr noch, ausgehend vom Ideal der Schönheit ist das *Ohne* der freien Schönheit überhaupt erst zu denken. Der Mensch nimmt so eine äußerst merkwürdige Stellung in der Ästhetik ein, genauer gesagt, sowohl innerhalb als auch außerhalb. »Die ideale Schönheit und das Schönheitsideal beruhen nicht mehr auf einem reinen Geschmacksurteil« (WM 137), eigentlich ist es ein teleologisches Urteil. Das Subjekt, so Derrida,

> löst sich von sich selbst ab, von seiner Form, die ideale Schönheit repräsentiert. Es löst sich von sich selbst ab, von seiner eigenen Ästhetik, weil, damit und insofern das *ohne* des reinen Einschnitts in ihm erlischt. Von dieser Art Einsatz ist auch die kopernikanische Revolution. Wie entkommt der Mensch einem Diskurs über die Ästhetik, dessen zentraler Ursprung er ist? (WM 137)

Der Mensch steht im Zentrum der Ästhetik, »[d]as menschliche Zentrum hält sich dabei *in der Mitte* zwischen der (belebten und unbelebten) Natur und Gott.« (WM 143) Dieses Zentrum aber ist, da es von der reinen Schönheit abgeschnitten ist, »nichtsdestoweniger dezentriert und asymmetrisch« (WM 136). Die Schwierigkeit über den schönen Körper zu urteilen, liegt in dem Umstand, beurteilen zu müssen, wo der Schleier als Parergon endet und das Ergon des Körpers beginnt. Vielleicht könnte man aber auch sagen, daß das Schöne und das ästhetische Urteil den Körper vom Geist schneiden (im Sinne des *Ohne* des reinen Einschnitts). Jedenfalls findet Derrida auch hier wieder seinen Leitgedanken der »Strukturaliät der Struktur«, denn von der Struktur läßt sich »paradoxerweise sagen, daß das Zentrum sowohl *innerhalb* der Struktur als *auch außerhalb* der Struktur liegt. Es liegt im Zentrum der Totalität, und dennoch hat die Totalität *ihr Zentrum anderswo*, weil es ihr nicht angehört. Das Zentrum ist nicht das Zentrum.«[38]

Die »Idee der Schönheit« wird also durchaus nicht »weder als Ziel noch als Produkt vorgestellt, sondern als alle Unterscheidungen tragende, von Anbeginn vorhandene Einheit gedacht« (KdG, S. 158), zumal das Geschmacksurteil immer ein Reflexionsurteil darstellt. Das Schöne ist vielmehr die Einheit der Differenz von Kommunikation und Bewußtsein. So gesehen, fungiert das Subjekt (das *Parergon* der strukturellen Leerstelle bzw. des *Ohne*) in der Analytik des Schönen als Interpretationsmaschine seiner selbst, indem es sich in einem paradoxen Akt der Metaphorisierung[39] selbst als Ethopoiie setzt. Das Schöne ist daher insofern »Symbol des Sittlichguten« (KUK §59, B 258), als ja gar nicht auf die Vernunft (bzw. zunächst eigentlich auf den Verstand) rekurriert wird, sondern vielmehr eine Übersetzung vom Außen zum Innen stattfindet.[40] Zentral hierbei ist die Rolle der Urteilskraft, die als bestimmende

---

[38] Derrida, Jacques: Die Schrift und die Differenz. Frankfurt a.M. 1979, S. 422f.

[39] Vgl. hierzu Blumenberg: »Kant geht hier [im §59 der KUK der von der Hypotypose als evidentia im Sinne der Spur oder Bahnung handelt] von seiner grundlegenden Einsicht aus, daß die Realität der Begriffe nur durch Anschauungen ausgewiesen werden kann. Bei den empirischen Begriffen geschieht dies durch Beispiele, bei den reinen Verstandesbegriffen durch Schemate, bei den Vernunftbegriffen (›Ideen‹), denen keine adäquate Anschauung beschafft werden kann, geschieht es durch Unterlegung einer Vorstellung, die mit dem Gemeinten nur *die Form der Reflexion* gemein hat, nicht aber Inhaltliches. [...] Die als bloße Mittel der Reproduktion fungierenden thetischen Ausdrücke nennt Kant ›Charakterismen‹; während seine ›Symbole‹ ziemlich genau den hier weiterhin geübten Gebrauch von Metapher decken«. Blumenberg, Hans: Paradigmen zu einer Metaphorologie. Frankfurt a.M. 1998, S. 11f. Zur Hypotypose vgl. Gasché; Rodolphe: Überlegungen zum Begriff der Hypotypose bei Kant. In: Hart Nibbrig Christiaan L.: Was heißt »Darstellen? Frankfurt a.M. 1994, S. 152-174; Szukala, Ralph: Philosophische Untersuchungen zur Theorie ästhetischer Erfahrung. Kap. VI.3. Ästhetische Idee und symbolische Hypotypose. Die Bedeutung der Reflexion in der Ästhetik Kants. Stuttgart 1988, S. 147-173.

[40] »Die analogische Übersetzung zwischen den beiden Welten,« nämlich der sinnlichen und der intelligiblen, so Derrida, »die in Wirklichkeit nur eine sind, wird durch das *Symbol* (›*Bild**‹ bei Schelling) gesichert, und diese Symbolizität entwikkelt sich im Spiel von *Abbildung** und *Einbildung**, der Reproduktion durch die Einbildung. [...] Es gibt nur ›*Eine Welt*‹, sagt Schelling, es gibt keine Hinterwelt, keine Welt an sich. Von dieser absoluten Welt gibt jedes auf seine Weise eine Übersetzung, ein Bild* – ›Eine Welt, welche so, wie sie im Absoluten ist, jedes in seiner Weise abzubilden strebt*«–, das Wissen als solches oder das Handeln als solches. Doch das eine übersetzt das andere. Es gibt allein reflektierende Übertragung, Bildung*, Abbildung* und Einbildungskraft. Zwischen dem Wissen und dem Handeln besteht einzig der Unterschied zwischen zwei Bildungen oder Abbildun-

Urteilskraft in der empirischen Erkenntnis zwischen Einbildungskraft und Verstand vermittelt. Doch ist die Grenze zwischen bestimmender und reflektierender Urteilskraft – man könnte letztere auch als kreatives Potential bezeichnen – so scharf nicht zu ziehen, letztlich sind sie *ein* Vermögen:

> Wie kann er [d.i. der kritische Denker] eigentlich angemessen urteilen, ›bevor‹ er weiß, was angemessen urteilen ist, und um dies herauszufinden? Die Antwort ist, daß das kritische Denken bei seiner Reflexion, also in dem Zustand, in dem eine noch nicht näher bestimmte Synthese es versetzt, über eine Art transzendentale Prä-Logik verfügt. Diese ist in Wirklichkeit eine Ästhetik, weil sie nur aus Empfindungen besteht, die jeden aktuellen Gedanken, schon allein insofern er Gedanke ist, affiziert: Ist er doch Gedanke des Denkens, das sich *denken und* gleichzeitig *gedacht* fühlt. Und da denken urteilen ist: eines Denkens, das sich urteilend und beurteilt zugleich fühlt. In dieser subjektiven Selbstpräsenz des Denkens zeichnet sich die Domizilierungsgeste ab, die die spontanen Synthesen (unter ihren ›Titeln‹) an die jeweiligen Vermögen adressiert, die über sie gebieten, und so ihren Gebrauch begrenzt und ihre Rechtmäßigkeit begründet.[41]

Das Denken des Denkens ist nur aus logischer Perspektive, das heißt für die reine Vernunft, ein Paradox,[42] aus ästhetischer Sicht ist das Denken des Denkens ein Gefühl, das der Vernunft vorausgeht. Die Vernunft ist parergonal zu jener Leerstelle oder jenem »blinden Fleck« im Zentrum des Subjekts, die für sie selbst weder durchgreifbar noch beschreibbar ist. Nichtsdestotrotz ist sie ihr quasi vorgängig und fühlbar und zwar genau durch das Medium Kunst. Die Systemtheorie als Interpretationsmaschine ist hier notwendigerweise selbstblind, das gilt jedoch nicht unbedingt für die Kunst als Interpretationsmaschine ihrer selbst, sowie die daran anschließende Ästhetiktheorie. Dahinter ein präsenzideologisches Harmoniemodell zu vermuten, ist schon deswegen falsch, weil im Erhabenen – der einschlägigen ästhetischen Kategorie der Moderne und Postmoderne – ein ähnliches Verfahren wirkt.[43] Aus der siche-

---

gen ein und derselben Welt, im Grunde ein Übersetzungs*- und Übertragungs*-Unterschied.« Derrida, Jacques: Theologie der Übersetzung. In: Alfred Hirsch (Hg.): Übersetzung und Dekonstruktion. Frankfurt a.M. 1997, S. 19 bzw. S. 27f.

41 J.-F. Lyotard: Die Analytik des Erhabenen, S. 43f. Vgl. auch Deleuze: »In Wahrheit gehören die bestimmende und reflektierende Urteilskraft nicht wie zwei Arten zu einer Gattung. Die reflektierende Urteilskraft offenbart und befreit einen Grund, der in der anderen verborgen blieb. Aber schon die andere war nur durch diesen Grund lebendig.« Deleuze, Gilles: Kants kritische Philosophie. Berlin 1990, S. 117f.

42 Vgl. hierzu O. Jahraus: Das Denken des Denkens oder Die ganz andere Seite.

43 Auf die ausufernde Diskussion über das Erhabene kann hier schon aus Platzgründen nicht eingegangen werden. Einen guten Überblick bieten die Sammelbände

ren Distanz ist der Beobachter überwältigt, aber nicht vom Ozean oder vom Gebirge selbst, sondern von der schieren Größe oder Macht, sind sie ihm bei Kant doch Zeichen dafür, daß er ein oberstes Ordnungsvermögen besitzt:

> Denn so wie Einbildungskraft und Verstand in der Beurteilung des Schönen durch ihre Einhelligkeit, so bringen Einbildungskraft und Vernunft *hier* [im erhabenen Gefühl der Unlust], durch ihren Widerstreit subjektive Zweckmäßigkeit der Gemütskräfte hervor: nämlich ein Gefühl, daß wir reine selbständige Vernunft haben (KUK §28, B 109).

Dieses Verfahren, daß Kant *Subreption* nennt, ist de facto eine metaphorische Übertragung bzw. Über-Setzung, in dem eine Wahrnehmung (Anschauung) den Impuls für eine systemimmanente Ausdifferenzierung der Vermögen gibt. Das Erhabene kann jedoch nicht jedermann angesonnen werden, es existiert kein *sensus communis aestheticus* für das Erhabene (höchstens ein indirekter im Enthusiasmus). Die Beraubung, die Aufopferung, die im Erhabenen statthat,[44] zerstört zunächst einmal die strukturelle Kopplung von Bewußtsein und Kommunikation, das Bewußtsein wird aphatisch. Aber in diesem Akt der *Subreption* geschieht das eigentlich Merkwürdige: Indem es das Außen mit dem Innen verwechselt, imaginiert sich das Bewußtsein die Vernunft[45] – die

---

von Pries, Christine (Hg.): Das Erhabene. Zwischen Grenzerfahrung und Größenwahn. Weinheim 1989; Welsch, Wolfgang u. CH. Pries (Hg.): Ästhetik im Widerstreit. Interventionen zum Werk von Jean-François Lyotard. Weinheim 1991; W. Welsch (Hg.): Die Aktualität des Ästhetischen. München 1993. Verwiesen sei zudem auf R. Homann: Zu neueren Versuchen einer Reaktualisierung des Erhabenen. Lyotards Utilisierung einer ästhetischen Kategorie für eine neue Ethik. In: ZphF 48 (1994), H. 1, S. 43-68; sowie meinen Beitrag M. Burkhart: Der Widerstand der Ästhetik.

[44] »Der Zugang zur reinen Pflicht«, und das heißt zur praktischen Vernunft, so Derrida, »ist auch das ›Opfer‹, das Wort findet sich bei Kant, es ist die Aufopferung der Leidenschaften, der Affektionen, der sogenannten ›pathologischen‹ Interessen, all dessen, was meine Sinnlichkeit an die empirische Welt bindet, an die Kalküle und an die Bedingtheit hypothetischer Imperative. Die Unbedingtheit der Achtung des Gesetzes diktiert so die *Aufopferung**, die stets ein Selbstopfer ist [...]. Die Unbedingtheit des moralischen Gesetzes nach Kant diktiert die im Selbstzwang* und im Zwang gegen die eigenen Begierden, Interessen, Affektionen und Triebe ausgeübte Gewalt. Zum Opfer wird man somit durch eine Art praktischen Trieb gedrängt, durch eine Triebfeder, die auch etwas Triebhaftes ist, doch von einem reinen praktischen Trieb, der in der Achtung vor dem Gesetz seinen sinnlich spürbaren Ort hat.« Derrida, Jacques: Den Tod geben. In: Haverkamp, Anselm (Hg.): Gewalt und Gerechtigkeit. Derrida – Benjamin. Frankfurt a.M. 1994, S. 419.

[45] Zum Imaginären bei Kant vgl. Eagleton, Terry: Ästhetik. Die Geschichte ihrer Ideologie. Kap. III: Das Imaginäre bei Kant. Stuttgart u. Weimar 1994, S. 73-106;

Kritiken der *reinen* und *praktischen Vernunft* sind daher von der dritten und letzten Kritik her zu lesen – und damit eben genau jenes Vermögen, das eine Entscheidung trifft. Das heißt, daß Luhmanns Konzept der systemischen Vernunft,[46] das ihm erlaubt, auf das Subjekt zu verzichten, ein metaphorischer Sprung vorgängig ist, auf den dieses nicht durchgreifen kann, der aber durchaus, etwa als Produkt eines »Akt des Fingierens«,[47] beobacht- und beschreibbar wäre.

In diesem Sinne ist der »blinde Fleck« doch ein Tabu, die Beziehung zu ihm bleibt notwendig ambivalent. Die der systemischen Vernunft vorgängige imaginierte Vernunft arbeitet denn auch nicht auf einer logischen, sondern einer metaphorischen Basis.[48] Aufgabe der Kunst wäre dann eine Transformation der reinen und praktischen Vernunft in eine ästhetische Vernunft und die analoge Transformation des »kategorischen« in einen »ästhetischen Imperativ«, wie das – was hier nicht diskutiert werden kann (vgl. Anm.1) – Renate Homann in der *Theorie der Lyrik* vorgeschlagen hat.[49]

---

prinzipiell auch Dod, Elmar: Die Vernünftigkeit der Imagination in Aufklärung und Romantik. Eine komparatistische Studie zu Schillers und Shellys ästhetischen Theorien in ihrem europäischen Kontext. Tübingen 1985.

46 Zur Kritik an Luhmanns systemischer Vernunft vgl. Schulte, Günter: Der blinde Fleck in Luhmanns Systemtheorie. Frankfurt a.M. u. N.Y. 1993.

47 Zur Funktion der Kunst als »Akt des Fingierens« vgl. Iser, Wolfgang: Akte des Fingierens oder Was ist das Fiktive im fiktionalen Text? In: Frank, Manfred u. Anselm Haverkamp (Hg.): Individualität. (= Poetik und Hermeneutik XIII) München 1988, S. 121-151. Siehe hierzu prinzipiell die Beiträge von Sill (wie Anm.20).

48 Schon Jean Paul, auf den sich Luhmann neben Karl Phillip Moritz immer wieder gerne bezieht, hat in der »Vorschule der Ästhetik« erkannt, daß die Erkenntnisleistung des Witzes (im Sinne von *wit*) nicht ausschließlich durch Differenzierung (unbildlicher Witz), sondern auch durch Analogieschluß (bildlicher Witz), und das heißt durch eine Metapher erfolgen kann; vgl. Jean Paul: Vorschule der Ästhetik. (= SW I, 5). Hg. v. Norbert Miller. München 1996, I, 9, S. 168-207. Im übrigen fußen die hier angestellten Überlegungen natürlich auf Nietzsches Ausführungen in *Über Wahrheit und Lüge im außermoralischen Sinne.*

49 Homanns Kritik an Luhmann ist in diesem Zusammenhang voll zuzustimmen, auch wenn zentrale Punkte ihres, letztlich idealistischen, Konzepts aus der Perspektive einer »dekonstruktiven Autopoiesis« deutlich anders formuliert werden müßten: »Luhmanns Kategorien könnten in einer Theorie der Literatur/Lyrik nur eine Technik indizieren, keine autoreferentiell erfinderische ›Theorie‹. Die Beobachtungen erster und zweiter Ordnung sind konzipiert als technische Wiederholungen der Grundstruktur von ›Beobachtung‹. Ein Unterschied wird lediglich in bezug auf deren jeweiligen binären Code gemacht. *An der Selbstblindheit im Vollzug des Beobachtens ändert sich nichts.* In der hier vertretenen Theorie der Lyrik wird anders angesetzt. Es geht darin nicht um die Differenz technisch gleicher Verfahren (Be-

Reduziert auf den Kern bedeutet Homanns Konzept der *heautonomen Autopoiesis*, daß Literatur im (Selbst-)Vollzug analog zur praktischen Vernunft eine »Verfassung sui generis« mit Hilfe einer »Selbstkonstitutionsheuristik« entwerfe, in der das gesamte Sprachmaterial in eine Ordnung überführt werde, die Heterogenität strukturell zulassen und so Widerstreit vermeiden könne. Sie leiste dies durch die sentimentalische Neuerfindung des Paradigmas Literatur, und zwar durch eine »inhärente Komparatistik«, die durch die memoria-Funktion das Heterogene vergangener Literatur aufnehme und in der »Prophetie« in ein jeweils neues, gewaltfreies (demokratisches) Paradigma überführe. Der »Selbstkonstitutionsheuristik« entspricht aus semiotischer Perspektive das Verfahren der Abduktion – und die »Kritik der Urteilskraft« ist de facto nichts anderes als der Entwurf eines abduktiven Verfahrens[50] – in der die Regel (der ästhetischen Vernunft) in der Performanz ent-

---

obachten, Unterscheiden), sondern um die Interiorisierung von Differenz in das (Selbst-)Beobachten. Der Grund für dieses Vorgehen liegt darin, daß nur so angenommen werden kann, daß ein selbstreflexives Beobachten oder Urteilen gleichzeitig auf verschiedenen methodologischen Ebenen: einer empirischen und zwei vollzugsimmanent erfundenen transzendentalen, zu agieren vermag. [...] Kant hatte zur Unterscheidung dieses methodologisch reflektierten Verfahrens – dieser *anderen Beobachtung* – eigens die praktische Vernunft in das Erhabene eingeführt [und in die ästhetische Vernunft transformiert, M.B.] [...] Luhmann hingegen kann, weil er die Neuformulierung der praktischen Vernunft, die Kant in der Ästhetik des Erhabenen vorgenommen hat, nicht aufgreift, nicht begründen, weshalb die Beobachtung zweiter Ordnung in der Literatur das von der Beobachtung erster Ordnung unbeobachtbar Gemachte nicht einfach technisch wieder einführen kann, sondern erfinderischer vorgehen muß. Seine Methode und seine Kategorien lassen es nicht zu, das als konstitutiv anzunehmen, was die im Anschluß an Schiller [v.a. ›Über naive und sentimentalische Dichtung‹, M.B.] gewonnene Methode der ›ästhetischen Reduktion‹ vorsieht, daß nämlich die Beobachtung zweiter Ordnung das unbeobachtbar Gemachte mittels *Erfindung des Paradigmatischen* desselben selbst wieder herstellen muß.« R. Homann: Theorie der Lyrik, S. 515ff. Homanns eigene, überkomplexe Theorie läßt sich durchaus auch als Interpretationsmaschine, nicht aber als Supertheorie bezeichnen. Allerdings ist sie aufgrund ihrer hohen Komplexität und den daraus sich ergebenden Problemen der Anschlußfähigkeit für die konkrete Textarbeit nur schwer praktikabel, das gilt insbesondere für ihr Drei-Ebenen-Modell; siehe hierzu meinen Beitrag: *Über das Marionettentheater* der Ästhetik.

50 Vgl. Schönrich, Gerhard: Zeichenhandeln. Untersuchungen zum Begriff einer semiotischen Vernunft im Ausgang von Ch.S. Peirce. Frankfurt a.M. 1990, S. 395-401. Umberto Ecos These über das teleologische Urteil gilt prinzipiell auch für das ästhetische: »Natürlich ist das reflektierende Urteil nichts anderes als eine *Abduktion.*« Eco, Umberto: Kant und das Schnabeltier. München u. Wien 2000, S.112.

worfen wird. Doch auch die ästhetische Theorie wird im Erhabenen unheimlich. »Das Erhabene ist das Unheimliche, die Theorien des Erhabenen Figuren seiner Verdrängung«, so Hans-Thies Lehmann, es »erweist sich als untrennbar vom Unheimlichen des ›Todestriebs«. Der Kollaps der Bezeichnungsfunktion offenbart die »Drohung des Nichts«, die »Angst gilt der Gefahr eines Zusammenbruchs der Ich-Grenzen«:[51]

> Zur latenten Bedrohung wird das Erhabene im Aussetzen der Sprachzeichen, im Versagen der Sprache, weil es sogar das Wahrgenommene zweifel- und rätselhaft werden läßt. Denn was kann es bedeuten, daß eine reale Erscheinung, wie Kant sagt, für das Subjekt ›die Idee der Unendlichkeit bei sich führt‹? Daß sich eine gespenstische Doppelbelichtung entwickelt, daß die kategoriale Grenze von Sinneneindruck und Idee verschwimmt, daß ein Schwanken entsteht, ob man es mit einer Realität oder mit einer erdachten Fiktion zu tun hat.[52]

Das Unheimliche, das aus dem Erhabenen für die Literaturtheorie resultiert, spricht jedoch eher für ein apokalyptisches denn ein prophetisches Modell, offenbart sich im Erhabenen doch, um mit Heidegger zu sprechen, die »Hineingehaltenheit in das Nichts«.[53] Die imaginierte Vernunft ist demnach genauso unheimlich wie die systemische, Literatur jedoch bzw. Kunst im Allgemeinen kann dies reflektieren, oder sogar darauf aufbauen wie etwa in Hoffmanns *Sandmann*, während die Systemtheorie in einer immer weiter fortschreitenden maschinellen Ausdifferenzierung stets nur ihren »blinden Fleck« konstatieren kann. Der These von Jahraus und Schmidt, daß die Differenz von Systemtheorie und Dekonstruktion im Umgang mit dem Paradox, der *différance* und daher letztlich auch mit dem »blinden Fleck« vor allem eine stilistische ist, kann durchaus zugestimmt werden,[54] doch verbirgt sich dahinter ein grundsätzlich anderer Zugang zur Kunst, nämlich Logik bzw. reine Vernunft versus Ästhetik bzw. ästhetische Vernunft. Und genau deswegen lassen sich weder die zukünftigen Ergebnisse der Kunst wie auch der Dekonstruktion als Texttheorie – im Gegensatz zur Systemtheorie – vorhersagen.

Um zu einem literarischen Beispiel, aber auch zum Schluß zu kommen, sei im folgenden noch kurz auf Umberto Ecos Romane eingegangen. Bekanntlich

---

[51] Lehmann, Hans-Thies: Das Erhabene ist das Unheimliche. Zur Theorie einer Kunst des Ereignisses. In: Merkur 43 (1989), H. 9/10, S. 751-764, hier S. 758, S. 757, S. 762, S. 759.

[52] Lehmann: Das Erhabene ist das Unheimliche, S. 756.

[53] Heidegger, Martin: Was ist Metaphysik. In: Ders.: Wegmarken (= GA, 9) Hg. v. Friedrich-Wilhelm von Herrmann. Frankfurt a.M. 1976, S. 115.

[54] »Wo Systemtheorie *différance* feststellt, wird sie in dekonstruktiven Texten inszeniert. Dekonstruktion verweigert sich konsequent einer solchen Metaebene.« O. Jahraus u. B.M. Schmidt: Systemtheorie und Dekonstruktion, S. 72.

ist Eco nicht nur Schriftsteller, sondern vor allem auch einer der führenden Vertreter einer weiteren Supertheorie, der Semiotik. Gerade sein Erstlingswerk, *Il nome della rosa*, hat denn auch großes Interesse der Literaturwissenschaft auf sich gezogen, ist es doch nicht – wie es vordergründig scheinen mag – in erster Linie ein Liebes- und Mittelalterroman, sondern zunächst eine semiotische Abhandlung.[55] Gerade das Genre des Detektivromans, das schon im Namen des Helden, William von Baskerville, überdeutlich zitiert wird, legt eine zeichentheoretische Konzeption auf abduktiver Basis nahe.[56] Und so ist es auch: Zeichen lesend wandelt der Meisterdetektiv durch das Labyrinth der – von Borges geborgten – Bibliothek, wie der Leser durch das Buch, und versucht das Geheimnis der Apokalypse zu entschlüsseln. Interessiert den Laienleser vor allem, wer denn nun der Mörder sei, fasziniert die Philologen in erster Linie, was und wo Eco alles zitiert, abgeschrieben oder sogar »gefaked« hat. So steht an der Spitze der Rahmenverschachtelung ein Autor, der »*ausführliche Zitate aus der Handschrift des Adson*« ausgerechnet in einer »kastilianischen Version eines Buches von Milo Temesvar« gefunden haben will, nämlich in »Vom Gebrauch der Spiegel beim Schachspiel, *das zu zitieren (aus zweiter Hand ich bereits in meiner Studie* Apokalyptiker und Integrierte *Gelegenheit hatte, wo ich sein jüngeres Werk* Die Apokalypsen-Händler *besprach.*«[57] Das Buch von Milo Temesvar ist natürlich reine Erfindung, wie sich schließlich Eco in der zweiten Auflage von »Apokalyptiker und Integrierte« in einer Fußnote gezwungen sah zuzugeben.[58] Was der Roman jedoch vor Augen führt, ist das Scheitern einer pragmatischen abduktiven Semiotik. Nichts ist was und wie es scheint, die Mordserie folgt zunächst mitnichten dem Hypotext der Johannes-Apokalypse (im Sinne Genettes), und den Mörder findet der Held auch nur durch Zufall:

---

55 Tatsächlich ist der Roman äußerst »unmittelalterlich«, selbst Eco gibt in der Nachschrift offen zu, den Protagonisten sogar Wittgenstein zitieren zu lassen; Eco, Umberto: Nachschrift zum »Namen der Rose«. München 1986, S. 88; vgl. auch die Sammelbände von Bachorski, Hans-Jürgen (Hg.): Lektüren. Aufsätze zu Umberto Ecos »Der Name der Rose«. Göppingen 1985; Haverkamp, Alfred u. Alfred Heit (Hg.): Ecos Rosenroman. Ein Kolloquium. München 1987; Kerner, Max (Hg.): »... eine finstere und fast unglaubliche Geschichte«? Mediävistische Notizen zu Umberto Ecos Mönchsroman »Der Name der Rose«. Darmstadt 1987; Kroeber, Burkhart (Hg.): Zeichen in Umberto Ecos Roman *Der Name der Rose*. Aufsätze aus Europa und Amerika. München 1987.

56 Vgl. hierzu Wirth, Uwe: Der Name des Pendlers. Vom Einfluß der Peircschen Abduktionslogik auf das literarische Werk Umberto Ecos. In: Kodicas/Code 14 (1991), Nr. 3/4, S. 237-259.

57 Eco, Umberto: Der Name der Rose. München 1986, S. 9.

58 Siehe Schick, Ursula: Das Geheimnis der Rose entschlüsselt. München 1987, S. 25

›Du willst mir voller Stolz erklären, wie du auf mich gekommen bist, indem du dich an deine Ratio gehalten hast, und dabei sagst du mir, daß du ans Ziel gelangt bist, indem du eine falsche Fährte verfolgt hast. Was willst du mir damit klarmachen?‹ ›Nichts. Jedenfalls dir nichts. Ich bin nur ein bißchen verwirrt, das ist alles. Aber das spielt keine Rolle, denn eins steht fest: Ich bin hier.‹[59]

Und doch spielt es eine Rolle, ebenso wie das »Nichts« nicht so harmlos ist, wie es scheint. Im Zentrum der Bibliothek (von Babel), im *Finis Africae*, in dem das schlechthin Böse in Gestalt eines sehr belesenen, blinden Bibliothekars und Apokalyptikers mit dem interpretierenden, pragmatischen Semiotiker aufeinanderprallen, gähnt ein großes schwarzes Loch. Die Meta-Erzählung hat ebenso ausgedient, wie Lyotards Gegenentwurf der »kleinen Erzählung«. Das besondere des Romans liegt denn auch nicht in seiner Form oder Erzählperspektive – die sind relativ konservativ –, sondern auf einer strukturell semantischen Ebene. Beide Seiten (der Form) entwerfen eine »Selbstkonstitutionsheuristik« und beide scheitern. Das Verhältnis von Jorge von Burgos und William von Baskerville läßt sich auch als Signifikat-Signifikant-Relation, mithin als »Zeichen als Form« beschreiben, das Ergebnis ist ein Moebiusband, oder besser, »eine Buchrolle; sie war innen und außen beschrieben und mit sieben Siegeln versiegelt« (Offb 5, 1). Der Mangel eines metaphysischen Zentrums, die Gottlosigkeit, auf der einen und der fehlende finale Interpretant auf der anderen Seite sind nur zwei Seiten des dem Sinngeschehen inhärenten Mangels, des strukturellen *»ohne«*.[60] Die Bibliothek (als Universum) kollabiert und mit ihr der Sinn:

> Ist das Apokalyptische nicht eine transzendentale Bedingung eines jeden Diskurses, selbst jeder Erfahrung, jeder Markierung oder jeder Spur? Und die Gattung der im strengen Sinne ›apokalyptisch‹ genannten Schriften wäre also nur ein Beispiel, eine *exemplarische* Offenbarung dieser transzendentalen Struktur. In diesem Fall, wenn die Apokalypse offenbart, dann ist sie zuvor Offenbarung der Apokalypse, d.h. Selbst-Darstellung (auto-présentation) der apokalyptischen Struktur der Sprache, der Schrift, der Erfahrung der Präsenz, sei es des Textes oder der Markierung im allgemeinen: *das heißt der teilbaren Sendung, für die es weder gesicherte Selbstdarstellung noch Bestimmung gibt.* [...] Es gibt nur die Apokalypse ohne

---

[59] U. Eco: Der Name der Rose, S. 617.

[60] Eco selbst bezeichnet die Struktur seines Romans in Anlehnung an Guattari und Deleuze als »Rhizom«: »Das Rhizom-Labyrinth ist so vieldimensional vernetzt, daß jeder Gang sich unmittelbar mit jedem anderen verbinden kann. Er hat weder ein Zentrum noch eine Peripherie, auch keinen Ausgang mehr, da es potentiell unendlich ist. Der Raum der Mutmaßung ist ein Raum in Rhizomform. Das Labyrinth meiner Bibliothek ist zwar noch ein manieristisches, aber die Welt in der William zu leben beginnt, ist schon rhizomförmig strukturiert – oder jedenfalls strukturierbar, wenn auch nie definitiv strukturiert.« Eco, Umberto: Nachschrift, S. 65.

> Apokalypse. [...] Die Katastrophe wäre hier vielleicht *die der* Apokalypse selbst, ihre Einfaltung und ihr Ende, eine Geschlossenheit ohne Ende, ein Ende ohne Ende.[61]

Ecos Romane sind mehr als nur semiotische Abhandlungen, Untersuchungen zur Zeichenstruktur im literarischen Gewand; sie sind zugleich literarisch und diskursiv, performativ und theoretisch. Und sie stellen die Frage nach dem »Zentrum«: »Der Gedanke, daß alles fließt und nur dort oben der einzige feste Punkt des Universums existiert... Für einen der keinen Glauben hat, ist das eine Art zu Gott zurückzufinden, ohne dabei die eigene Ungläubigkeit in Frage zu stellen, denn es handelt sich um einen Nullpol.«[62] *Il pendolo di Foucault* ist die Geschichte dreier Verlagslektoren, die aus Langeweile und mit Hilfe des Computers *Abulafia* aus einer Wäscheliste (und den zehn Sefiroth) eine, die Geschichte von Jesus bis Hitler umspannende, Weltverschwörungstheorie »basteln« – oder umgekehrt.[63] Das faustische Unterfangen, mit Hilfe des im »Nichts« aufgehängten Signums der Moderne (dem Pendel), den Geheimplan der Templer zu entschlüsseln und so die Weltherrschaft zu erlangen, endet in einer apokalyptischen *self-fulfilling-prophecy*. Das Böse, so erkennt der ungläubige Jude Diotallevi, kommt in die Welt durch die maschi-

[61] Derrida, Jacques: Apokalypse. Graz u. Wien 1985, S. 72 bzw. S. 89. zur Apokalypse bei Eco vgl. Wyss, Ulrich: Der Apokalyptiker und der Detektiv. Umberto Eco: »Der Name der Rose«. In: Apokalypse. Weltuntergangsvisionen in der Literatur des 20. Jahrhunderts. Hg. v. Gunter E. Grimm, Werner Faulstich u. Peter Kuon. Frankfurt a.M. 1986, S. 294-312.

[62] Eco, Umberto: Das Foucaultsche Pendel. München u. Wien 1989, S. 277f. »Das Selbstbewußtsein ist also auch für Peirce der Fixpunkt innerhalb der Semiose, der zum Ausgangspunkt der Sinnkonstitution wird. Nun gibt es zwischen der Projektionsperspektive einer Karte und dem Aufhängungspunkt eines Pendels eine wichtige Verbindung: Da der Aufhängungspunkt eines Pendels nur ein geometrisches Konstrukt, also ein idealer Punkt ist, bleibt er ein Fixpunkt ›außerhalb des Systems‹. [...] In gewisser Hinsicht steht die Frage nach dem archimedischen Punkt ›außerhalb des Systems‹ beim Pendelbeweis in Analogie zur kantischen Frage nach dem ›höchsten Punkt‹ der transzendentalen Selbstvergewisserung des Subjekts, denn nach Kant hat jedes Subjekt seinen ›transzendentalen Aufhängungspunkt‹, der sein selbstdefinitorischer Fixpunkt ist, im ›ich denke‹ des Selbstbewußtseins.« U. Wirth: Der Name des Pendlers, S. 250.

[63] Zu den im Vergleich zum *Namen der Rose* noch stärker ausufernden Zitationen vgl. Kerner, Max u. Beate Wunsch (Hg.): Welt als Rätsel und Geheimnis? Studien und Materialien zu Umberto Ecos *Foucaulteschem Pendel*. Frankfurt a.M. 1996. Vgl. prinzipiell auch Ackermann, Kathrin: Umberto Exos Pendolo die Foucault: Autobiographie als Metafiktion. In: Italienisch 18 (1996), Nr. 36, S. 28-40; Hutcheon, Linda: Eco's Echoes: Ironizing the (Post)Modern. In: diacritics 22 (1992), No. 1, S. 2-16.

nelle ewige Permutation, Kombination und Interpretation der Zeichen, durch den industrialisierten Versuch, den Namen Gottes in der Welt zu schreiben. Das Buch ist eine Interpretationsmaschine seiner selbst, wie Eco Cees Nooteboom gegenüber bekennt, es »ist die Geschichte vom Schreiben eines Buches, das *Das Foucaultsche Pendel* heißt, ein Roman, der den Prozeß seiner eigenen Schöpfung beschreibt.«[64] Die Semiose verrennt sich in der ihr inhärenten Mystik, das Hineinkopieren immer weiterer Bifurkationen zeitigt erwartungsgemäß Mutationen, das System verhält sich zunehmend chaotisch.[65]

Die Wissensorganisation der Moderne ist in ihrem Grunde metaphorisch, wie Eco in seinem letzten Roman *L'isola del giorno prima* zeigt. Und wieder geht es um eine Karte, diesmal um die Konstruktion eines Atlanten. 1643 wird Roberto de La Grive an Bord der *Amarilli* Zeuge höchst eigenartiger Methoden, denen sich die barocken Seefahrer auf der Suche nach dem Meridian, der erst die Unterscheidung der Oberfläche und damit die eigene Standortbestimmung erlaubt, bedienen. Das zum Einsatz kommende Verfahren mit der »Waffensalbe« entspricht dabei genau der Struktur und »Fernwirkung« der Metapher:

> Aus dem, was Roberto gesehen hatte, war es für einen mit seinem Wissen nicht schwer zu erschließen, daß der Hund in England verletzt worden war und daß Byrd seither dafür sorgte, daß die Wunde offen blieb. Jemand in London stellte jeden Tag zur selben Zeit irgend etwas mit der Klinge an, mit der die Wunde geschlagen, oder mit einem Tuch, das mit dem Blut aus der Wunde getränkt worden war, um bei dem Tier eine Reaktion hervorzurufen [...]. Auf diese Weise konnte man dann auf der *Amarilli* zu einem gegebenen Zeitpunkt wissen, wie spät es zur selben Zeit in London war. Und durch den Vergleich mit der Ortszeit konnte man den Meridian berechnen![66]

Dem zugrunde liegt die manieristische ingeniöse Metapher, die, »indem sie unseren Geist im Fluge von einer Gattung zur anderen trägt, in *einem* Worte mehr als eine Sache erblicken« läßt.[67] Das spezifisch Moderne an dem Verfahren jedoch ist, daß die manieristische Metaphernlehre aus dem *Cannochiale Aristotelico* (von Emanuele Tesauro) mechanisiert wird. Und wieder ist es ein gebildeter Kleriker, Pater Emanuele, der dem verblüfften Roberto die Funktionsweise seiner aristotelischen Metaphernmaschine erklärt, die Sinn mechanisch generiert – eine weitere Interpretationsmaschine. Eco be-

---

64 Nooteboom, Cees: In Ecos Labyrinth. (= Bogen, 29) München 1989, o.S.

65 »Daß das Chaos erforscht werden kann,« so Norbert Bolz, »verdankt sich Computern, die sich einer universalen diskreten Maschine verdanken, die vom Chaos nichts wissen kann.« Bolz, Norbert: Chaos und Simulation. München 1992, S. 80.

66 Eco, Umberto: Die Insel des vorigen Tages. München 1997, S. 247f.

67 Eco: Die Insel des vorigen Tages, S. 102.

schreibt hier sein eigenes Verfahren der textuellen Produktion: die Metaphernmaschine als autopoietische Metapher des poetischen Textes. Im Laufe seiner Irrfahrt über die Ozeane trifft Roberto schließlich auch auf den leicht verrückten Pater Caspar, der seine unfehlbare Methode zur Meridianbestimmung intensiver Bibellektüre verbunden mit manieristisch-postmoderner Spitzfindigkeit verdankt. Woher, so fragt sich der Pater, hat Gott wohl das viele Wasser für die Sintflut genommen. Nach der *creatio ex nihilo* (dem das große *Zimzum* als göttliche Emanation aus dem Nichts aus dem *Foucaultschen Pendel* entspricht) begann der erste Tag mitternachts auf dem ersten Meridian, der durch die *Insel des Eisens* als Hort der Stabilität und dessen Antipode notwendig durch die *Insulae Salomonis* laufe. Ist nun auf dem Meridian Mittag, so verläuft die Datumsgrenze durch den Antipoden. Was also tat Gott? Sich genau auf der Grenze, dieser unendlich dünnen Spur, dem »blinden Fleck«, (Parergon, Unheimliches, *Ohne*, Nichts, Joker) aufhaltend, schöpft er das Wasser aus dem vorigen Tage in den nächsten. Konsequenterweise verliert sich denn auch die Spur unseres Helden in eben jenem dritten Raum, der Leere zwischen Gestern und Morgen...

Die Schrift bedeutet Vergessen und Tod, so lautet Platons Verdikt im *Phaidros*, an das Derridas Dekonstruktion der Präsenz in der *Grammatologie* anschließt. Die Schrift (als Medium und Form) ist der Tod, die unhintergehbare ontisch-ontologische Differenz, sie ist der »blinde Fleck« und das Tabu – und mit ihr erwacht die Literatur zum Leben. Im Paradox des lebenden Toten bzw. toten Lebenden (*Prosopopoiia*), scheint das Irreduzible der Literatur auf – Poes Valdemar ist tot und kann nicht sterben, ist noch am Leben und doch schon tot. An sein Ende gelangt, ist es der sterbende Vergil, der Literatur schafft. Im Angesicht des Todes vollzieht sich, bei Hermann Broch, das autopoietische Kunstwerk (*Dead man walking)*:

Und ohne Hauch sprach der Traum weiter:
Form, wenn selbst Urform, sterblich dem Sterblichen,
Sterblich dem Gotte, in Unwirklichkeit sterbend,
Sterblich ob des Gewühles scheinbarer Einheit.
Unrettbare! Mag auch das Halbe zur Ganzheit sich lügen,
Mag es sich auch zurückflüchten wollen in den Schoß
Mütterlich einstiger Urnacht, mag es sogar sich selber
Zum Aufruf setzen und selber die Ganzheit
Sich anmaßen, die Würde des rufenden Vaters,
Nichts rettet dich, Schicksal, vor dem Heimfall ans Nichts;
Vom eigenen Schicksal berauscht, wendest leer du dich um,
Und die Welten, unausschreitbar, unaufhaltsam ihr leerer
Kreislauf in Schönheit, sind deiner trunken,

Sind trunken des Todes,
Denn Schöpfung ist mehr als Form, Schöpfung ist Unterscheidung,
Ist Scheidung des Bösen vom Guten, oh, allein die Schiedkraft
Ist wahrhaft unsterblich.
Hast du, da Form du nur bist, den Gott und den Menschen
Zur Wahrheit gerufen, auf daß sie statt deiner
Unterscheidungsbetraut für immer die Weltform erfüllen:
Hast du hierfür mich verpflichtet und in die Schöpfung gefügt?
Unzulänglich bist du und Werkzeug des Bösen.[68]

[68] Broch, Hermann: Der Tod des Vergil. (= WA, 4) Frankfurt a.M. 1976, S. 139f. Oder, um mit Dante zu sprechen: »Lasciate ogni speranza, voi ch'entrate.« Divina commedia, Inf. III, 9.

Oliver Jahraus

Der Sinn des Individuums

Fragen an Peter Fuchs: Autopoiesis, Mikrodiversität, Interaktion

Die drei Begriffe, die den Titel von Peter Fuchs' Beitrag ausmachen, benennen schnörkellos die drei Konzepte, die Peter Fuchs darstellen und im Rahmen seiner Fortführung der Systemtheorie weiter konturieren will. Ein Begriff könnte als fehlend markiert werden, weil er doch eine gewisse argumentative Rolle spielt, auf die ich kritisch eingehen will: der des Individuums.

Doch von Anfang an: Peter Fuchs greift zunächst die Umwidmung, die »Assimilation« des Autopoiesis-Begriffs der ursprünglichen Neurobiologie in der Ausprägung von Maturana und Varela durch die Systemtheorie (der Bielefelder Schule/Luhmann) auf. Er hat recht: Sie hat »nicht mehr viel übrig gelassen« von der ursprünglichen, auf lebende Einheiten bezogenen Konzeption. Aber genau das zeichnet die systemtheoretische Konzeption wiederum aus. Um es abkürzend zu sagen: Peter Fuchs verwendet den Autopoiesis-Begriff, um nichts anderes als strukturelle Kopplung zu beschreiben; und damit wird das, was er ausführt, für unsere Diskussion hochinteressant.

Der rhetorische und terminologische Aufwand, den er – wie gewohnt verblüffend und beeindruckend, gegen alle Unkenrufe – treibt, erscheint, wenn man nur im Rahmen seiner Lesart, seiner Konzeptualisierung verbleibt, als unumgehbar. Nun kann man eine Reihe von Beschreibungsschwierigkeiten anführen, die mit diesem Theoriebaustein verbunden sind, z.B. die ›seltsamen‹ Zeitverhältnisse, die mit der Autopoiesis ablaufen, nämlich die Gegenläufigkeit von Naturzeit (der ordinären Zeit, um mit Heidegger zu sprechen) und der Sinnzeit, »die Zeit der Autopoiesis« selbst, die immer rückwärtsgewandt, in der Nachträglichkeit operiert und alles, was in ihr erscheint, als post-hoc-Identität konstituiert.

Aber man kann es – ich glaube, mit Peter Fuchs – auf die Beschreibung selbst zuspitzen, das heißt auf die prinzipielle Unmöglichkeit einer Beschreibung. Denn eigentlich läßt sich strukturelle Kopplung nicht beschreiben, weil sie Beschreibung und was immer sonst an Prozeß aktual ablaufen mag, selbst ist. Strukturelle Kopplung beschreibt und kann daher – in letzter Konsequenz – nicht beschrieben werden. Strukturelle Kopplung operiert und prozessiert (operiert in der Zeit), und ist eben deshalb nicht Gegenstand einer Operation oder eines Prozesses. Wer sich also daran macht, strukturelle Kopplung doch zu beschreiben, kommt nicht umhin, Sätze formulieren zu müssen, die im Sinne Wittgensteins Unsinn sind, weil sie das Gegenteil vom dem exemplifizieren, was sie explizieren. Das ist das Dilemma der Theorie: Einen ablaufenden Prozeß eben im Ablauf zu beschreiben, heißt notwendigerweise, ihn zu vergegenständlichen, und das heißt wiederum, ihn als das zu beschreiben, was er eben genau nicht ist. Daß dabei die »Hypostasierung von Objekten« nur begünstigt werde, ist vielleicht sogar ein bißchen zu vorsichtig formuliert. Denn schließlich bedeutet das nicht nur, den Prozeß zu verfehlen, weil er genau das nicht ist, sondern mehr noch, weil er im Grunde genau nicht ist.

Peter Fuchs setzt nun den Autopoiesis-Begriff in diesen Rahmen ein. Autopoiesis wird zum Begriff für diesen – wenn man es so nennen will und darf – Sachverhalt gemacht. Autopoiesis wird so als »betriebene Differenz« bezeichnet, als »konditionierte Co-Produktion«: Klären wir die Begriffe im einzelnen: Was co-produziert wird, das sind Bewußtsein und Kommunikation. Diese Produktion ist ein Sinn(konstitutions)geschehen. Die Differenz ist die Differenz von Bewußtsein und Kommunikation. Der Betrieb, das ist der Prozeß selbst, und zwar der der strukturellen Kopplung. Autopoiesis, bezogen auf die strukturelle Kopplung von Bewußtsein und Kommunikation, wird somit zur Autopoiesis von Sinn. Sinn und Autopoiesis können nicht unabhängig voneinander gedacht werden. Soweit liefert uns Peter Fuchs eine Beschreibung von struktureller Kopplung, die unserer Konzeption entspricht und die darüber hinaus die Autopoiese von Sinn besonders fokussiert.

Dabei kommt nun der Begriff der Mikrodiversität ins Spiel; er charakterisiert nunmehr jenes komplexe Sinnprozeßgeschehen, das »Autopoiesis« gerade auf den Begriff gebracht hat. Sinn kann man nun auf verschiedene Weise definieren. Dabei zeigt sich, daß die Definitionen, sofern man sich um eine konsistente und gleichzeitig integrative Gesamtkonzeption bemüht, konvergent sind, daß die Definitionen Begriffe aneinander binden und tendentiell synonymisieren. Sinn ist Medium und Form gleichermaßen, Sinn ist Differenzierungsgeschehen und Differenzierungsprodukt und Sinn ist Selektivität. Sinn ist damit nicht abzukoppeln von struktureller Kopplung. Wer Sinn beobachtet, beobachtet strukturelle Kopplung, wer strukturelle Kopplung beobachtet, beobachtet Autopoiesis, und – das wird späterhin entscheidend – wer strukturelle Kopplung beobachtet, vollzieht strukturelle Kopplung.

Damit wären wir wieder am Ausgangspunkt angelangt. Bleiben wir beim Sinn: »Jeder Sinngebrauch«, so Peter Fuchs, »führt einen Mehrwert mit sich.« Damit Sinn beobachtbar werden kann, muß es Differenzungspotentiale und ihre Aktualisierung geben, muß es also den Zusammenhang, die Einheit der Differenz zwischen dem einen und dem anderen geben, und zwar nach dem Muster: das eine und nicht das andere. Doch das allein reicht noch nicht aus. Differenzierungen werden nicht in linearer Abzweigungsfolge vollzogen, sondern in ›pluriverser‹ Verästelung. Linear ist bestenfalls der Zeitverlauf, eins nach dem anderen, aber das ist beobachtungsirrelvant auf der Ebene, auf der die Differenzungen vollzogen werden, denn das ist der Prozeß selbst.

Peter Fuchs' Überlegungen können wir so lesen, als ob sie ansetzten, eine Erklärungslücke unseres Vorschlags zu schließen. Denn wenn man Bewußtsein und Kommunikation als wechselseitig konstitutiv notwendige Umwelt füreinander konzeptualisiert, bleibt die Frage offen und wird virulent, wie dann in dieses wechselseitige Differenzierungsspiel oder in diesen -prozeß das – natürlich jeweils systemspezifisch – prozessiert wird, was eben nicht Bewußtsein oder Kommunikation ist, wie es also zu diesen Sinnüberschüssen kommt.

Das ist zunächst nicht Gegenstand einer genetischen Erklärung. Man kann statt dessen an einem beliebigen Punkt einsetzen und die Situation beobachten und beschreiben, man kann sie aber prinzipiell nicht herleiten, erforderte doch dies einen Stand- und Startpunkt vor jeder Differenzierung. Dieses Problem muß uns nicht weiter beschäftigen. Man könnte aber dennoch sagen, daß diese Sinnüberschüsse ein notwendiges Korrelat der strukturellen Kopplung, also der Autopoiesis von Bewußtsein und Kommunikation darstellen. Die darin eingeschlossene operative Differenz braucht sozusagen zunächst einmal Material, das sie nicht aus sich selbst nehmen kann. Denn Bewußtsein findet zwar Kommunikation als seine operative Umwelt vor (und vice versa), aber damit ist die Umwelt nicht abgedeckt. Diese Umwelt stellt das Prozessierungspotential dar. Hier wird differenziert.

So wie man annehmen kann, daß Differenzierung nicht stattfindet, wenn es nicht zumindest die Möglichkeit dazu – das ist der Mehrwert gegenüber der Differenz von Bewußtsein und Kommunikation – gäbe, so kann man – eine Ebene höher, eine Komplexitätsstufe weiter – annehmen, daß diese unidimensionale Differenzierung nicht stattfindet würde, wenn es nicht einen entsprechend erweiterten Mehrwert gäbe, nämlich die Diversität von Differenzierungsmöglichkeiten, die pluridimensionalen Differenzierungen.

Nun kann man dieses Spiel um einen weiteren Komplexitätsschritt oder – schub weitertreiben, schlagwortig also die Pluriversität von Diversitäten, die entsprechende Höherdimensionierung ansetzen, doch spielt das für die weiteren Beobachtungen keine Rolle, sofern man die Differenz zwischen Uni- und Pluridimensionalität beobachtet. Es gibt nicht nur die Wahlmöglichkeit (Sinnkonstitution), sondern Wahlmöglichkeit der Wahlmöglichkeiten, das heißt, eine Überkomplexität gegenüber dem Differenzierungsprozeß selbst – die »polymorphe Perversität« bzw. die »Mikrodiversität«.

An dieser Stelle plaziert Peter Fuchs sein Argument, »daß Selbstordnung notwendig und möglich ist auf der Basis von Mikrodiversität«. Und dieses Argument wird zirkulär auf soziale Systeme bezogen. Sie seien »Überschußentsorgungsmaschinen«, die den »Überfluß« erst herstellen, den sie dann bearbeiten zum Zwecke der Herstellung von Selbstordnung. Sie produzieren aber nicht nur Selbstordnung, sondern auch Mikrodiversität, weil sie ansonsten nicht Selbstordnung produzieren könnten.

Nach diesem Argument kommt Peter Fuchs auf Individuen und Interaktion zu sprechen. Um seine Argumentation weiter nachverfolgen zu können, ist es notwendig, sich das Verhältnis von Bewußtsein und sozialem System zu vergegenwärtigen. Im Grunde genommen (siehe meinen eigenen Beitrag) müßte man beide in der strukturellen Kopplung als parallelisiert ansehen. Das würde bedeuten, daß sich sowohl Bewußtsein als auch soziale Systeme mit Mikrodiversität konstitutiv konfrontiert sehen. Selbstordnung müßte hier wie da in dem beschriebenen Zirkel entstehen. Nun ist es richtig, daß das, was im Bewußtsein geschieht, sozial nicht beobachtbar ist. In dieser Differenzierung fällt somit das Bewußtsein als Beobachtungsgegenstand aus.

Peter Fuchs geht davon aus, daß »kein Bewußtsein für soziale Autopoiesis verfügbar ist«. Man kann zunächst fragen, warum Bewußtsein überhaupt für soziale Autopoiesis zur Verfügung stehen sollte oder könnte. Ist nicht vielmehr der Begriff der sozialen Autopoiesis irreführend? Kann man überhaupt von einer sozialen Autopoiesis reden, sofern damit eine systemspezifische Zuschreibung gemeint ist. Sozial ist die Autopoiesis nicht, weil nicht nicht-bewußt ist; sie ist vielmehr bewußt und sozial gleichzeitig, aber je nachdem, wer der Beobachter ist, sieht er die bewußte oder aber die soziale, sagen wir, Seite der Autopoiesis. Welches System dann jeweils Beobachter ist, darauf komme ich noch zurück. Nota bene: Autopoiesis ist immer strukturelle Kopplung von Bewußtsein und Kommunikation, so daß es eben im eigentlichen Sinne keine kommunikative/soziale oder kognitive/bewußte Autopoiesis geben kann. Autopoiesis ist immer beides zugleich!

Ich vermute, wenn man diese Voraussetzung von struktureller Kopplung, also von Autopoiesis außer acht läßt, daß erst dann das Problem entsteht, daß Mikrodiversität in gleicher Weise systemspezifisch auseinanderfällt und somit ein systemspezifisches Problem wird. Wer produziert dann Mikrodiversität auf der einen, wer bearbeitet sie auf der anderen Seite? Ich stütze diese Vermutung auf die weitere Argumentation von Peter Fuchs und auf die entsprechende Einführung der Begriffe Individuum und Interaktion. Um es knapp zu sagen: Das Individuum produziert Mikrodiversität auf kognitiver Seite, Interaktion bearbeitet sie auf sozialer Seite. So meint Peter Fuchs: »Individuen (die Beschreibung der Menschen) sind [...] simultan Produzenten von Mikrodiversität und diejenigen, die auf mikrodiverse Lagen reagieren«. Bezeichnend ist auch, daß die Differenzierung von Produktion und Bearbeitung als doppeldeutig in die Differenzierung von Individuum und Interaktion hineingespiegelt wird, aber doch nicht so, daß die andere Seite, die Bearbeitung, mit der

Interaktion schon abgedeckt würde, wie es das zirkuläre Argument vorsieht – sozusagen ein schlampiges re-entry.

Der Begriff der Individuums läßt natürlich aufhorchen, allerdings nur kurz; weil Peter Fuchs unmißverständlich deutlich macht, daß dieser Begriff eben nicht im ›klassischen‹ Sinne eines Subjekts zu verstehen ist. Das Individuum ist vielmehr die Entfaltung oder der Motor von Mikrodiversität, die dann zur Selbstordnung prozessiert wird. Kein Subjekt zu sein, heißt somit systemtheoretisch einschlägig, Differenz zu sein: das Individuum als »Differenz zwischen Selbstordnung und Mikrodiversität«. Auf die Individuen wird dann die »Doppelform der Dämonie und der Konditionierbarkeit« projiziert. Aber eben nur Konditionierbarkeit, also eine Möglichkeit, die nicht aktualisiert werden kann, weil sie letztlich ein soziales Bewußtsein voraussetzen würde. Das dem Individuum zugerechnete Potential der Konditionierbarkeit, also der Herstellung von Selbstordnung, wird eingelöst, Peter Fuchs zufolge, von Interaktion. Interaktion ist gleichermaßen eine ›individuelle‹ Ebene, weil sie nicht anderes als Individuen und ihre Relationierung voraussetzt. Die Differenz von Individuum und Interaktion ist eine Projektionsebene, auf der das in der Autopoiesis immer zusammenfallende und nicht zu unterscheidende Verhältnis von Herstellung und Bearbeitung von Mikrodiversität, mithin von Mikrodiversität und Selbstordnung sozial gespiegelt werden kann.

Ich stelle die Frage, ohne eine Antwort, eine negative gar, parat zu haben: Braucht man eine solche Ebene überhaupt? Die Frage speist sich aus dem Verdacht, aus mehr nicht, daß diese Notwendigkeit einer solchen Ebene mit ihrer Differenzierung von Individuum und Interaktion überhaupt nur daher rührt, daß man Autopoiesis von vornherein als bewußte und soziale nahezu substantialistisch getrennt und damit Autopoiesis und ihre Beobachtung wiederum miteinander vermischt hat. Konstruktiv läßt sich diese Frage so wenden: Kann man diese Differenz zwischen Mikrodiversität und Selbstordnung nicht schon auf der Ebene des Prozeßgeschehen selbst ansiedeln, also auf der Ebene der Autopoiesis, bewußt und sozial, selbst?

Auch wenn das Individuum als Differenz beschrieben und seinerseits in die Differenz von Individuum und Interaktion eingebettet wird, stellt diese Ebene doch eine höhere Komplexitätsstufe dar. Auf der Negativseite mag diese Projektion geeignet erscheinen, wenigstens die Eleganz der Modellierung durch den Einbezug von Beobachtungsebenen unterschiedlicher Komplexität zu stören, im schlimmsten Fall die Konsistenz der Modellierung aufzuheben. Die Gefahr, trotz des Definitionsaufwandes das Individuum eben doch nicht als Differenz, sondern auch als Subjekt zu beschreiben, bleibt allemal.

Will man diese Gefahren umgehen, hat man darauf zu achten, was diese Modellierung leistet, was sie also auf der Positivseite zu verbuchen hat. Sie beantwortet die Frage, was Bewußtsein mit sozialer, und damit auch umgekehrt, was soziale Systeme mit psychischer Autopoiesis zu tun haben, zeigt also die Doppeldimension der Autopoiesis, die auf der Grundlage von struktureller Kopplung immer beides ist, wenn auch immer nur die eine Dimension, die eine Seite beobachtet werden kann. Was heißt es aber, daß Autopoiesis, wenn sie beobachtet wird, nur als soziale beobachtet wird. Es heißt, daß Autopoiesis sozial beobachtet wird, und das heißt wiederum, daß Autopoiesis von einem sozialen Beobachter, d.h. von Kommunikation, sozial, also kommunikativ, beobachtet wird. Das gilt in gleicher Weise für das psychische System, auch wenn das nur jeweils singulär und solitär geschehen kann. Zudem zeigt diese Modellierung, wie Selbstordnung aus Mikrodiversität so hervorgeht, daß daraus wiederum Mikrodiversität entsteht.

Um nun auf der Komplexitätsebene der Autopoiesis zu verbleiben, schlage ich vor, den Begriff des Mediums in seiner Doppeldefinition als Medium für Formen und als Produzent von struktureller Kopplung zu testen. Gegenüber den Systemen Bewußtsein und Kommunikation hat das Medium nur einen ›virtuellen‹, keinen substantiellen Charakter, wenn man annimmt, daß jeweils das eine System Medium für das andere ist. Das Operieren des einen Systems schreibt in das jeweils andere seine Formen ein, ohne die operative Schließung zu verletzen. Das würde die erste Frage beantworten können. Hat man aber erst das wechselseitige Aufeinander-bezogen-Sein der Formproduktion von Bewußtsein und Kommunikation im Medium des jeweils anderen Systems in Rechnung gestellt, kann man nunmehr – gleichermaßen als Vorschlag zu verstehen – Mikrodiversität und Selbstordnung auf Formbildungsprozesse im Medium Sinn beziehen. Das Medium Sinn wird dabei sozusagen zweifach zur Verfügung gestellt, einmal psychisch, einmal kommunikativ. Mikrodiversität, so ließe sich sagen, entsteht für ein System durch Formbildung des jeweils anderen, das es, im Medium Sinn strukturell gekoppelt, zu übernehmen hätte, Selbstordnung hingegen durch die eigenen Formbildungen, die das jeweils andere System zu übernehmen hätte. Formbildungsprozesse können also gleichzeitig irritieren und ordnen und sind doch nichts anderes als der Ausdruck des Operierens der beteiligten Systeme selbst. Kommt also Autopoiesis nicht doch ohne Individuen aus?

Nina Ort

Tertium datur – Über hierarchische Dreiwertigkeit und heterarchische Triaden

Abstract

Die Beiträge, die in dieser Forum zusammengekommen sind, regen mich dazu an, einige Gedanken über »Dreiwertigkeit« zu skizzieren. Einerseits sollen sie meine Vorschläge in »Der Kommunikationsbegriff« fortsetzen und ausbauen, andererseits möchte ich mich auf das Peirce'sche Zeichenmodell beziehen, wie es in den Beiträgen von Barabara Kastner: »Autopoiesis = Semiose« und Werner Scheibmayr: »Semiotische Überlegungen« vorgestellt und von Oliver Jahraus »Fragen an Peter Fuchs« interpretiert worden ist. Darüber hinaus werde ich das Lacansche Modell einer Psychosemiologie ins Spiel bringen.

1. Lacansche Triaden

In den meisten Texten aus dem Umfeld poststrukturalistischer, insbesondere systemtheoretisch, 2nd-order-kybernetisch und radikal-konstruktivistisch orientierter Theoriebildung, ist Lacan, wenn er genannt wird, nicht mehr als ein schickes Schlagwort.[1] Über die Lacan-Rezeption läßt sich hier das wiederholen, was Norbert Haas schon in den 70er Jahren beobachtete:

> Es gibt verstreut ein Dutzend Bücher und Aufsätze auf deutsch, die für die literaturwissenschaftliche und philosophische Adaption Lacanscher Theoreme stehen. Und es gibt ein paar Analytiker, die Lacan lesen, die aber wenig von sich hören lassen.[2]

Die semiotische Seite der Lacanschen Psychosemiologie ist in der poststrukturalistischen Theorienlandschaft bisher noch nicht erkannt worden, ihr zeichentheoretisches Potential wird nicht genutzt. Dabei bietet Lacan gerade für Probleme der auf das Differenztheorem umgestellten Systemtheorie äußerst interessante Lösungsvorschläge.[3] Zum einen basiert seine Psychosemiologie –

---

1 In dieser Hinsicht geht es ihm ähnlich wie George Spencer-Brown.

2 Haas, Norbert (1978): Vorwort. In: Der Wunderblock. Zeitschrift für Psychoanalyse. Sondernummer: Lacan Lesen. Ein Symposium. Hg. v. N. Haas et al. Berlin, S.5-9. Hier S. 7f.

3 Wenn ich im folgenden den Ausdruck Systemtheorie verwende, meine ich immer das Amalgam aus Systemtheorie, Konstruktivismus und second order cybernetic.

ähnlich radikal wie bei Peirce – auf einem triadischen Modell, zum anderen kann seine Interpretation mathematischer und logischer Figuren in den Zusammenhang mit ähnlichen Figuren in der Systemtheorie sinnvoll adaptiert werden. Eine Übersetzung der lacanianischen Terminologie in den systemtheoretischen und semiotischen Kontext könnte insbesondere dabei helfen, sich von Metaphoriken abzulösen, die Argumentationslinien determinieren und solche Argumentationsabfolgen aufzeigen, die nur aus systeminternen, theoriebautechnisch notwendigen Argumenten resultieren. Insofern kann die Psychosemiologie Systemtheorie und Semiotik diskursanalytisch beobachten.

Lacan beschreibt den Psychismus (den psychischen Apparat) als einen *prozeßhaften* und *kommunikativen* Komplex. Er beschreibt den Psychismus außerdem *zugleich als Semiose und als in der Form semiotischer Relata aufeinander bezogener Konstituenten von Beobachtung*, das heißt, bestimmter Modulationen von Beobachtung. Nebenbei angemerkt, finde ich es in diesem Zusammenhang signifikant, daß auch Peirce den Menschen als Zeichen begreift. Lacansche Texte sind deswegen so schwer zugänglich, da sich diese Funktionalisierungen einzelner Elemente oder Bereiche des Psychismus nicht trennscharf analysieren lassen, wenn nicht eine verzerrende Reduktion in Kauf genommen werden soll. Die Beschreibung des Psychismus erlitte dasselbe Schicksal, wie ein Borromäischer Knoten, den Lacan als Beispiel verwendet: zerschneidet man einen seiner Ringe, so zerfällt die gesamte Konstruktion in unzusammenhängende und an sich sinnlose Einzelteile. Da die Bestandteile der psychosemiologischen Triaden als relationale zu begreifen sind, steht man hier vor derselben Schwierigkeit wie bei der Peirce'schen Triade von Repräsentamen, Objekt und Interpretant. Man muß dabei auch stets darauf achten, daß auf der kategorialen Ebene der Beschreibung der Triaden, die Begriffe, die die jeweiligen Elemente markieren, nicht mit derselben Semantik aufgeladen werden, die ihnen auf einer anderen, der klassifikatorischen Ebene dann zugeschrieben werden können. Die gedankliche Akrobatik, der es hierzu bedarf, ist eine der Konsequenzen eines genuin triadischen Modells[4].

Daß diese Theorieoptionen immer schon Bestandteil der auf das Differenztheorem umgestellten Systemtheorie sind, machen neuere Bezeichnungen deutlich, wie beispielsweise die von Dirk Baecker, der vom »Systemkonstruktivismus« spricht. (vgl. ein Interview im Netz, Stand Mai 99: »Ein Mehr von Unentscheidbarkeiten«; URL: http://www01.heide/de/tp/deutsch/inhalt/co/2522/1.html).

4 Ich nehme an, der Grund dafür, daß Lacan wie auch Peirce auf der katergorialen Ebene ihrer Schemata Begriffe einsetzen, die eine klassifikatorische Semantisierung nahelegen (sie könnten ja auch Variablen einsetzen wie a, b, c), liegt darin, daß sie nicht darauf verzichten wollen, die simultane, wenn auch denkunmögliche Gegebenheit des Kategorialen und des Klassifikatorischen zu indizieren.

Die wohl bekannteste genuine Triade bei Lacan ist die der Bereiche des Imaginären, des Symbolischen und des Realen, an deren Beispiel ich nur en passant auf einige Homologien zum Peirce'schen Semiosemodell und zur differenztheoretischen Systemtheorie hinweisen möchte. Der Bereich des *Imaginären* an sich ist im Grunde präsemiotisch oder zumindest semiotisch in einem sehr defizitären Sinn: er ist eine Rekonstruktion des ausgebildeten Psychismus; aus der Perspektive des symbolischen Bereichs: eine notwendige Annahme. Er ist insofern mit der Beobachtung erster Ordnung in der Systemtheorie vergleichbar. Psychogenetisch kann man den Bereich des Imaginären an einem infantilen Entwicklungstadium, dem Spiegelstadium beobachten. Hier beginnt das Subjekt eine Raumintuition zu entwickeln und damit rudimentäre Vorstellungen von einem *anderen* (alter ego – im präzisen Sinne des Wortes). Was ihm jedoch noch fehlt, so könnte man formulieren, ist die Möglichkeit von diesem anderen (Lacan meint, dieses/r andere trete in Form des »Du« in Erscheinung) zu abstrahieren: sich selbst als einen unter vielen zu begreifen und die Andersheit des anderen zur Regel bzw. zum Prinzip zu erheben, daß heißt einen *Anderen* (mit großem A) vorauszusetzen[5].

Dies kennzeichnet fundamental den Bereich des *Symbolischen*. Er ist semiotisch und das bedeutet, orientiert man sich an der hier vorgeschlagenen Differenzierungslinie, vor allem: selbstreferentiell. Das Symbolische erst erschließt den Bereich der semiotischen Kommunikation, da es hier nicht nur die beiden Relata des semiotischen Zeichens gibt, sondern noch eine Abstraktion des semiotischen Prozesses an sich – bei Lacan unter dem Namen der/das Andere. Dieses für den symbolischen Bereich konstitutive dritte Element kann natürlich mit dem *Interpretanten* in Peirce' Zeichenmodell verglichen werden. Mit dem Bereich des Symbolischen ist also eine komplette, genuine, semiotische Triade erreicht. Lacan arbeitet jedoch mit verschiedenen basalen Triaden, je nachdem welche Funktionen des Psychismus er beschreiben will. Diese basalen Triaden sind heterarchisch nebeneinandergelagert, bzw. einzelne Elemente solcher Triaden können mit Elementen anderer Triaden gleichfalls zu basalen Triaden kombiniert werden. Das *Reale* ist der Terminus, der die Triade imaginär-symbolisch-real komplettiert. Diese Triade wird üblicherweise mit dem Schemal L widergegeben. Das Reale ist weder imaginär, noch symbolisch, das bedeutet, es entzieht sich vollständig der Beobachtung und ist an sich nicht semiotisch. Das Reale fungiert insofern ähnlich wie

---

5 Lacan bezeichnet die duale Situation im Bereich des Imagniären auch als tödlich - wegen ihrer undialektischen Ausweglosigkeit. Hier stehen sich gewissermaßen ego und alter ego ohne Vermittlung, Regel oder Gesetz einander in Konfrontation gegenüber. Diese psychoanalytischen Beschreibungen sollen hier jedoch nur zur Illustration der semiotschen Interpretation dienen.

die der Sytemtheorie zugrundeliegende Paradoxie: es ist konstitutiv notwendig für die Entfaltung des Psychismus.

Ich möchte hier in erster Linie darauf aufmerksam machen, daß Lacan – ähnlich wie Peirce – von basalen Triaden ausgeht, und ich möchte aus diesem Grund eine Erweiterung der systemtheoretischen Binär-Differenzierung und der hinzugezogenen »Einheit dieser Differenz« auf eine vergleichbare triadische Ausgangskonstellation vorschlagen. Barbara Kastner gelingt diese systemtheoretische Fundierung auf einer Triade überzeugend durch ihren Vorschlag, das prozeßhafte Moment von Semiose (im Autopoiesis-Konzept ebenso gegeben wie im Peirce'schen Semiose-Modell) in das systemtheoretische Konzept einer Binärdifferenzierung aufzunehmen und als Prozeß dazustellen. Möglicherweise könnte man formulieren: das prozessuale Moment, das in der Systemtheorie als »Anschlußhandlung« bezeichnet wird, wird hier in die Binärdifferenzierung als genuines Element einbezogen.

Die Integration des Prozeßhaften in den Psychismus ist bei Lacan genuin vorgesehen und zeugt von einer wahrhaft dramatischen Form der Entfaltung des Psychismus. Denn solange das Subjekt nur einem anderen (»du«) gegenübergestellt ist (imaginärer Bereich), sieht es sich festgefahren in einer ausweglosen Zirkulation, die sich, wie Lacan schreibt, daraus ergibt, daß wenn es nur zwei gibt, dann einer von beiden definitiv zu viel ist. Die Beziehung des Subjekts zu dem Objekt klein a als »du« bringt Lacan daher mit der Formel »tu es celui qui me... tu es...«[6] zum Ausdruck, die mit der Homophonie von »tu es« – »du bist« und »tues« – »tötest« spielt.

2. dasselbe ist anders

Es geht mir um ein Problem, auf daß ich sowohl bei Peirce als auch bei Lacan stoße, und das sich möglicherweise am besten mit Glanvilles Ausdruck »the same ist different« umschreiben läßt. Eine Definition des semiotischen Zeichens bei Peirce lautet:

> A *Sign*, or *Representamen*, is a First which stands in such a genuine triadic relation to a Second, called its *Object*, as to be capable of determing a Third, called its *Interpretant*, to assume the same triadic relation to its Object in which it stands itself to the same Object.[7]

---

6 Lacan, Jacques (1977): Die Psychosen. Das Seminar Buch III. Weinheim, Berlin, S. 357.

7 Peirce, Charles Sanders (1931): Collected Papers, vol. 2, section 274. Cambridge, MA: Harvard University Press.

Der Ausdruck »dieselbe triadische Relation« impliziert hier, daß Peirce die semiotische Triade *auf eine wesentlich andere Weise* konzipiert als Systemtheorie, wenn man dort die »Einheit der Differenz« als jenes (ausgeschlossene) Dritte hinzuzieht, da erst durch dieses Dritte die Binärdifferenz selbstreflexiv werden kann. In der systemtheoretischen Konzeption ergibt sich ein symmetrisch-hierarchisches Modell, wobei die »Einheit der Differenz« gewissermaßen, wie bei einem senkrecht gestellten Triangel (dieses Bild verwendet Glanville in seinem Beitrag mit der Kritik an den systemtheoretischen »pairings«), die Spitze bildet. Die Einheit der Differenz ist dabei das Ergebnis einer Anschlußoperation, nicht jedoch genuines drittes Element einer Triade. In dieser Konzeption wird einer genuin binären Opposition ein drittes Element hinzugefügt.

In einer alternativen systemtheoretischen Modellierung wird von einer Zwei-Seiten-Form gesprochen, die sich in einem Medium konstituiert. Diese Redeweise erweist sich in Hinblick auf das hier vorliegende Problem als eigentlich nur terminologische Alternative. Bewußtsein und Kommunikation (die Zwei-Seiten-Form) werden hier durch das Medium (Sinn) miteinander gekoppelt. Zu fragen wäre aber, wie die Annahme eines Mediums (Sinn) hier motiviert ist. In der nachstehenden Tabelle liste ich die in den verschiedenen Theorien etablierten Begriffe auf, die in einer ersten Näherung gewisse in denselben Schritt zu bringende Positionen markieren.

Terminologie der Triaden

	1	2	3
systemtheoretisch	Bewußtsein	Kommunikation	Medium/ Einheit der Differenz
psychoanalytisch	Imaginäres	Symbolisches	Reales
psychosemiologisch	Signifikat/Subjekt	Signifikant	Signifikant (Anderer/s)
semiotisch	Objekt	Repräsentamen	Interpretant
philosophisch	Sein/Objekt	Reflexion/ Negation	Reflexion der Reflexion/ Negation der Negation

Diese Tabelle gibt einen Überblick über die Anordnung der Triaden in den jeweiligen Theorien. Deutlich sichtbar wird dabei, daß einige terminologische Repräsentationen eine Metaphorik von Hierarchien verwenden.

Wie muß jedoch Peirce' Definition verstanden werden, die fordert, daß der Interpretant in *dieselbe* Relation zum (selben) Objekt gebracht werden muß, in der das Repräsentamen zum Objekt steht? Da das semiotische Zeichen bei Peirce auf dieser konzeptionellen oder kategorialen Ebene nur durch die Relationierung seiner Elemente definiert wird, stellt sich dann nämlich die

Frage nach dem Unterschied zwischen Interpretant und Repräsentamen, bzw. nach der Motivation, den Interpretanten auf diese Weise einzuführen[8]. Vorwegnehmend möchte ich vorschlagen, den Interpretanten ähnlich zu interpretieren wie die *Reflexion der Reflexion* bei Gotthard Günther (vgl. hierzu meinen Diskussionsbeitrag »Der Kommunikationsbegriff«).

Ein ähnliches Problem stellt in der Lacanschen Psychosemiologie der Zusammenhang zwischen Imaginärem und Symbolischem oder auch der Zusammenhang zwischen Signifikant und Signifikat dar. Lacan verwendet die visuelle Metapher des Möbiusbandes, um den kontinuierlichen Übergang des Symbolischen ins Imaginäre darzustellen. Im Falle der Saussure'schen Konzeption bechreibt Lacan den Querstrich aus der bekannten Abbildung zwischen dem Baum und dem Wort »arbre« als Barre, die es zu überschreiten gelte, und sagt, der Signifikant dringe unaufhörlich ins Signifizierte ein. Beide Bereiche sind nämlich jeweils keineswegs einfach »objektiv« distinkt. Situativ kann zwar jeweils zwischen symbolisch und imaginär (oder Signifikant und Signifikat) unterschieden werden – und zwar, wenn beide konkret und komplementär aufeinander bezogen werden: so wie ein einzelner Punkt definitiv auf entweder der einen oder der anderen Seite eines Möbiusbandes liegt.

Diese Unterscheidung ist aber keine prinzipielle Unterscheidung, so wie das Möbiusband als Knoten keine orientierbaren Seiten besitzt. Auch hier muß also die Frage nach einer Motivation gestellt werden, die Unterscheidung zwischen imaginär/symbolisch oder Signifikant/Signifikat zu treffen. Ohne diese motivierte Unterscheidung liegt gewissermaßen kein Grund vor, die beiden Seiten als distinkt zu konzipieren.

Dasselbe Problem läßt sich schließlich in der Systemtheorie an den basalen Binär-Unterscheidungen beobachten, insbesondere der zwischen Kommunikation und Bewußtsein. Oliver Jahraus modelliert sie als symmetrisch gebaute autopoietische Systeme, die über das Medium Sinn stukturell miteinander gekoppelt sind (siehe Oliver Jahraus: »Kommunikation und Bewußtsein«). Meines Erachtens läßt sich bei einer solchen symmetrischen Differenzierung dann jedoch kein »objektives« Differenzkriterium mehr angeben, außer es liegt eine (situative oder: aktuell gegebene) Motivation vor, aus dieser Unterscheidung eine solche zu machen, die einen Unterschied macht (siehe meinen

---

8 Zwar verwendet zum Beispiel Peter Fuchs die Metapher von Griesbrei und Griesbreiklümpchen, um damit zu erklären, daß Form und Medium sozusagen nicht substanziell verschieden sind, sondern nur unterschiedlich strikte Formen von Kopplung darstellen. Jedoch wird die damit implizierte Vorstellung des »the same is different« nicht konsequent weiter verfolgt. Die hier angedeutete Vorstellung einer »Verschiedenheit im Selben« wird zwar konstatiert, aber nicht im Sinne einer triadischen Konzeption operabel gemacht.

Diskussionsbeitrag »Der Kommunikationsbegriff«). In ganz ähnlichem Sinne schreibt Spencer-Brown über den »Wert« oder »Inhalt« einer Seite der Unterscheidung, der mit einer »Absicht« oder einem »Motiv« gleichgesetzt werden kann.

Zu beachten ist hierbei folgende Figur: Man treffe eine Unterscheidung. In einem zweiten Schritt bezeichne man die eine Seite dieser Unterscheidung. Damit versieht man diese bezeichnete Seite mit einem Wert. Hiermit ist die bezeichnete Seite janusköpfig: sie kommt zweimal vor: einmal als generierte (getroffene Unterscheidung) und einmal als markierte (Motivation) Seite. Auch hier liegt – so könnte man sagen – eine gedoppelte Seite vor: »the same ist different«.

3. Zyklus versus Iteration

Wie geht Systemtheorie mit dem Problem der »Einheit der Differenz« um, das sich in ihr als Problem der Paradoxie darstellt? üblicherweise versucht Systemtheorie die Paradoxie zu entfalten – erreicht wird damit meines Erachtens jeweils nur ein infiniter Regreß. Dieser Regreß sollte jedoch vermieden werden, da er für die Evolution der Theorie selbst wertlos ist. Einzelne Probleme können dadurch nicht gelöst, sondern nur (aus dem Blickfeld) verschoben werden. Eine – allerdings nur terminologisch – andere Lösungsvariante der Systemtheorie (zumindest bei Luhmann) besteht darin, eine jeweils »zweite« Außenseite (in der Begrifflichkeit der Zwei-Seiten-Form) oder z.B. auch ein »zweites« oder »Super«-Medium (in der Begrifflichkeit von Medium und Form) anzunehmen.

Auch diese Lösungsvariante kaschiert aber im Grunde nur den infiniten Regreß, da durch die Theorie selbst nicht kontrolliert werden kann, ob es nicht noch beliebig viele weitere Außenseiten geben sollte. Ich glaube, das Problem liegt hier in der Verwechslung der kategorialen mit der klassifikatorischen Ebene der Theoriebildung. Semiotisches Prozessieren, semiotischens Anschließen an Semiosen kann möglicherweise in regreßhafter Form konzipiert werden. Auf der Ebene der kategorialen Konstitution als Basis der Theorie selbst, muß allerdings eine andere Lösung gefunden werden. Die »Einheit der Differenz« muß in die Figur der basalen Differenz integriert werden. Sie kann nicht (nur!) bereits als Effekt beschrieben werden, der aus dieser Ausgangskonstellation erst resultieren kann.

Luhmann führt Zeit ein, um eine oszillatorische prozessuale Dynamik in die Binärunterscheidungen zu bringen. Dies wirkt zunächst einleuchtend und entspricht der Logik bzw. Metaphorik der binären Differenzierung: Die Operation ist der Beobachtung notwendig vorgängig, denn zunächst muß eine

Operation stattgefunden haben, die dann als Operation beobachtet werden kann. Diese Beobachtung ist sich selbst gegenüber (als Operation, bzw. im operativen Vollzug!) blind, eine an sie anschließende weitere Beobachtung (streng genommen kann ab dieser Ebene aber nur noch von »beobachtenden Operationen« gesprochen werden, ähnlich wie von Beobachtungen zweiter Ordnung) kann die »erste Beobachtung« nun aber ihrerseits beobachten (und zwar als Einheit der Differenz zwischen Operation und Beobachtung). Daß Luhmann hierfür Zeit einführt, scheint zwar plausibel zu sein, in der Tat wird damit jedoch nur – terminologisch – vom infiniten Regreß abgelenkt.[9] Auch kann man sich eine auf diese Weise eingesetzte Zeit nicht anders als linear vorstellen – und landet wiederum beim infiniten Regreß. Zwar verwendet Luhmann die Begriffe »Zirkularität«, »Rekursion« und beruft sich auf den Ausdruck des »re-entry« von Spencer-Brown; m.E. bleibt es jedoch bei rein terminologischen Attribuierungen, die im Schema der Oszillation zwischen Kommunikation und Bewußtsein nicht umgesetzt werden können.[10]

Übersehen wird an dieser Stelle der systemtheoretischen Konzeption, daß Zeit nur als eine dritte Version des (ausgeschlossenen) Dritten funktionalisiert wird. Je nachdem, welcher Aspekt erläutert werden soll, wird ein entsprechender Begriff eingesetzt: um Kopplung zu erklären, wird ein Medium angenommen, um die autopoietische Geschlossenheit zu erklären, wird eine Außenseite angenommen und um schließlich Prozeß zu erklären, wird Zeit angenommen. Jedenfalls wird bei der Hinzuziehung von Zeit deutlich, daß diese jeweils Dritte etwas der basalen Opposition absolut äußeres ist. (Zu fragen wäre außerdem, ob es sich hier um eine Neuauflage der drei Luhmannschen Sinndimensionen handelt.)

4. Erwiderung auf Oliver Jahraus' »Fragen an Peter Fuchs«

An Oliver Jahraus' Interpretation und Kritik der Beiträge von Barabara Kastner und Werner Scheibmayr fallen mir insbesondere zwei Aspekte auf, anhand derer ich versuchen werde, meine eigenen Überlegungen zu einem triadischen Modell von Zeichen und Systemtheorie zu erklären. Oliver Jahr-

---

9 In dieser Hinsicht ist der Derridasche Ausdruck des »Aufschubs« tatsächlich hervorragend gewählt. Eine Theorie, mit einem explikatorischen Anspruch wie die Systemtheorie, kann sich mit dieser Art Aufschub allerdings nicht zufrieden geben.

10 Tatsächlich wird »etwas Drittes« benötigt: Luhmanns Vorschlag, hierfür Zeit einzusetzen, bedient gleichsam diese Notwendigkeit. Deswegen gibt man sich m.E. mit diesem Vorschlag so gerne zufrieden. Letztlich kann jedoch nicht plausibilisiert werden, warum dies Dritte ausgerechnet Zeit sein müsse.

aus skizziert auf der Basis seiner zusammenfassenden Interpretation dieser beiden Diskussionsbeiträge eine bemerkenswerte Triade. Ausgehend von der Frage, ob denn Systemtheorie mit Zeichentheorie in eins zu setzen sei, argumentiert er, hierzu bedürfe es eines Beobachters, der diese Frage stellen kann und die Unterscheidung zwischen System- und Zeichentheorie operativ nutzt. Ich möchte darauf aufmerksam machen, daß sich in Jahraus' Formulierung die Frage auf eine mögliche *Ineinssetzung*, also die *Identität* von Systemtheorie und Zeichentheorie bezieht, nicht auf deren *Differenz*. Ich halte diese Forumlierung für signifikant, da bislang die Verschiedenheit von Zeichentheorie und Systemtheorie ja unhinterfragt vorausgesetzt war. Auch wenn dies möglicherweise nicht die Intention von Jahraus ist, halte ich die Frage nach einer etwaigen Identät von Zeichentheorie und Systemtheorie für eine Entdeckung. Sie ließe sich auch so formulieren: gibt es hier die Möglichkeit, auf ein Unterscheidungs-Motiv zu verzichten?

Oliver Jahraus argumentiert im Anschluß daran, Beobachtung könne nur beiden Systemen zugeschrieben werden, so daß sich Kommunikation und Bewußtsein gegenseitig beobachten. M.E. vergibt er durch diese Symmetrisierung die sich hier bietende Möglichkeit, Beobachtung als den dritten Term einer Triade einzusetzen (dies entspräche z.B. Ranulph Glanvilles Begriff der »Transferunterscheidung«); sein Binär-Schema bleibt gewahrt, eine Erklärung für die Frage, wie in einem solchen oszillatorischen Schema *Neues* emergieren könnte, steht weiterhin aus.

Indem Kommunikation und Bewußtsein weiterhin als komplementär aufeinander bezogene, autopoietische Systeme modelliert werden, wird zudem auch die anfangs gestellte Frage nach deren möglicher Identität fallen gelassen, da sie in dem Bild der symmetrischen Komplementarität einfach nicht vorkommt. Vielmehr wird das Semiosemodell, so wie es von Barbara Kastner und Werner Scheibmayr vorgestellt wird, um den dritten Term gekappt. Ausdrücklich stellt Oliver Jahraus dies am (Peirce'schen) Zeichenbegriff selbst fest: Wenn Jahraus in seiner Ersetzung die Peirce'sche Zeichendefinition so adaptiert, daß Zeichentheorie der Interpretant ist und zugleich als Repräsentamen fungiert, dann verkürzt er dadurch das Zeichenmodell auf zwei Terme: den Interpretanten (Zeichentheorie) und das Objekt (Systemtheorie):

> Zeichentheorie steht in einer solch triadischen Relation zur Systemtheorie, die somit zu ihrem Objekt wird, so daß sie fähig ist, sich selbst als Interpretant der Systemtheorie zu etablieren und so zu bestimmen, daß das Verhältnis von Zeichentheorie zum Verhältnis von Zeichentheorie und Systemtheorie das Verhältnis von Zeichentheorie und Systemtheorie wiederholt. (siehe Oliver Jahraus: »Fragen«)

Oliver Jahraus argumentiert, daß mit der zeichentheoretischen Beobachtung von Systemtheorie Systemtheorie zwangsläufig zu Zeichentheorie wird: zeichentheoretisch könne man gar nicht anders denn Systemtheorie *als* Zeichentheorie zu beobachten. Diese Beobachtung enthält etwas, das ich »überraschende Platitüde« nennen möchte: denn daß man Systemtheorie zeichentheoretisch beobachten und dann Zeichentheorie als Resultat erhalten wird, ist ebenso evident, wie daß Systemtheorie eben systemtheoretisch beobachtet und aus dieser Operation systemtheoretisch Anschließbares erhält.[11]

Ich greife das Wort *als* heraus, denn es scheint mir genau die Peirce'sche Zeichenlogik zu berühren. Ich sehe hierin zumindest eine attraktive Möglichkeit, die Peirce'sche Forderung zu interpretieren, daß der Interpretant in dieselbe Relation zu (demselben) Objekt gebracht werden müsse, in der das Repräsentamen zu diesem Objekt stehe. M.E. könnte man dies auch so formulieren: Der Interpretant soll dazu gebracht werden, das Objekt *als* Repräsentamen zu beobachten.

Ich möchte diesen bei Oliver Jahraus impliziten Gedanken nun explizit machen und noch drastischer formulieren: Es gibt keinen objektiven Unterschied zwischen Repräsentamen und Interpretant, es sei denn, es liegt eine Motivation vor, hier eine Unterscheidung zu treffen. Eine Differenz ist, um es noch einmal anders zu wenden, stets schon eingebettet in eine (kontextuelle) Motivation, eine Unterscheidung zu treffen. Läßt sich die somit die Konstitution (als Operation bzw. als Prozeß) nach dem Modell der Abduktion reformulieren?[12] Uwe Wirth schreibt in dem Text »Abduktion und ihre Anwendungen«:

> Die »Wende zur Abduktion«, der »abductive turn«, wenn man so will, besteht also in einem erkenntnistheoretischen Perspektivenwechsel, der sich unter einem logischen Gesichtspunkt als »Rollentausch« erweist: Während bei der Deduktion die

---

11 Eine der bemerkenswertesten Arbeiten, die ich zu diesem Phänomen gelesen habe, stammt von Nikolai Vogel (1998): E.T.A Hoffmanns Erzählung Der Sandmann als Interpretation der Interpretation. München (=Münchener Studien zur literarischen Kultur in Deutschland Bd. 28).
Die Möglichkeiten wechselseitiger Beobachtung – hier am Beispiel von Hoffmanns Erzählung und Systemtheorie – werden in dieser Untersuchung so weit getrieben, daß sich zum Schluß eine eigenartige Patt-Situation ergibt, in der nicht mehr entschieden werden kann, wer denn nun eigentlich wen interpretiere: Systemtheorie den »Sandmann« oder der »Sandmann« die Systemtheorie.

12 Hier möchte ich eine Frage an Barbara Kastner richten, die allerdings für den Argumentationszusammenhang ihres Beitrags einigermaßen nebensächlich ist: reicht es tatsächlich aus, den Spracherwerb beim Kind durch induktive Verfahren zu erklären? Wird oft genug auf einen Baum gezeigt und dies mit der Lautfolge 'Baum' begleitet, dann müßten strenggenommen Aspekte wie »Stamm«, »grün« schon in Hinblick auf eine Regel verstanden worden sein, um dies als Fall einer Regel erkennen zu können. ähnlich wie bei der Deduktion müßte die Regel bereits bekannt sein, damit ein Fall darunter subsumiert werden kann.

> Prämissen gegeben sind und nun die gültigen Konklusionen gesucht werden, ist bei der Abduktion die Konklusion gegeben, und die möglichen Prämissen (Regel und Fall) müssen »retroduktiv« erschlossen werden[13].

Ich bringe an dieser Stelle die Abduktion ins Spiel, da diese Schlußweise auf das vorliegende Problem gut anwendbar zu sein scheint. Wie kann Abduktion auf das systemtheoretische Problem bezogen werden? Es geht um die Motivation, eine Unterscheidung zu treffen, damit Kommunikation und Bewußtsein sinnvoll aufeinander bezogen werden können, das heißt, daß eine genuine semiotische Triade entsteht. Der hypothetische Charakter des abduktiven Schlusses gewährleistet dann einerseits die Wiederholung des Prozesses des Schließens (also den semiotischen Prozeß) und stellt andererseits eine Kontrollfunktion über die Motivation der Unterscheidung dar.

Ein hervorragendes Beispiel für abduktives Schließen bringt Lacan mit seinem »Gefangenenrätsel«, das ich deswegen hier ausführlich zitieren will. Ein Gefangenenwärter spricht folgendes zu seinen drei Gefangenen:

> Sie sind hierzu dritt. Hier sind fünf Scheiben, die sich nur durch ihre Farbe voneinander unterscheiden: drei sind weiß und zwei sind schwarz. Ohne ihm zu erkennen zu geben, welche Wahl ich getroffen haben werde, werde ich jedem von Ihnen eine dieser Scheiben zwischen den Schultern befestigen, das heißt außerhalb der direkten Reichweite seines Blicks, wobei gleichermaßen jede indirekte Möglichkeit, sie mit den Augen zu erreichen, hier durch das Fehlen jeglichen Mittels, sich zu spiegeln ausgeschlossen ist.
>
> Folglich wird Ihnen in aller Ruhe Gelegenheit gegeben werden, Ihre Gefährten und die Scheiben, als deren Träger jeder von Ihnen sich erweisen wird, zu betrachten; aber, wohlgemerkt, ohne daß es Ihnen erlaubt ist, einander das Ergebnis Ihrer Inspektion mitzuteilen. Was Ihnen ohnehin schon Ihr eigenes Interesse verbieten würde. Denn der erste, der daraus auf seine eigene Farbe schließen kann, soll in den Genuß der Maßnahme der Freilassung kommen, über die wir verfügen.

Nun heftet der Gefangenenwärter allen dreien eine weiße Scheibe an den Rücken, ohne von den zwei schwarzen Scheiben Gebrauch zu machen. Die logischen Schritte, die daraufhin jeder der Gefangenen vollzieht, beschreibt Lacan wie folgt:

> Nachdem sie sich gegenseitig *eine gewisse Zeit* gemustert haben, tun die Subjekte gemeinsam *einige Schritte*, die sie gleichzeitig das Tor durchqueren lassen. Jedes für sich wartet nun mit einer ähnlichen Antwort auf, die sich folgendermaßen ausdrücken läßt:

---

13 Wirth, Uwe: Abduktion und ihre Anwendungen. URL: http://www.rz.uni-frankfurt.de/~wirth/abdanw.htm; Stand: Mai 1999).

> »Ich bin ein Weißer, und so habe ich es herausgefunden: Unter der Voraussetzung, daß meine Gefährten Weiße waren, habe ich mir gedacht, daß, wenn ich ein Schwarzer wäre, jeder von ihnen daraus dies hätte folgern können: ›Wenn auch ich ein Schwarzer wäre, dann wäre der andere, weil er angesichts dessen unmittelbar erkennen mußte, daß er ein Weißer ist, sogleich hinausgegangen; also bin ich kein Schwarzer.‹ Und alle beide wären zusammen hinausgegangen, überzeugt, Weiße zu sein. Wenn sie nichts dergleichen taten, dann deshalb, weil ich ein Weißer war wie sie. Darüber habe ich das Tor durchschritten, um meine Schlußfolgerung mitzuteilen.«
> So sind alle drei kraft derselben Gründe des Schließens gleichzeitig hinausgegangen.[14]

Das Problem, das dieses Rätsel aufgibt, besteht darin, eine Unterscheidung zu treffen oder zu generieren, ohne dabei auf ein »objektives« Differenzierungskriterium zugreifen zu können. Um auf die Lösung zu kommen, muß jeder der Gefangenen eine Differenz konstruieren, und zwar die Hypothese aufstellen, er sei ein Schwarzer sowie denselben Gedankengang den anderen beiden unterstellen (also die Hypothese in negierter Form aufstellen). Dieses Beispiel demonstriert also, wie durch die hypothetische Bildung einer Differenz, Differenzierung tatsächlich ermöglicht wird.[15] In der Lacanschen Psychosemiologie erklärt Abduktion die oben angesprochene Triade im symbolischen Berich: das/der Andere ist hier die vom Subjekt hypothetisch angenommene Regel, damit die überraschenden Erfahrungen, die das Subjekt macht, als Fall dieser Regel interpretiert werden können. Ebenso wie das ältere psychoanalytische Konzept des überich ist das/der Andere eine Konstruktion des Subjekts, die es ihm ermöglicht, zwischen sich und seinen Objekten (klein a) zu differenzieren.

Ich möchte zur Diskussion stellen, ob diese formale Charakterisierung des Differenztheorems als allgemein gültig angenommen werden kann. Ist dies

---

[14] Beide Zitate: Lacan (1986): Die logische Zeit und die Assertion der antizipierten Gewißheit. In: Schriften III. 2. Aufl. Weinheim, Berlin S. 101-121. Hier S. 103 f.

[15] Das hier gewählte Beispiel demonstriert noch mehr: es zeigt zugleich die Notwendigkeit, einen derartig konstruierten hypothetischen Schluß noch einmal zu wiederholen, um über seine Richtigkeit Gewißheit zu erlangen: Sobald sich nämlich die drei Gefangenen aufgrund ihres Schlusses in Bewegung setzen, muß jeder, angesichts derselben Bewegung der beiden anderen, ins Stocken geraten und seinen Schluß anzweifeln. Alle drei bleiben also stehen und müssen den Schluß noch einmal vollziehen. In ihrem gemeinsamen Zögern liegt dann auch der Schlüssel zur Bestätigung ihres Schlusses, Weiße zu sein, und so werden sie sich erneut gemeinsam auf den Weg machen. Lacan weist darauf hin, man könne einwenden, daß hierdurch eine Reiteration der Bewegung erzeugt würde, die immer wieder denselben Zweifel und dasselbe Stocken reproduzieren würde, er meint jedoch, jedenfalls müsse ein vollendeter logischer Fortschritt stattgefunden haben.

der Fall, so kann man tatsächlich Zeichentheorie mit Systemtheorie gleichsetzen, wie Oliver Jahraus kritisch zu bedenken gibt. Der von Wirth beschriebene (erkenntnistheoretische) Perspektivenwechsel besteht darin, die Differenzen, von denen die Systemtheorie ausgeht, als Effekt einer sie hervorbringenden Motivation zu verstehen. Eine in dieser Weise konstituierte Triade könnte somit eine komplementäre Dreier-Struktur darstellen (nach dem Bild etwa des Borromäischen Knotens). Wird für den dritten Term der Ausdruck der Motivation eingesetzt, so kann dadurch zugleich der Prozeßcharakter einer genuinen Triade indiziert werden.

Allein eine vorliegende Motivation, Kommunikation und Bewußtsein zu differenzieren, ermöglicht im Anschluß an diese Differenzierung auch eine inhaltliche Interpretation des Unterschiedenen. Oliver Jahraus verfolgt in seinen Fragen an Barabara Kastner und Werner Scheibmayr dort eine andere interpretative Richtung, wenn er Bewußtsein und Kommunikation jeweils als autopoietisch geschlossene Systeme beschreibt, in denen er jeweils das in Frage stehende zeichentheoretische Problem verlagert: Die Frage, die Barabara Kastner mit ihrer Formel »Autopoiesis = Semiose« aufwirft, bietet Jahraus die Möglichkeit, das Semiose-Problem jeweils nur innerhalb des Systems Kommunikation bzw. des Systems Bewußtsein zu behandeln. Die Art und Weise wie beide Systeme miteinander gekoppelt werden, rückt in dieser Perspektive gar nicht in den Blickpunkt. Die Gleichsetzung von Zeichentheorie mit Systemtheorie, die Jahraus hieraus folgert, verdeckt m.E. das Problem, daß sich auf der Ebene der basalen Differenzierung von Kommunikation und Bewußtsein dasselbe Differenzierungsmuster wiederholt.

Kommunikation wäre, wenn man versucht das eben Skizzierte in die Peirce'sche Terminologie zu übersetzen, in der Position des Interpretanten, Bewußtsein in der Position des Repräsentamen. Dann ergibt sich allerdings für das Objekt eine unvermutete Rolle: in einer übersetzung der Peirce'schen in die systemtheoretische Terminologie wäre nämlich nun das Objekt das Element, das die Einheit der Differenz darstellt. Tatsächlich beziehen sich in der kategorialen Darstellung der Peirce'schen Triade die im Prozeß erscheinenden neuen Interpretanten (bzw. die zu neuen Repräsentamen degenerierten Interpretanten) auf *dasselbe* Objekt. Das Objekt bildet in dieser Darstellung also tatsächlich den Bezugsrahmen des semiotischen Geschehens und kann insofern mit der systemtheoretischen Vorstellung der »Einheit der Differenz« verglichen werden. Diese möglicherweise als problematisch empfundene Beschreibung wird erklärbar, wenn man das triadische Modell konsequent umsetzt. In einer genuinen Triade geht es im Grunde nicht darum, die Einheit einer Differenz zu bestimmen, denn es gibt keine (binäre) Differenz. Die Frage nach der Einheit der Differenz wiederholt die (müßige) Frage von Henne und Ei.

Ich möchte in einem letzten Anlauf auf Lacans Konzeption von Signifikant und Subjekt (statt Signifikat) hinweisen, in deren Relationierung ich dasselbe Schema erkenne.[16] Zunächst bildet Lacan eine triadisches Zeichen (bestehend aus den Elementen Signifikant – Subjekt – Signifikant):

> Der Signifikant, habe ich gesagt, ist dadurch charakterisiert, ein Subjekt zu repräsentieren für einen anderen Signifikanten. Worum handelt es sich beim Zeichen? Seit je bemüht die kosmische Theorie der Erkenntnis, die Weltauffassung, das berühmte Beispiel vom Rauch, den es nicht gibt ohne Feuer. [...] Der Rauch kann genausogut das Zeichen des Rauchers sein. Und sogar, er ist es immer, dem Wesen nach. Es gibt Rauch nur als Zeichen des Rauchers. Jeder weiß daß, wenn Sie einen Rauch sehen, im Augenblick, wo Sie eine einsame Insel betreten, Sie sich sofort sagen, daß alles dafür spricht, daß es da jemanden gibt, der Feuer zu machen weiß. Bis auf weiteres wird das ein anderer Mensch sein. Das Zeichen ist also nicht das Zeichen von etwas, sondern von einem Effekt, der das ist, was sich unterstellt als solches aus einem Funktionieren des Signifikanten.[17]

Ich möchte nun die Begriffe der Triaden von Peirce und Lacan nebeneinander positionieren: es ergäbe sich für die Position des Repräsentamen und des Interpretanten jeweils der Signifikant, an der Position des Objekts stünde das Subjekt. So wie es in der (kategorialen Beschreibung der) Peirce'schen Triade das Repräsentamen und der Interpretant sind, die sich im semiotischen Prozeß entwicklen und so zu immer neuen Bezugnahmen auf ihr Objekt gelangen, so wären es im Lacanschen Zeichenmodell die Signifikanten, deren Effekt das Subjekt ist. Nur aufgrund des »unaufhörlichen Gleitens des Signifizierten (Subjekt) unter der Signifikantenkette«, nur wegen der sich veränderndern Modi des Bezugs auf das Subjekt, ist das Subjekt dann selbst zu Veränderung fähig, gerade weil es der Effekt dieser Bezugnahmen ist.

Diese Parallelisierung des Peirce'schen und des Lacanschen Schemas könnte außerdem meine Interpretation stützen, derzufolge es kein »objektives« Differenzkriterium zwischen dort – Repräsentamen und Interpretant, hier – Signifikant und Signifikant gibt, es sei denn, es liegt ein Motiv vor, hier eine Differenz zu konstruieren. Und obgleich Lacan das Subjekt als Effekt des Signfikantenprozesses beschreibt, kann dieses Differenzierungs-

---

16 Ich möchte an dieser Stelle betonen, daß es mir, wenn ich Lacans Zeichenbegriff hinzuziehe, nicht darum geht, das Subjekt im Sinne des systemtheoretischen Individuums wieder in die Theorie hineinzuholen. Der Status dessen, was Lacan als Subjekt bezeichnet, ist ohnehin kaum mit dem zu vergleichen, den das aus der Gesellschaft verbannte Individuum in der Systemtheorie genießt. Es geht mir in diesem Zusammenhang allein um die Anordnung der drei Elemente einer genuinen Triade, wie Lacan sie konzipiert.

17 Lacan, Jacques (1991): Encore. Das Seminar Buch XX. 2.Aufl. Weinheim, Berlin: Quadriga.

motiv wohl nur an das Subjekt (resp. an die Position des Subjekts im Schema) adressiert werden. (Aus diesem Grunde wohl auch sagt Lacan, es genüge bei weitem nicht, den Signifikanten mit Saussure als arbiträr zu beschreiben.)

Es wäre noch auszuarbeiten, inwiefern man bei der Lacanschen Konzeption des Zeichens dann von einem (genuin) zirkulären oder von einem heterarchischen Zeichenmodell sprechen kann. Eine genuine Triade – ich bin mir bewußt, mit dieser Feststellung auch Peirce' Konzeption zu übertreten – kann meines Erachtens nur *heterarchisch* konzipiert werden. Das bedeutet, daß es unsinnig wäre zu fagen, *was* (in der Terminologie von Peirce) das Objekt oder *was* der Interpretant systemtheoretisch formuliert dann *ist*, denn es handelt sich um Semiose als Prozeß.

Folgt man den Vorschlägen Gotthard Günthers, der sich darum bemüht, der Hegelschen Dialektik eine dreiwertige Logik zugrunde zu legen (siehe meinen Diskussionsbeitrag »Der Kommunikationsbegriff«), dann wird tatsächlich die Frage, was sich denn nun wovon differenziere, in einem präzisen Sinne uneindeutig: es geht – um das Problem für die systemtheoretische Terminologie sichtbar zu machen – zugleich um die Differenz zwischen Kommunikation und Bewußtsein und um die Differenz zwischen diesen beiden und der Einheit der Differenz. Kurz: es geht um zwei verschiedene Arten der Differenzierung, die gleichzeitig operativ wirksam sind.

In meinem früheren Beitrag zu dieser Diskussion habe ich versucht darzustellen, daß es für eine Differenzierung zwischen den Begriffen Kommunikation und Bewußtsein auf der grundlegenden Ebene der (systemtheoretischen) Begriffsbildung keine positiven Kriterien gibt. Diese Darstellung möchte ich nun verallgemeinern: es gibt keine positiven oder objektiven Differenzkriterien aus der Perspektive eines »externen« Dritten. Es gilt, ein Drittes als internen, genuinen Bestandteil einer Triade zu fassen, wobei es dann auf der formalen Ebene der Triade irrelevant ist, welches Element der Triade als das »Dritte« funktionalisiert oder thematisiert wird. ähnlich wie beim Möbiusband, müßte vielmehr ein kontinuierlicher Wechsel der Positionen angenommen werden, der sich nur durch aktuale, hypothetische Unterscheidungsoperationen situativ fixieren ließe.

Das Dritte ist sowohl Motiv und Motor als auch Kontext und Bezugsrahmen, in dem eine Unterscheidung zwischen den beiden anderen ermöglicht wird. Dieses Dritte muß genuin in eine Triade so integriert sein, daß sich die Elemente der basalen Triade in der Figur eines logischen Zirkels gegenseitig konstituieren und also von einem (semiotischen) Zeichen erst dann gesprochen werden kann, wenn zwei zu Unterscheidende und ein Unterscheidungsmotiv oder ein Unterscheidendes zugleich gegeben sind.

Literaturverzeichnis

Haas, Norbert (1978): Vorwort. In: Der Wunderblock Zeitschrift für Psychoanalyse. Sondernummer: Lacan Lesen. Ein Symposium. hrsg. v. N. Haas et al. Verlag Der Wunderblock. Berlin. S. 5-9

Lacan, Jacques (1986): Die logische Zeit und die Assertion der antizipierten Gewißheit. In: Schriften III. 2. Auflage, Quadriga Verlag, Weinheim, Berlin. S. 101-121.

Lacan, Jacques (1991): Encore. Das Seminar Buch XX.2. Auflage, Quadriga Verlag, Weinheim, Berlin

Lacan, Jacques (1997): Die Psychosen. Das Seminar Buch III. Quadriga Verlag, Weinheim, Berlin

Peirce, Charles Sanders: (1931): Collected Papers, vol. 2, section 274. Cambridge, MA: Harvard University Press

Vogel, Nikolai (1998): E.T.A Hoffmanns Erzählung Der Sandmann als Interpretation der Interpretation. Münchener Studien zur literarischen Kultur in Deutschland Band 28. Peter Lang Verlag, München

Oliver Jahraus

Wie verhalten sich Luhmannsche Systemtheorie und Peircesche Zeichentheorie zueinander?

Fragen und Antworten an Barbara Kastner und Werner Scheibmayr

Die Verbindung von Systemtheorie und Zeichentheorie, wohlgemerkt in der Peirceschen Ausprägung, erscheint wie das Ei des Kolumbus: Die großartige Entdeckung eines neuen Kontinentes, dessen Existenz man zuvor nicht für möglich gehalten hatte, aber ein Unternehmen, das auch in seiner Großartigkeit eigentlich von jedem hätte initiiert werden können. Wie dem auch sei, jedenfalls im Rahmen dieses Kommunikationsforums haben Barbara Kastner und Werner Scheibmayr die ersten Schritte getan.

Der Ausgangspunkt der Überlegungen ist relativ einfach und stützt sich auf die Kommunikationstheorie der Systemtheorie. Dabei muß man beachten, daß Kommunikation als Prozeß definiert und zugleich als das sozial konstitutive Moment, das Gesellschaft ausmacht, bestimmt wird. Wird also das Piercesche Zeichenmodell übertragen, so zielt diese Projektion auf eine Rekonzeptualisierung nicht nur des Kommunikationsprozesses, sondern auch des Gesellschaftsbegriffes. Wenn man nun die Überlegungen, die auch schon in diesem Forum angestellt, differenziert, erweitert und kritisiert wurden, zu den Vorgaben der strukturellen Kopplung von Bewußtsein und Kommunikation hinzuzieht, so läßt sich sagen, daß die Projektion des Zeichenmodells auf die entsprechenden Theorieelemente der Systemtheorie zu einem zeichentheoretisch fundierten Prozeßschema für Bewußtsein und Kommunikation, für psychische und soziale Systeme führt.

Was soll das heißen? Werner Scheibmayr ist in seiner Einschätzung wesentlich vorsichtiger als Barbara Kastner. Er schreibt, daß die Komponenten (also die zeichentheoretischen und systemtheoretischen Theoriebausteine) aufeinander beziehbar seien; demgegenüber wirkt Barbara Kastners Formel »Autopoiesis=Semiose« wie ein Paukenschlag, der forsch jede ontologische Implikation, die sich hinter dem »Ist-gleich-Zeichen« verbergen mag, unbeeindruckt in Kauf zu nehmen scheint. Solange man sich jedoch nicht vergegenwärtigt hat, wie denn die Relation zwischen diesen beiden Theorien und Theoremen ihrerseits zu konzeptualisieren ist, solange wird es bei einer interessanten Gegenüberstellung, bei der Feststellung einer vielleicht zunächst verblüffenden Koinzidenz bleiben, die (noch) nicht in der Lage ist, die theoretischen Konsequenzen zu ziehen.

Was heißt es nun, Systemtheorie und Zeichentheorie seien aufeinander beziehbar, aufeinander abbildbar, ihre Bausteine seien identisch? Von außen betrachtet kann man – wie dies Werner Scheibmayr tut – sozusagen theoriediagnostisch zunächst Ähnlichkeiten in den jeweiligen Theoriearchitekturen feststellen und die Relationen herstellen. Damit ist, um dies ausdrücklich zu betonen, eine wertvolle Vorarbeit geleistet, wertvoll insbesondere im Hinblick auf Abbildbarkeiten und Unterschiede, aber insgesamt doch eben Vorarbeit.

Dabei gilt es zu differenzieren. Es ist das Verdienst der Überlegungen von Werner Scheibmayr, daß er dort, wo er den Semioseprozeß in Beziehung mit dem Kommunikationsprozeß setzt, deutlich macht, daß diese Projektion ein Erklärungsdefizit der Systemtheorie zeichentheoretisch auffüllen kann. In diesem Kommunikationsprozeß stellt sich nämlich die Frage, wie denn der Prozeß autoiterativ zustande kommt. Daß er zustande kommen muß, sieht das Luhmannsche Modell zwar vor, erklärt aber nicht, wie es notwendigerweise dazu kommen muß.

Weil diese Prozessualität im Peirceschen Zeichenmodell ein immanentes Moment darstellt, das Zeichen also immer schon prozessual konzipiert ist, kann Werner Scheibmayr zeigen, daß in der Übertragung auf Kommunikation der Kommunikationsprozeß in seiner Autopoiesis nur als Semiose modelliert werden kann. Fazit: Die Autopoiesis von Gesellschaft wird überhaupt erst durchschaubar, wenn man sie als Semiose – sagen wir ruhig: beobachtet. Und dasselbe muß für das Bewußtsein und seine autopoietische Verfaßtheit gelten.

Barbara Kastner radikalisiert diesen Gedanken noch, indem sie von Kommunikation und Bewußtsein als spezifizierten autopoietischen Prozessen absieht und Autopoiesis prinzipiell als Semiose definiert. Bevor man auf einzelne problematische Implikationen aus ihrer Ineinssetzung eingeht, gilt es zunächst, überhaupt zu klären, was es heißt, Zeichentheorie auf Systemtheorie abzubilden, sie miteinander zu vergleichen oder sie gar ineinszusetzen. Fragt man also, ob Bewußtsein und Kommunikation oder autopoietische Prozesse überhaupt ›wirklich‹ Zeichenprozesse sind, scheint man dasjenige, was nun system- oder zeichentheoretisch modelliert wird, sei es das Bewußtsein oder die Kommunikation oder was auch immer, in eine theorieunabhängige, ontologisch autonome Position zu rücken. Man fragt nach der Adäquatheit der Feststellung, ob hinter der Autopoiesis ›wirklich‹ Semiose steckt; Adäquatheit allerdings ist eine repräsentationalistische Kategorie, die hier ihrerseits nicht adäquat ist. Die Frage muß anders gestellt werden, und dann erkennt man, daß sich die Frage, ob Autopoiese wirklich Semiose ist, von selbst erledigt.

Man muß fragen, wer bzw. was diese Ineinssetzung oder Abbildung vornimmt und von wo aus; und das ist die Frage nach dem Beobachter. Der Beobachter benutzt die Differenz von Systemtheorie und Zeichentheorie operativ, d.h. er kann Systemtheorie zeichentheoretisch und – zumindest denkbar –

Zeichentheorie systemtheoretisch beobachten. Schon die hermeneutische Figur etwas als etwas zu verstehen macht deutlich, daß das, was verstanden, was beobachtet wird, immer nur in wechselseitiger Konstitution von Verstehendem und Verstandenem, Beobachter und Beobachtetem entsteht. Beobachtung meint also die wechselseitige Konstitution von Beobachter und Beobachtetem. In dem Moment, in dem Systemtheorie, bzw. ihre entsprechenden Theoriebausteine, zeichentheoretisch beobachtet werden, stellt sich die Frage nach dieser Adäquatheit der Beobachtung nicht mehr. Nun kann man auch – der Einfachheit und Prägnanz halber – auf den ontologischen Zungenschlag verfallen, wenn man gleichzeitig bedenkt, daß es hier nur um den sprachlichen Ausdruck der Fraglosigkeit, d.h. der Unhintergehbarkeit der wechselseitigen Konstitution von Beobachter und Beobachtetem in der Beobachtung geht.

Wird also Systemtheorie zeichentheoretisch beobachtet, ist weder große Vorsichtig noch ein forsches Vorpreschen notwendig, weil mit der Beobachtung die Entscheidungen ohnehin schon getroffen sind. Versucht man sich zu vergegenwärtigen, wie weitreichend diese Entscheidungen sind, zeigt es sich, daß die Frage nach dem Status des Beobachteten generell hinfällig ist. Denn der Status des Beobachteten, wie immer man ihn dann nennt oder ausdrückt, bestimmt sich nach dem Beobachter in der Beobachtung.

Um dies zu verdeutlichen, weise ich noch einmal auf den vielleicht spontanen Rückgriff auf die Hermeneutik hin, der stillschweigend den hermeneutischen Verstehensbegriff über die Systemtheorie mit ihrem Beobachtungskonzept in Verbindung gebracht hat. Dabei ist dieser Effekt nicht unerwünscht, macht er doch auf einen entscheidenden Ebenenüberstieg deutlich. Verstehen ist – systemtheoretisch gesprochen – ein differentielles Ereignis im Prozeßverlauf der Kommunikation, das sich aber – aufgrund der Vorgaben der strukturellen Kopplung auch im Bewußtsein wiederfinden läßt. Soziales und psychisches Verstehen laufen prozessanalog ab, auch wenn niemals sozial zu verstehen ist, was psychisch verstanden wurde. Verstehen kann also als kommunikativ bzw. psychisch spezifiertes Beobachtungsereignis aufgefaßt werden. Beobachten ist (kommunikatives bzw. psychisches) Verstehen.

Aber mehr noch: Fragt man sich danach, wer oder was denn überhaupt beobachten kann, so gibt es nur zwei Systeme, die überhaupt als solche Konkretisierung der abstrakten Beobachterfunktion in Frage kommen, nämlich Bewußtsein und Kommunikation. Wenn man so will, nur Bewußtsein und Kommunikation sind unmetaphorisch als Beobachter anzusprechen: Bewußtseinsprozesse und Kommunikationsprozesse als paradigmatische Beobachtungen! Wenn nun bei Barbara Kastner und Werner Scheibmayr Bewußtsein oder Kommunikation beobachtet werden, handelt es sich auch um eine Selbstbeobachtung, die – in der Form von Texten – kommunikativ konkretisiert wird, in weiteren Lektüreakten einer fortgesetzten Selbstbeobachtung von Kommunikation und Bewußtsein für Kommunikation und Bewußtsein zur Verfügung steht.

Wenn nun Barbara Kastner und Werner Scheibmayr weiterhin Bewußtsein und Kommunikation zeichentheoretisch beobachten, damit auch das Verhältnis von Systemtheorie und Zeichentheorie beobachten, vollzieht ihre Beobachtung performativ, was sie beobachtet; das Wie und das Was der Beobachtung sind zeichentheoretisch vermittelt, d.h. wechselseitig zeichentheoretisch konstituiert.

Die zeichentheoretisch Beobachtung des Verhältnisses von Systemtheorie und Zeichentheorie vollzieht auf der operativen Ebene, was sie auf der thematischen Ebene fokussiert. Warum? Die Beobachtung ist ein Prozeß, und in diesem Fall wird ein Prozeß beobachtet: es kommt zur operativen Ebenenüberlagerung, wenn prozessual Prozesse beobachtet werden. Der Prozeß der Beobachtung und der Prozeß des Beobachteten bedingen sich gegenseitig. Wenn demnach der Prozeß des Beobachteten ein semiotischer Prozeß (kurz: Semiose) ist, dann ist die Beobachtung selbst Semiose. Die Frage nach dem Verhältnis zwischen Systemtheorie und Zeichentheorie kann sich dann gar nicht mehr stellen – es geht der Frage voraus! Diese kommt in jedem Fall zu spät und wird im eigentlichen Sinn gegenstandslos, weil das Verhältnis immer schon prozessiert wird, das angeblich in Frage gestellt wird.

Die zeichentheoretische Beobachtung der Systemtheorie, genauer: des Verhältnisses von Systemtheorie und Zeichentheorie ist einer self-fulfilling prophecy vergleichbar. Das Verhältnis von Systemtheorie und Zeichentheorie ist nur zeichentheoretisch beobachtbar! Die autopoietischen Prozesse werden als semiotische Prozesse beobachtet und werden eben gerade dadurch selbst zu semiotischen Prozessen. Wenn »Autopoiesis = Semiose« und »Beobachtung = Autopoiesis«, dann gilt: »Beobachtung = Semiose«.

Und das läßt sich am Zeichenbegriff selbst am deutlichsten veranschaulichen. In diesen Prozessen konstituiert sich das Zeichen, indem einem Repräsentamen ein Objekt so zugeordnet wird, daß diese Zuordnung sich im Verhältnis eines Interpretanten zu diesem Objekt wiederholt. Wenn nun Beobachtung von Systemtheorie eine Selbstbeobachtung der Beobachtung darstellt und wenn gleichzeitig diese Beobachtung zeichentheoretisch operiert, was bedeutet: daß sie Semiose beobachtet, dann wird die Beobachtung selbst zur Semiose. Die zeichentheoretische Beobachtung von Systemtheorie ist die Beobachtung des Verhältnisses von Systemtheorie und Zeichentheorie dergestalt, daß Zeichentheorie zum Interpretanten von Systemtheorie wird. Versuchen wir es einmal:

> Zeichentheorie steht in einer solch triadischen Relation zur Systemtheorie, die somit zu ihrem Objekt wird, so daß sie fähig ist, sich selbst als Interpretant der Sy-

stemtheorie zu etablieren und so zu bestimmen, daß das Verhältnis von Zeichentheorie zum Verhältnis von Zeichentheorie und Systemtheorie das Verhältnis von Zeichentheorie und Systemtheorie wiederholt.

Was kompliziert klingen mag, ist das Ergebnis einer Einsetzung in die Peircesche Zeichendefinition. Grundlegend ist folgende Korrelationskette: Beobachtung – Kommunikation/Bewußtsein – Autopoesis – Verstehen – Semiose. Zeichentheorie und Systemtheorie treten in ein Verhältnis von Mitteilung und Information, Selbst- und Fremdreferenz bzw. Repräsentamen und Objekt. Erst die Zeichentheorie, weil nur sie die Position des Interpretanten ausbildet, macht allerdings deutlich, daß die Beobachtung derselben Prozessualität unterliegt, die das Beobachtete auszeichnet – und das mittels Beobachtung! Perfekte Autoreflexivität!

Im Rahmen dieser Diskussion sei es erlaubt, die Konsequenzen ein bißchen unbefangener auszusprechen: Ist Systemtheorie erst einmal zeichentheoretisch beobachtet, gibt es kein Zurück mehr; diese Beobachtung ist nicht mehr zu tilgen, so wie alle autopoietischen Prozesse nicht mehr zu tilgen sind, weil sie sich selbst voraussetzen. Man kann nicht mehr in einen vor-zeichentheoretischen Beobachtungszustand zurückkommen. Systemtheorie wird überhaupt erst als Zeichentheorie Systemtheorie! Systemtheorie wird als Zeichentheorie konsequent autoreflexiv. Oder anders gewendet: Systemtheorie kommt als Zeichentheorie zu sich selbst. Und damit wird an diesem Fall deutlich: Erst eine autoreflexive Theorien kommt sich zu selbst. Hier bewegt sich der anfangs noch harmlos anmutende Theorievergleich, der nur Koinzidenzien festgestellt hat, auf einer Ebene, wo Beobachter und Beobachtung im ›Zeichen‹ des Beobachteten in ein wechselseitiges Konstitutionsverhältnis treten, das operativ als Autoperformation von Semiose seinerseits beobachtbar wird. Damit ist man in den Kernbereich der Theoriearchitektur vorgestoßen, und dieser Kernbereich betrifft die Frage nach dem Umgang mit den Paradoxien, die in der Eigenkonstitution der Theorien entstehen.

Werner Scheibmayr macht darauf aufmerksam, daß mit der semiotischen Projektion auf den Interpretanten, der die Einheit der Differenz herstellt, die Schwierigkeit, sagen wir es deutlicher: die aporetische Paradoxie umgangen wird, die sich aus der strikten Trennung von Operator und Operandum ergeben. Diese beiden zuletzt genannten Begriffe sind allgemein als Platzhalter formuliert. In diesem Kontext bekommen sie paradigamtisch ihre begriffliche Gestalt im Begriffspaar von Beobachtung und Operation. In diesem Begriffspaar liegt nicht nur die Paradoxie, sondern gleichzeitig – Luhmann zufolge – die Möglichkeit der Handhabung der Paradoxie in der Konstitution der Systemtheorie. Die Beobachtung ist Operation und ist dennoch von ihr verschieden, weil eine weitere Beobachtung vonnöten ist, um die Operation eben dieser ersten Beobachtung beobachten zu können.

Werner Scheibmayr gibt sich damit eben nicht zufrieden. Man muß nun gar nicht im einzelnen seine detaillierten Ausführungen zur Binnenklassifikation des Zeichenmodells nachvollziehen, so luzide sie sind, es reicht aus, auf die Bedeutung der Kategorialität für die Konstitution des Zeichens als prozessuales Semiosegeschehen aufmerksam zu machen. Drittheit ist der Grad der Komplettierung des Zeichens. Drittheit wird aber nur so erreicht, daß sie zugleich wiederum umschlägt in Erstheit. Gäbe es das Dritte nicht, wären Erstheit und Zweiheit unvereinbar. Damit die Dichotomie zur Dialektik wird, braucht es immer ein drittes Moment. Im Dritten wird das Erste überhaupt erst zur Erstheit, weil erst die Drittheit der Erstheit die Zweitheit zuordnet, für die dasselbe gilt. Jedes dreiwertige Modell erweist sich damit gegenüber einem zweiwertigen Modell als absolut (nicht graduell) überlegen.

Nun sind Drei- und Zweiwertigkeit im oberflächlichen Sprachgebrauch Charakteristika von Zeichenmodellen, und man nennt üblicherweise (und zurecht) die Namen Saussure und Pierce. Daß gerade Zeichenmodelle als zwei- oder dreiwertig klassifiziert werden, liegt zwar nahe, aber wir wollen Zwei- oder Dreiwertigkeit grundsätzlich als Eigenschaft von Theorien kennzeichnen. Theorien ihrerseits sind nun Gedanken- und Kommunikationsvollzüge, und zwar paradigmatischer Art, gerade weil Theorien den Vollzug, also den Prozeß von Kommunikationen und Gedanken, also jene Ereignisfolgen, in denen sich psychische und soziale Systeme konstituieren, exemplarisch gewährleisten.

Zweiwertige Theorien – um es abkürzend zu sagen, aber man mag es an Saussure ablesen oder besser noch an der paradoxieorientierten Ausbuchstabierungs des Saussureschen Zeichenmodells durch Derrida – sind paradoxiegefährdet, wenn nicht von Hause paradoxal verfaßt, weil sie mit Erstheiten und Zweitheiten operieren, ohne sagen zu können, warum das Zweite eben das Zweite neben dem Ersten ist, warum das Signifikat zum Signifikanten kommt, wie also das Zweite als Zweites dem Ersten überhaupt zukommt. Sie operieren also mit einer Differenz, und jede Differenz ist in diesem Sinne Differenz von dem Einen, dem Ersten, und dem anderen, also dem – nach numerischer Zählung – Zweiten; sie können aber nicht mehr die Einheit der Differenz angeben. Diese Einheit ist weder die Differenz noch das Differente, sondern die Differenzierung selbst, also der Prozeß. Diese Einheit kann also nur ein Drittes, also Drittheit kategorial realisieren. Einheit durch Drittheit! Die Derridasche différance ist demnach nichts anders als die auf der Stufe der Zweiwertigkeit reduzierte Differentialität; Differentialität wird produktiv erst dann, wenn der ihr zugrunde liegende Prozeß dreiwertig ist, denn die dritte Position, die in die erste umklappt, ist der produktive, autoiterative Moment.

Barbara Kastner sieht die Paradoxie in Luhmanns Bewußtseinsmodell. Sie sagt, »wozu es führt, wenn eine eigentlich dreiwertige Größe wie die der Beobachtung nicht angemessen thematisiert wird«, sprich: nur zweiwertig thematisiert wird. Nimmt man nun den Blickwinkel ernst, der hinter dem Bewußtsein Beobachtung sieht, dann scheint man zwar seinen Blick einzuengen, aber eigentlich bedeutet dies eine weitere Fokussierung auf das Theoriezentrum. Akzeptieren muß man dabei nur, daß Bewußtsein und Kommunikation die Beobachtungssysteme, also Beobachter, schlechthin sind. Wenn Beobachtung nur dreiwertig konzipiert werden kann und wenn Bewußtsein und Kommunikation Beobachter sind, so muß der Prozeß, mit und in dem sich Bewußtsein und Kommunikation vollziehen, gleichermaßen dreiwertig sein.

Das Zeichenmodell von Peirce, das Dreiwertigkeit ausbuchstabiert, steht zur Verfügung. Und damit kann man die Systemtheorie dreiwertig aufrüsten, wo sie sonst nur ein Modell der auf sich selbst bezogenen Zweiwertigkeit hätte, um diese Paradoxien, die sie sehr wohl wahrnimmt, zu handhaben. Nun mag man vielleicht fragen, ob damit nicht der Zeichencharakter verloren geht und die zeichentheoretische Nachrüstung der Systemtheorie aus dem Blick gerät, wenn man so sehr auf die Kategorialität abhebt. Wenn dies tatsächlich eintritt, so nur deswegen, weil damit Zeichenhaftigkeit als Prinzip der Theorie selbst zum Tragen kommt. Zeichentheorie wird in letzter Konsequenz kein Teil der Systemtheorie, sondern ihr Konstituens.

Bewußtsein und Kommunikation sind somit Zeichenprozesse, genauer gesagt: sie vollziehen in struktureller Kopplung Semiose. Anders denn als Zeichenprozesse sind so weder Bewußtsein noch Kommunikation als Systeme überhaupt zu denken und zu modellieren. Daß so das Zeichen in den Hintergrund tritt, liegt dann nur daran, daß – metaphorisch gesprochen – das Auge sich beim Sehen selbst nicht sehen kann – notwendigerweise! Semiose ist die operative Voraussetzung, die conditio sine qua non von Bewußtsein und Kommunikation und auch von Systemtheorie, wenn sie Bewußtsein und Kommunikation beobachtet!

Ein Blick auf die Überlegungen von Wolfgang Ludwig Schneider: Die Beobachtung der Kommunikation (Opladen 1994) mag dies zusätzlich verdeutlichen. Er macht darauf aufmerksam, daß Luhmanns Kommunikationsbegriff eigentlich nur zweiwertig ist; das, was man gemeinhin als dritte Position ansieht, das Verstehen, ist nichts anderes als die erwähnte, auf sich selbst bezogene Zweiwertigkeit. Verstehen – prozessual geschehen – muß zwar die dritte Position einnehmen, hat aber selbst nur die Qualität bzw. Kategorialität von Zweitheit. – Nebenbei bemerkt: Daß Luhmann selbst nicht zu dieser zeichentheoretischen, dreiwertigen Aufrüstung gelangt ist, liegt insbesondere daran, daß er selbst nur mit dem zweiwertigen Zeichenbegriff Saussurescher Provenienz operiert hat. Und dies mag wiederum als symptomatisch gelten für den den generell »zweiwertigen« Charakter der Systemtheorie. Schneiders (auch schon früher publizierte) Überlegungen zielen daher auf eine dritte Position, die Peter Fuchs dann, auf Schneider zurückgreifend, in seinen Überlegungen (Moderne Kommunikation; Frankfurt a.M. 1993) systematisch entfaltet. Fuchs Hauptthese ließe sich so kategorial übersetzen:

> Zweitheit aktualisiert im Blick auf Erstheit die Differenz von Zweitheit und Erstheit, Information und Mitteilung, Fremd- und Selbstreferenz, Objekt und Repräsentamen so, daß Drittheit Zweitheit als Zweitheit, mithin als bestimmten Anschluß an Erstheit versteht.

Das zeigt: Die Fuchssche Erweiterung des Prozeßmodells um eine genuine dritte Position bereitet eine semiotische Rekonzeptualisierung schon vor.

Es gibt eine Grenze, die weder Werner Scheibmayr noch Barbara Kastner überschreiten wollen: die Grenze der Subjektorientierung. Barbara Kastner kann man fragen, warum sie dann nicht doch den letzten Schritt mitgeht und Bewußtsein und Kommunikation als die Beobachtungssysteme oder noch rigider: strukturelle Kopplung als das Beobachtungssystem ansieht; dann könnte sie nämlich auf die Subjekte verzichten, an denen sie um des von Schönrich übernommenen Begriffs des Zeichenhandelns festhalten zu können. Werner Scheibmayr kann man fragen, warum er – die zugegebenermaßen bei Luhmann selbst benutzten Kommunikationsrollen bzw. kommunikativ zugeschriebene Rollen von ego und alter ego so übernimmt, daß sie nunmehr als psychische Systeme erscheinen, was, nimmt man den Plural ernst, nichts anderes heißt, als daß er Kommunikationsrollen als Kommunikationsinstanzen auffaßt.

Es mag schon unter die Tierschutzbestimmungen fallen, wie ich mein Steckenpferd reite, aber im Rahmen dieser Diskussion sei es mir erlaubt. Meine letzte Frage lautet daher: Ist nicht diese semiotische Projektion, Autopoiesis im Paradigmafall der strukturellen Kopplung als Semiose zu beobachten, der letzte Argumentationsschritt, der das Subjekt endgültig überflüssig macht? Dabei muß man beachten, daß Bewußtsein und Kommunikation zwar jeweils als Semiose konzipiert werden können, dies aber selbst innerhalb des Theorierahmens nur ›theoretisch‹ geschehen kann, da sie in der strukturellen Kopplung ›unzertrennbar‹ sind, so daß strukturelle Kopplung die Semiose eigentlich vollzieht.

Ein Kompromißvorschlag: Subjekte sind hierbei Projektionen der strukturellen Kopplung, die als finale Interpretanten aufscheinen. Subjekte sind somit zwar Interpretanten, aber nur in dem Maße semiotisch funktionalisiert, in dem sich auch Finalität funktionalisieren läßt. Es ist ein Horizont, zur Navigation unerläßlich, aber niemals erreichbar!

Die Herausgeber und Autoren

Simon Bunke, geboren 1976, Studium der Germanistik, Komparatistik und Theaterwissenschaft an der Ludwig-Maximilians-Universität München.

Maximilian Giuseppe Burkhart, M.A., geboren 1970; promoviert als Stipendiat der Studienstiftung des deutschen Volkes in München zu dem Thema Selbstreflexion und Destruktion und ist Lehrbeauftragter am Junior Year der Wayne State University an der Ludwig-Maximilians-Universität München. Publikationen: Dekonstruktive Autopoiesis – Paradoxe Strukturen in Kleists Trauerspiel Penthesilea. (= Münchener Studien zur literarischen Kultur in Deutschland, Band 33); diverse Publikationen mit dem Schwerpunkt Dekonstruktion.

Peter Fuchs, Prof. Dr. rer.soc., geboren 1949; von 1972-1983 Heilerziehungspfleger; Studium der Sozialwissenschaften und der Soziologie 1985-1989 in Bielefeld, Dortmund, Hagen. 1991 Promotion in Gießen. Seit 1992 Professur für allgemeine Soziologie und Soziologie der Behinderung an der FH-Neubrandenburg. Zahlreiche Veröffentlichungen, u.a. zusammen mit Niklas Luhmann, Reden und Schweigen, Frankfurt a.M. 1989; Die Erreichbarkeit der Gesellschaft, Zur Konstruktion und Imagination gesellschaftlicher Einheit, Frankfurt a.M. 1992; Moderne Kommunikation, Zur Theorie des operativen Displacements, Frankfurt a.M. 1993; Die Umschrift, Zwei kommunikationstheoretische Studien, Frankfurt a.M. 1995; Das Unbewußte in Psychoanalyse und Systemtheorie, Die Herrschaft der Verlautbarung und die Erreichbarkeit des Bewußtseins, Frankfurt a.M. 1998; Intervention und Erfahrung, Frankfurt a.M. 1999.

Ranulph Glanville, PhD, was born on a Friday 13th, and has lead a charmed life ever since. He received a liberal schooling, culminating in his studies to be an architect at the Architectural Association School, London, at a time when it seemed that anything was possible, and architecture students behaved accordingly. His own main areas of study were music, and he ran one of the world's first live electronic music groups. Since this he has had the opportunity to study architecture at length, as a teacher of the subject.- His first PhD (with Gordon Pask) was in cybernetics, in which he wrote a thesis that argued the legitimacy of what has come to be thought of as the second order cybernetics position. His second was in Human Learning (with Laurie Thomas) in which he explored the problems of getting to grips with architectural space. His work continues to be derived from and to extend these and related concerns, some of which have been with him since childhood. – He is divorced with one son living in Helsinki, (re-)married to a Dutch physiotherapist, and commutes from the UK to a professorship in Australia, where his specialism is not being specialised. His hobbies are whichever of his activities he is not doing at any particular time. He is fascinated by lines and, until recently, the horizontal.

Oliver Jahraus, Dr. phil., geboren 1964, von 1984 bis 1990 Studium der Neueren Deutschen Literatur, der germanistschen Linguistik und der Philosophie in München.

1990 M.A., 1992 Promotion mit einer Arbeit über Thomas Bernhard. Von 1994-1996 Mitarbeiter am DFG-Projekt *Radikale Avantgarden. Von der Wiener Gruppe zum Wiener Aktionismus* bei Prof. Dr. Georg Jäger. Seit 1996 wissenschaftlicher Assistent am Lehrstuhl für Neuere deutsche Literaturwissenschaft der Universität Bamberg bei Prof. Dr. Wulf Segebrecht. Monographien zu Bernhard, Systemtheorie und zum Wiener Aktionismus. Zahlreiche Publikationen (Aufsätze, Artikel, Forschungsberichte, Rezensionen) zur Literaturwissenschaft und Literatur- und Medientheorie, insbesondere zur Systemtheorie. Habilitationsprojekt zur literaturwissenschaftlichen Medientheorie.

Barbara Kastner, M.A., geboren 1973, arbeitet in der Hubert Burda Stifung in München und promoviert über Kommunikation im Internet. Der publizierte Aufsatz ist ein Teil ihrer im Frühjahr 1999 an der LMU München bei Prof. Dr. Georg Jäger verfaßten Magisterarbeit.

Michaela Kenklies, M.A., geboren 1971, studierte Germanistik, Geschichte und Philosophie in München, arbeitet als Verlagslektorin und Herausgeberin zahlreicher Anthologien in München und promoviert derzeit über Konrad Bayer.

Nina Ort, Dr. phil., geboren 1966. Studium der Germanistik in München, Promotion 1998 über »Objektkonstitution als Zeichenprozeß – Jacques Lacans Psychosemiologie und Systemtheorie«. Diverse Publikationen über Systemtheorie und Jacques Lacans Psychosemiologie; Mitherausgeberin der Festschrift für Prof. Dr. Georg Jäger »Die Struktur medialer Revolutionen« (2000) und des Bandes »Beobachtungen des Unbeobachtbaren« (im Druck). Derzeit wissenschaftliche Angestellte an der LMU München, Mitarbeiterin am DFG-Projekt »Der Wissenschaftsautor und sein Verleger« sowie Arbeit an der Habilitation über eine »Ästhetik auf der Grundlage einer dreiwertigen Zeichenlogik«.

Werner Scheibmayr, geboren 1967 in München, Stipendiat der Studienstiftung des Deutschen Volkes, Staatsexamen in Deutscher, Lateinischer und Griechischer Philologie, 1995. 1997 Assistent am Institut für Klassische Philologie der LMU München, Ende 1997. April 2000 Wissenschaftlicher Mitarbeiter am Institut für Geschichte der Medizin und Medizinische Soziologie der TU München, Vorträge am Münchner Zentrum für Wissenschafts- und Technikgeschichte über Zeichentheorie, Dekonstruktivismus, Konstruktivismus und Systemtheorie; derzeit Promotionsstipendiat der LMU München. Schwerpunkte: Allgemeine Zeichen- und Systemtheorie, Literatur- und Texttheorie, Fachsprachliche Kommunikation und Terminologie

Adrian Widmann, geboren 1974 in Krumbach (Schwaben). Studium der Neureren Deutsche Literatur, Philosophie, und Psychologie an der Ludwig-Maximilians-Universität München.

Andreas Wolf, geboren 1974. Studium der Philosophie in München mit Schwerpunkt auf Philosophie der Mathematik, Metaphysik und Ontologie an der Ludwig-Maximilians-Universität München; Nebenfächer: Neuere deutsche Philologie und Logik. Magister voraussichtlich 2001.

Bei Fragen zur Produktsicherheit wenden Sie sich bitte an:
If you have any questions regarding product safety,
please contact:

Walter de Gruyter GmbH
Genthiner Straße 13
10785 Berlin
productsafety@degruyterbrill.com